# 拥抱你的焦虑情绪

放下与焦虑和
恐惧的斗争，
重获生活的自由

（原书第2版）

THE
MINDFULNESS
AND
ACCEPTANCE
WORKBOOK
FOR
ANXIETY

A Guide to Breaking Free from Anxiety,
Phobias, and Worry Using Acceptance and Commitment Therapy

（Second Edition）

（John P. Forsyth）　　（Georg H. Eifert）

[美] 约翰·P. 福赛思　格奥尔格·H. 艾弗特＿著　祝卓宏 杨波＿译

机械工业出版社
CHINA MACHINE PRESS

## 图书在版编目（CIP）数据

拥抱你的焦虑情绪：放下与焦虑和恐惧的斗争，重获生活的自由：原书第 2 版 /（美）约翰·P. 福赛思（John P. Forsyth），（美）格奥尔格·H. 艾弗特（Georg H. Eifert）著；祝卓宏，杨波译 . —北京：机械工业出版社，2023.11（2024.5 重印）

书名原文：The Mindfulness and Acceptance Workbook for Anxiety: A Guide to Breaking Free from Anxiety, Phobias and Worry Using Acceptance and Commitment Therapy（Second Edition）

ISBN 978-7-111-74029-2

I.①拥… II.①约… ②格… ③祝… ④杨… III.①焦虑—心理调节—通俗读物 IV.① B842.6-49

中国国家版本馆 CIP 数据核字（2023）第 191417 号

机械工业出版社（北京市百万庄大街 22 号　邮政编码：100037）
策划编辑：刘利英　　　　　　责任编辑：刘利英　欧阳智
责任校对：郑　婕　彭　箫　　责任印制：单爱军
保定市中画美凯印刷有限公司印刷
2024 年 5 月第 1 版第 2 次印刷
170mm×230mm・22.25 印张・371 千字
标准书号：ISBN 978-7-111-74029-2
定价：79.00 元

电话服务　　　　　　　　网络服务
客服电话：010-88361066　机　工　官　网：www.cmpbook.com
　　　　　010-88379833　机　工　官　博：weibo.com/cmp1952
　　　　　010-68326294　金　书　网：www.golden-book.com
封底无防伪标均为盗版　　机工教育服务网：www.cmpedu.com

致敬我们的友谊和一直以来的相互支持，感谢我们15年来的合作、乐趣、分享和相互学习。一起写这本书给我们带来了一种纯粹的快乐！

——约翰·P.福赛思和格奥尔格·H.艾弗特

我徘徊在一条漆黑的隧道附近，隧道的那头是光明。一直以来，我都不敢走进这条隧道，因为我知道它很长，里面充满了未知与困难。但是你来到了我面前，然后握住了我的手，所以我才敢迈出第一步，一步一步走下去。和你一路携手走来，我做出了永久的改变。我永远感激你，杰米，我的爱妻，感谢你总是陪在我的身旁，给予我温暖。我现在终于明白了爱的真谛。

——约翰·P.福赛思

致我的母亲玛格丽特，她以她对所有人无私的关怀和慈爱身体力行地教会了我善良与慈悲；致我的爱人戴安娜，我很感激，也真心祝愿我们能一起走向成功，带着我们的爱、快乐与幸福。

——格奥尔格·H.艾弗特

# 致谢

大约 8 年前，我们发自内心地想要为别人做些什么，在本书第 1 版出版时，我们还不知道这本书能不能真正地帮到他人，或能帮到什么样的人。现在我们知道，这本书能够帮到大家，因为很多和你有相同遭遇的读者取得了令人欣慰的成果。

我们非常感激几千名读过本书第 1 版的读者，尤其是那些给予了我们反馈和感谢信的读者，他们在来信中提及了本书带给他们生活的变化。我们同时也衷心感谢 700 名来自 25 个不同国家的读者，他们参加了我们的两项对照试验，便于我们确保本书能像我们期望的一样有效。你将会在前言中读到我们从和你一样的读者身上学到了什么，但现在我们只想感谢每一个人。

当然，如果没有这么多善良又热心的读者，以及约翰的爱妻杰米和格奥尔格的爱妻戴安娜的支持，我们就不会写这本书的第 2 版。当我们再次修订这本书时，杰米和戴安娜都给予了我们爱的支持、明智的建议和鼓励。她们还帮助我们明白了这些努力的价值，以及我们想要帮助读者的初心，这些读者就像你们一样，正在寻求从恐惧和焦虑中解脱出来的自由，寻求生活的空间。没有他们就不会有这本书的第 2 版。

书中所蕴含的想法与灵感并不只属于我们两个人，它是一群人智慧的结晶，我们为能作为这些人中的一分子而自豪。我们正在一起努力解决如何缓解人类的痛苦这一问题，同时尊重我们所有人在努力创造对我们重要的生活时所面临的痛苦和困难。这些想法和灵感孕育了一种迅速发展的促进心理健康的方法，这种方法被称为接纳承诺疗法（acceptance and commitment therapy，ACT）。这群人以他们的亲身经历、智慧、慷慨和善良，以及他们为此付出的辛勤努力触动了我们，并给予了我们灵感。

我们特别感谢史蒂文·海斯，以及更多支持 ACT 的人。史蒂文把他的个人经历和职业经历与他的专业知识、艰苦努力、智慧、能量融合在一起，研发出了最初的 ACT。1999 年，史蒂文和他的同事柯克·斯特罗瑟以及凯利·威尔森出版了第一本关于 ACT 的完整著作《接纳承诺疗法（ACT）》（*Acceptance and Commitment Therapy*），这本书现已出版第 2 版。我们为解决焦虑相关的难题而改编的一些练习源于那本书。从那时起，ACT 迅速发展为一种适用范围广、有科学依据的治疗方法。这种新疗法指导我们修订和扩充了本书的内容。

我们也受到了 ACT 社群之外的其他人的影响。美国的一位禅师曾写过大量文章阐述怎样用耐心、慈悲、接纳和宽恕来应对恐惧和愤怒等情绪的强烈能量。她和乔恩·卡巴金、杰弗里·布兰特利、辛德尔·西格尔、塔拉·布拉赫、沙龙·萨尔茨伯格等许多人的理论简单明了，并且真实反映了这本书的中心思想：学习放弃与焦虑、恐惧斗争的技能，让我们能够回归生活，发现生活的真谛。中心思想包含了我们即将分享的 ACT。我们永远感激他们能够慷慨分享知识和实践经验。

约瑟夫·西阿若奇、大卫·默瑟和莎拉·克里斯蒂安手绘了精美的插图，你将在本书中看到这些插图。我们十分感谢他们慷慨授权我们使用他们的作品。

我们还想感谢凯利·威尔森和我们的瑞典朋友乔安妮·达尔、托比亚斯·隆德格伦与我们分享他们在价值方面的工作，包括评估工具、插图和有用的活动，同时也感谢他们为我们提供了灵感，我们受他们的作品启发改编出了"人生指南针"。还要感谢我们的英国同事彼得·索恩，他与我们分享了"焦虑新闻频道"和"顺其自然频道"这两个比喻。

我们还想特别鸣谢许多为我们提供帮助的专业人士、学生和同事，特别是大卫·巴洛，他对焦虑症的性质和治疗做出了开创性的贡献。我们研究ACT的同事们本着"传播有益的和有用的东西"的精神慷慨地分享了他们的想法和研究资料。

New Harbinger出版社是传播新的第三代行为疗法（如ACT）的主要渠道。我们感谢马修·麦凯和所有New Harbinger出版社的员工，他们能够看到行为疗法的价值并且知道这种疗法将减轻人们的痛苦。我们还要衷心感谢New Harbinger的凯瑟琳·迈尔斯对本项目付出的不懈努力、对我们的鼓励和友好支持，以及罗娜·伯恩斯坦专业、细致的编辑和对细节的关注。

最后，我们要感谢无数向我们寻求援助的人，因为他们信任我们，相信我们可以帮助他们治愈焦虑带来的痛苦，挽救他们的生命。他们和你一样，正在遭受焦虑的折磨，焦虑带来的问题阻碍了他们做重要的事情。我们从他们身上学到了很多。他们在摆脱痛苦、走向整合的道路上的勇敢精神在本书中得到了体现。这本书证明了他们愿意冒险尝试新事物，以在生活中得到一些新的体验。

我们衷心希望你能从这本书中获益，就像我们从修订与更新它的过程中获益一样。它深刻而彻底地改变了我们看待和处理所遇之人的情绪痛苦的方式，其中包括我们的来访者、同事、家人和朋友以及我们自己，这让我们所有人最终都朝着我们认为有价值的方向前进。我们相信你也一样可以做到。

——约翰·P.福赛思博士，纽约州立大学奥尔巴尼分校，

纽约州奥尔巴尼

——格奥尔格·H.艾弗特博士，查普曼大学，加利福尼亚州橘子郡

# 前言
## 这本书真的有用吗

> 所谓"研究",就是进入小巷查看它能否走通的过程。

——马斯顿·贝茨(Marston Bates)

市面上有许多关于焦虑问题的自助书,其中大多数都带有指导性意图:尽可能为读者提供有帮助的内容。我们撰写本书的意图也是如此。

但我们都心知肚明的一点是,好的出发点不一定会带来好的结果。你可能想要帮助某人,但是如果缺乏技巧或资源,就无法有所作为。同样地,撰写一本精彩的书,并不能保证它一定能真正丰富读者的生活。

确定一本书究竟能不能帮到读者的唯一方法,就是进行系统的调查。调查结果往往只有三种:这本书让人受益匪浅,读者的生活明显变得更好;这本书有害无益,读者的生活变得更糟;这本书没有带来任何变化,读者的生活并没有因为看了这本书而变好。

当然,大部分作者都希望听到读者说自己的书很有用,让人收获颇丰,但是要知道这一点,他们需要乐于发现自己是否错了。以可靠的研究方法对书本身进行测试，是唯一公正的方法，我们就是这样对本书进行调研的。

在这里，我们想分享一下我们学到的东西，以及它对你们的意义。

## 对本书的调研

就本书进行的研究的重点在于，本书是否能帮到他人，以及能在哪些方面提供帮助。因此我们进行了一番研究，调查了本书是否能对和你有相同遭遇的人产生影响（Ritzert, Forsyth, Berghoff, Boswell, & Eifert, 2016）。

我们招募了503名志愿者，他们来自不同的国家，但都在与严重的焦虑和抑郁作斗争。然后，我们的研究小组通过抛硬币的方式随机把他们分为两组，一组立即开始阅读本书，为期12周，另一组暂时等待12周。12周后，我们将本书提供给那些等待已久的人，他们也会在12周内阅读完本书。然后我们跟踪观察每个人在6个月后和9个月后的表现。

读者在阅读本书的过程中，和我们没有任何联系，所以他们没有来自教练或治疗师的指导。我们只要求读者自己阅读和运用本书中的素材资源。情况就是这样。

### 提升消除焦虑和恐惧的技能

你会发现，本书将教给你许多新的技能，改进你与焦虑和恐惧之间的关系。这些技能包括减少回避、纠结，更活在当下、更灵活、更慈悲、更善待自己，并接受你的内心体验。在这项研究中，我们在开始时、12周后、6个月后和9个月后分别测量了读者内心的宁静与真正的幸福感等方面的分数。

好消息是，研究结果有力地支撑了我们在本书中提到的好处。看完本书的读者报告，他们在正念、自我关怀和消解不愉快的想法方面的能力有了显著的、有意义的提升；他们也变得不那么回避痛苦，更容易接受焦虑、恐惧和其他不愉快的情绪。这些变化刚好发生在他们读完本书时。那些在等待名单上的人一旦开始阅读本书，就会开始出现这些变化，这是前所未有的。最重要的是，在 6 个月后和 9 个月后的随访调查中，读者们身上的这些变化并没有消失。

因此这里的要点是，存在一个合理的希望。调查结果显示，本书彻底改变了读者与焦虑的大脑和身体之间的关系。此外，本书还提升了读者的生活质量，这与书中提及的关注价值和聚焦于做重要的事情有关。

## 面对焦虑和恐惧怎么办

阅读本书时，你会发现我们并不太关注如何减少焦虑和恐惧。因为我们认为，真正带给人们幸福与宁静的，不是没有焦虑，而是有价值的、高质量的生活。这就是为什么我们专注于帮助你寻找自己的价值，并通过这一点来提高你的生活质量。尽管如此，在这项围绕世界各地的读者进行的大样本研究中，我们确实看到了他们的焦虑和恐惧发生了什么变化。我们的发现对你来说将是一个好消息。

看完本书的读者报告说，他们的焦虑、恐惧、忧虑和抑郁情绪明显减少了。你一定很好奇，一本没有专注于怎样减少焦虑的书，怎么可能最终做到让读者减少焦虑、恐惧、忧虑及抑郁？

为了寻找答案，我们使用复杂的统计分析（多重中介模型）重新分析了数据，并将在下一节中向你介绍我们的发现。

## 良好结果的原因是什么呢

通过中介分析，我们验证了在本书中强调的技能是否与我们发现的焦虑和抑郁的减少以及生活质量的改善有关。事实证明，确实如此（Sheppard & Forsyth，2009）。

事实上，当你专注于学习新的技能，并更加温和、友善地对待焦虑的身心时，你会感觉更好。正是这些技能帮助你减轻焦虑，缓解抑郁情绪，并且提高生活质量。反之，如果只是努力减少抑郁和焦虑，并不能让你学习更多的技能或拥有更好的生活。仔细想想这一点，并反复品味。

直接从消除焦虑和恐惧入手，并不能真正减轻焦虑和恐惧。恰恰相反，正是通过专注于如何提高生活质量，读者的焦虑、恐惧和抑郁才逐渐减少，并最终改善了他们的生活。这是一条重要的信息——它支持我们在本书中提供的方法。

最重要的是，这些发现意味着你应该把重心放在这些技能的学习上，因为每一项技能都将帮助你和你自己、焦虑的身心及整个世界和谐共处。只有这样，你才能挣脱焦虑和恐惧的束缚，获得真正的幸福，过上令人满意的生活！

## 核心观点

我们冒险评估了这本书的效用，并得到了回报。说真的，即使结果并非如此，对我们也不会有太大影响。但总体来看，本书有较好的指导性意义，并且能在许多方面为读者提供帮助。

不过，它只对那些认真读书的人有用。据我们调查，每位读者平均每周花 4 个小时来完成本书中的练习、利用其中的材料，而据大多数人反馈，这让他们的生活发生了翻天覆地的变化。

想要从中受益，就需要愿意花时间读透本书，让自己做出改变。这是贯穿本书的另一个重点，也是我们不断重复强调之前提过的主题和概念的另一个原因。你需要不断巩固自己所学的技能并将其应用于生活。它们不该被短暂尝试然后被遗忘。你必须学以致用，让它们成为你的指路明灯。这一切都取决于你。

这只是我们评估本书时所做的两项研究之一。为了突出重点，我们没有在书中赘述第二项研究，它将本书与更传统的焦虑认知行为练习手册进行比较（Russo, Forsyth, Sheppard, & Promutico, 2009）。我们也没有提及艾弗特及其同事的另一项研究，即 ACT 对接受更传统的面对面治疗的高度焦虑人群的益处（Arch et al., 2012）。但本书的内容与这些研究密切相关。

其他许多研究人员也在探索如何运用 ACT 解决焦虑问题，并取得了积极的成果。科研工作路漫漫其修远兮，但可以确信的是，你不会没来由地走入盲巷。你有希望找到真正的幸福，使生活朝着对你而言重要的方向发展。现在正是你做出承诺并将其转化为行动的时刻。

我们希望本书中的更新内容，包含新练习和新资料，将协助你从焦虑和恐惧中解脱出来，这样你就能拥抱并过上充实的生活。

# 引言

人生有两大选择：要么接纳现状，要么承担改变它的责任。

——丹尼斯·威特利（Denis Waitley）

我们想从一个简单的问题开始，你只需要回答"是"或"否"。你可以慢慢读题，但不要过度纠结。听从你的直觉，不要给自己贴标签或者下定义。你只需要诚实地回答"是"或"否"。以下是我们的问题。

**焦虑和恐惧是你生活中的主要问题吗？**

如果你回答"是"，你并不孤单。如果你回答"否"，也有很多人陪着你。但回答"是"和"否"是有区别的。如果你回答"是"，那么你可能正遭受某种痛苦。你的痛苦并不源于焦虑，而是因为你与焦虑的关系问题。

你可能正遭受焦虑、恐惧、恐慌、不安的思绪、痛苦的回忆和忧虑的折磨。你或许深以为然，并内心笃定，是焦虑毁掉了你和你的生活。你或许感到沮丧和精疲力尽。你或许会感觉心碎、受伤、束手无策。你或许觉得自己有问题，并一直在寻找解决办法。我们可以告诉你：承受这些痛苦的不止你一个人。

我们所有人都在体验忧虑、焦虑和恐惧（worries, anxieties, and fears, WAFs）。你也可以一边体验焦虑和恐惧，一边与它们和谐共处。我们将在本书中告诉你怎么做。

## 摆脱焦虑管理

我们无法逃避这一简单事实：焦虑是生活的一部分。强调"一部分"这个词，是因为许多人即使有严重的焦虑，或和你经受着同样的焦虑和恐惧，也依然生活得很好。也许你会好奇他们是如何做到的，或许他们有你不知道的诀窍。事实上，他们的所作所为与我们确实没什么不同。

在简单的层面上，他们能够正确认识焦虑和其他消极的感受与想法，把它们当成生活的一部分而不是全部。在更深的层面上，他们已经学会了从与焦虑的不断斗争中解脱出来。简而言之，他们不会让焦虑、恐惧、忧虑、恐慌、痛苦的记忆等阻碍他们做自己非常在意的事情。

你手中的这本书将会帮助你做到这些。你和你的生活无须因为焦虑控制而痛苦。我们将帮你掌握一系列技能，这样你就能把更多的精力投入到真正值得你关心的事情上。这种新的方法，建立在坚实的研究基础之上，将帮你获得平衡，认识到焦虑和恐惧只是美好生活的一部分。

要达到这个目标，你首先要面对一个事实：截至目前，你所尝试的一切并没有有效抑制焦虑和恐惧。如果你和大多数人一样，那么你就会知道控制焦虑有多难。而且你可能已经做了许多不同的事情来控制或缓解你的恐慌、恐惧、忧虑和紧张。下面的活动将帮助你更好地理解这一点。

下面列举了人们在与焦虑和恐惧作斗争时通常会做的事情。请仔细阅读，并在你做过的事旁边的方框内打上钩（√）。

☐ 逃离使自己会感到害怕、焦虑或紧张的情境

☐ 回避可能激活焦虑想法、情绪和记忆的活动或情境（比如外出、驾车、工作、待在人群中、面临新环境、吃某些食物、运动）

☐ 抑制让人心神不安的想法和情绪，或完全被这些想法和情绪带走

☐ 分散自己对焦虑、恐惧和忧虑的注意力

☐ 改变自己的思考方式——用"好"的想法取代"坏"的想法

☐ 使自己摆脱焦虑、惊慌、恐惧或忧虑

☐ 与"可信赖"的人群（比如朋友或家庭成员）密切接触

☐ 有目的地行事或做些日常事务（比如打电话、核对、计数、清洁、洗涤）

☐ 与朋友或家人谈论或发泄自己的焦虑

☐ 加入帮助焦虑人群的在线支持小组

☐ 通过阅读焦虑症专家撰写的书籍来帮助自己

☐ 通过阅读自助书籍，寻求控制 WAFs 的"更好"的方法

☐ 使用抗焦虑药物、中药补充治疗或用酒精缓解痛苦

☐ 进行心理治疗

在此，我们大胆推测你至少会勾选一个方框，也可能不止一个，没关系。现在我们希望你考虑以下问题：这些焦虑应对措施对你有什么作用？它们可能为你带来过短期的缓解，但从长远来看，这些方法如何发挥作用？再仔细想想，这些方法有效果吗？或者它们是否在某种程度上让你付出了代价？

在继续之前，请你试着回想至少一个你曾付出的代价。为了解决焦虑问题——逃避焦虑或恐惧情绪，你错过了什么？想一想你真正在意的事情，不管是小事还是大事。也许是工作、财务或家庭；也许是旅行、锻炼、爱好或你的健康；也许是你的人际关系、亲密关系、你的自由、心灵与精神上的安宁。花点时间，把那件你在意的事情写下来。我们之后再来讨论这个问题。

由于令我焦虑的想法和感受、强烈的恐惧和惊慌、忧虑、令人不安的回忆，我错过了或不能做＿＿＿＿＿＿＿＿＿＿＿＿＿＿＿＿＿。

焦虑和恐惧是强烈的、以行动为导向的情绪，它们很难被控制和应对。到目前为止，你得出了这样的结论，而且是正确的。事实上，焦虑可能永远都不会完全消失。你可能永远都无法减少，更不用说摆脱强烈的恐慌感、痛苦的想法或糟糕的回忆。如果有人告诉你，你可以，不管他的意图有多好，请不要轻信。没有什么神奇的方法可以消除你生活中的焦虑和恐惧。原因何在？

因为我们是有历史的生物，现代的神经科学也会告诉我们同样的道理。我们的神经系统做的是加法而非减法。进入你脑海的东西会一直存在。你可能有一段让你极度焦虑和恐惧的历史，并且你学会了如何应对它们。这二者常常被混为一谈。好消息是，其实你可以通过创造新的历史来改变自己的生活。

为了不重蹈覆辙，你需要学习如何掌控自己的生活，不要让焦虑占了上风，妨碍你去做你想做和在乎的事。你能够结束自己的痛苦，你能够从焦虑和恐惧中走出来，而非摆脱焦虑和恐惧，你能够找回自己的生活！我们将教你如何去做。

## 摆脱 WAFs 的新方法

本书将带你踏上新的旅程。我们不确定终点在哪里，但我们保证这趟旅程将与你之前尝试的任何事情都不一样。

我们不打算带你走那条老路。我们不会为你提供那些助长你的恐惧和焦虑，而且只能在短期内起效的方法。你不会在本书中找到任何关于教你"更多、更好、不同"的焦虑管理和控制策略。本书要讲的内容更丰富，它将帮你回归生活！

我们将带你走上一条在许多方面都对你有挑战的路。我们将向你展示怎样改变你与你自己的关系以及你到现在为止拥有的历史，包括引发焦虑的所有想法、记忆和意象，不舒服和可怕的感觉，以及你想做些什么来避免或终止焦虑的自然倾向。

当你把焦虑当成问题时，你与焦虑的关系往往是充满敌意和不友善的，这只会助长和强化焦虑。而且随着焦虑的增长，你会倾向于与它斗争，并更加抵触它，然后陷入无止境的循环。

要想打破这种死循环，最有力的办法是接纳你的焦虑，并待它以仁慈和慈悲。接纳你生活中的痛苦，并对它怀有一颗慈悲的心，将削弱焦虑的力量、减轻你的困扰和痛苦。你可以接纳其他比焦虑本身更大、更重要的事情。这能让你敞开心扉，重新探寻你在这一生中想做什么、想去哪里。随着你心灵的成长，你将学会把你的精力重新集中在对你最重要的人和经历上。简言之，你将找回你的生活。我们写这本书就是为了帮助你做到这一点。

没有人想永远都被焦虑困扰。然而，只要你的焦虑与负能量挂钩，你就会更容易被焦虑淹没。负能量表现为主动抵抗、否认、挣扎、压制、回避和逃避。当你阅读本书和做练习时，你会了解负能量产生的原因；当你学会如何更友好、更温和地应对焦虑时，你会发现你的努力没有白费。新的可能性将出现，你将实现你的梦想，而不必战胜焦虑。

这些想法并不是空谈，越来越多的科学研究证明，管理和控制焦虑反而会助长焦虑和恐惧，缩小生活空间，让你承受更多的痛苦（Eifert & Heffner, 2003；Eifert, McKay, & Forsyth, 2005；Hayes, 2004；Hayes, Follette, & Linehan, 2004；Hayes, Luoma, Bond, Masuda, & Lillis, 2006；Hayes, Strosahl, & Wilson, 2012；Salters-Pedneault, Tull, & Roemer, 2004；Yadavaia, Hayes, & Vilardaga, 2014）。这就是为什么我们不提供控制焦虑的新方法，我们将从根本上解决问题，以增强你的活力和创造你想要的生活（一种充实的生活，不再有与焦虑作斗争的痛苦）的能力。

而且，尽管现在听起来很奇怪，但是你将学会如何更全面、更深地融入你的生活，无论你的头脑和身体时不时会和你说些什么。每天都在忙着控制WAFs不是生活该有的样子。你感到好奇或者怀疑吗？那就读下去吧！

# 如何使用本书

如何使用这本书？

我们在很多章节里都设计了练习，这些练习能为你提供新的经验、技能和方法来处理焦虑和提升生活质量，它们是本书最重要的部分。这些练习将针对你的情况，把你所学到的和需要学习的东西带入生活，以便你从焦虑和恐惧控制中挣脱出来。它们也会帮你辨别有效的和无效的方法。有些练习告诉你，你可以包容你的 WAFs，而不是抵触它们。理解这一点当然有帮助，但只有亲身经历过才能改变你的生活。我们在本书中教给你的方法不是什么智力练习，因而你无法突然获得一些强大的洞察力，然后让一切都好起来。你需要用这些材料做一些事情。这本书会帮助你，并为你效力，前提是你自己也要付出努力。来，试试看吧！

## 把照顾好自己列入你的待办事项清单

如果你想有所收获，就要按书上的指示做。你需要考虑你和你的生活是否同你与其他人每天做的事情一样重要。我们认为你的重要性应该排在首位，因此，应该把照顾好自己当作你的必修课。我们知道这听起来可能很傻，但当人们这样做时，真的会有所收获。

## 把阅读当作优先事项

把阅读当作你日常生活中的优先事项。对自己许下承诺！每周留出合理的时间来阅读本书并完成练习。时间安排可以灵活一些。如果你计划在早上阅读，但出于某种原因错过了阅读时间，那就挤出时间以后再读。最重要的是坚持阅读。

## 要有耐心，调整好自己的节奏

改变需要时间。你不可能一口吃成个胖子。我们理解你想要迅速解决事情，但你不可能在一夜之间彻底改变。我们强烈建议你抵制住一口气读好几章的诱惑，因为你最后会感到不知所措，很难在生活中付诸实践。你需要时间来思考和处理这些材料——细嚼慢咽才好消化。对自己要有耐心。

我们建议你每周阅读一章，并坚持每天完成练习。这是一个爱护自己的好方法。第一部分的章节可以读快一点儿，但当你进入第二部分和第三部分时，要慢下来。

学习任何新技能都需要时间，改掉让你陷入困境和受苦的旧习惯也需要时间。最后，你应该根据自己的需要，花尽可能多的时间仔细阅读每一章。这不是一场比赛，不必着急。相反，要相信你的经验。当你能够在生活中应用新技能时，你就可以继续前进了，这是你取得进步的标志。

## 一些概念和主题重复出现的原因

有些主题会反复出现，这种重复是故意的，重复出现的概念或技能都是重点。当你看到某些东西在后面的章节中再次出现时，我们只是在帮助你学习如何以新的方式应用该技能。读完这些概念后不能马上忘了它们。但这正是所有人在阅读自我提升书籍时常常做的事情。如果我们忘记了，就看不到全局。除非我们学会建立概念之间的联系，否则我们将无法运用所学技能来应对新的挑战。

我们还加入了一些重复的内容，因为好的心理治疗师或生活教练也会向你反复强调一些事。而且我们知道你可能是一个人完成练习，没有心理治疗师的指导。这可能很困难。但好消息是，我们知道即便你是一个人阅读本书并使用书中的练习，这本工作手册也能帮到你（见前言）。因此，在没有心理治疗师的情况下，你也必然有所收获。

我们理解你可能不愿被提醒做各种事。你可能会从心底里抵触，但这正是问题所在。你会热衷于对本书（你用来改变你的生活的书）品头论足，认为里面的练习"愚蠢""没用""太难"或"有太多重复的内容"，甚至想要放弃阅读。每当这种情况发生时，你应该重新调整自己。

不要相信你的大脑只能让你停留在固有的和熟悉的地方，否则你根本就不会翻开本书。你有两个选择：以新的方式前进或依旧原地踏步。

如果我们能和你面对面交流，我们也会不断重复之前提到过的主题和概念。无论核心主题是在本书后面的部分，还是在开头，都一样重要。所以你觉得熟悉的主题都是重要的主题。你要做的就是让它们成为你生活中的习惯。这需要时间、反复练习、投入和实践。

## 独自阅读本书或把阅读本书当作你的治疗的一部分

本书作为一本独立的工作手册，可以帮助任何可能与焦虑作斗争的人。无论你是否患有焦虑症，本书都将帮到你，你将在第2章中了解到更多关于焦虑症的情况。

如果你为了解决焦虑问题已经去看了心理治疗师，你可能还会发现本书对补充治疗有帮助。在较新的认知行为治疗（如ACT）方面，有经验和接受过训练的心理治疗师会对本书中的方法了如指掌。如果你目前正在接受ACT治疗，你会发现本书各章内容与你的治疗师每周和你讨论的材料大致相符。

## 我们的心路历程：撰写本书的初心

我们撰写本书是因为本书的内容能让人获益匪浅，而且我们写它的初衷就是想帮助他人。许多机缘巧合都在引导我们实现这个愿望。在此，我们想与你分享一下我们的情况和心路历程。

我们接受过临床心理学家和研究人员的培训，其中大部分培训属于认知行为治疗领域。我们已经投入了大量的精力来了解焦虑和焦虑症的成因及后续治疗。更广泛地说，我们的目标是团结一致，帮助人们保持身心健康，找到更好的方法来减轻人类的痛苦。

我们曾经教过焦虑症患者最先进的认知行为治疗技术。我们专注于帮助人们运用很多方法来驾驭和控制令人不悦的想法和感受，其中不乏"新的、不同的、更好的"方式。你可能知道这种疗法。也许你已经学会了如何识别灾难化的消极想法，明白它们并不现实，然后用现实的想法替代它们。如果是这样，你就基本了解了认知行为治疗是怎么一回事儿。

所有能有效治疗焦虑症的方法都有一个共同点，那就是让焦虑症患者直面自己害怕的事物。通常，这些都是焦虑和恐惧的导火索，有些潜藏在患者的大脑或身体里，还有一些潜藏在他们身边。随着时间的推移，与它们的接触越来越多，人们逐渐学会面对他们的恐惧，许多人的焦虑因此得到了缓解。大量研究证明，这种方法和类似的方法在某些时候对一部分人有效，但这并不能起到很好的疗愈效果。

在进行研究和临床工作时，我们一次次看到人们变得更好，在一段时间内减少了焦虑，然后又向我们寻求更多的帮助。他们带着焦虑和恐惧又回来了。在试图弄清这一点的过程中，我们开始怀疑用于管理焦虑的一些方法是否已经失效。这种观察并不是我们所独有的。在接受传统的认知行为治疗后，焦虑的部分或完全复发的普遍程度超乎我们的想象。

许多人在寻求帮助时都尝试过不错的方法，但始终效果有限，这很不对劲。我们开始反思认知行为治疗是否在传递错误的信息：焦虑的想法和感受正是问题所在，是阻碍你创造更好、更丰富、更有意义生活的根源。从这个观点来看，重拾美好生活的唯一途径是减轻你的焦虑，这常常意味着你需要控制和转变你的想法、感受和记忆。

这种方法固有的观点是：做你自己是不好的。或者，换一种方式来说，到目前为止，你已经拥有的生命经历是不好的。许多寻求治疗的人接受了这样的暗示，至少在早期是这样。许多治疗焦虑症的疗法都宣扬同样的信息，它们聚焦于改变你的想法和感受。当你成功做到这一点时，你就会快乐地茁壮成长，但这种方法仍然传达着这样一个信息：做你自己是不好的。这种想法伤害了很多人。如果你坚持认为自己从根本上出了问题，那就没有通往健康之路了。

美好生活并不源于更好的思考和感受（意味着更少的焦虑和恐惧），这种想法并不适合我们。这正是认知行为治疗解决焦虑问题的方法，它的重点是教你更好地管理焦虑，而这只是认知行为治疗的一部分，它的核心是解决焦虑和其他让你痛苦的情绪。你当然认为只要解决痛苦就会得到快乐、生活得更好。但最根本的问题在于，我们必须先解决痛苦吗？

或许有人觉得我们因为了解焦虑，所以不会被焦虑困扰。实际上，我们两个人都曾饱受焦虑的折磨，试图处理我们心理和情绪受到的伤害，却发现我们信任的认知行为治疗经受不住时间的考验。是的，即使我们是焦虑症的专家，也无法摆脱自己的焦虑。但又有何妨？控制好自己的焦虑并不能保证生活的质量。思考和感觉良好不等于美好的生活，也不是通往真正幸福的道路。

随着认知行为治疗的发展，新的思潮开始兴起，这些新想法颠覆了我们的认知。较新的一项研究表明，想法和感受或许并不是敌人。也许不需要管理它们，你就能过上活力四射的生活。这股新的认知行为治疗思潮甚至认为，与我们的头脑和身体作斗争才是人类痛苦的根源。

新的疗法将取代焦虑管理，并且它提出了一些激进的、独创的、崭新的甚至是反直觉的内容。新的理论认为，也许这种挣扎是不必要的，甚至会滋生焦虑问题。如果这是正确的，那么我们就应该教人们如何放松，帮助人们把精力转移到管理他们可以控制和应该管理的事物上——他们应该做他们真正关心的事情。

这种新疗法包含一个非常简单的观点和一套科学循证的策略与技能，以帮助人们接纳、慈悲、温和地对待他们不愉快的想法、感觉、记忆和自我意识。人们的观念正在发生转变。努力思考与感觉更好不再能解决焦虑问题。新的解决方案的重点在于帮助人们改变他们与内在情绪生活的关系，和他们所有的想法与感觉和平共处。这是一个激进的想法吗？当然！

本书的内容基于我们之前引述过的研究文献，这些文献表明，当你管理和纠结于人类正常的痛苦时，你通常会得到更多的痛苦。事实上，你会感到苦恼。因为你从大多数人认为重要的事情中退出来了。

ACT 是这类新疗法的一种，构成了本书的框架。我们花了很长的时间推广 ACT，以帮助像你一样的人。我们也一直在日常生活中使用它——在工作中、与孩子一起、在亲密关系中、在身体健康上、在社群中，还有就是在做我们喜欢的事情时。

这就是不同之处：我们不再反抗与纠结生活中不可避免的痛苦，而是怀着仁慈、温和、慈悲，清醒地接纳这种痛苦。我们两个人都在努力放弃无用的挣扎，做出有意义的选择以和过去划清界限。我们只是不愿意让我们的情绪痛苦阻碍我们去我们想去的地方。这让我们有更多的时间和精力专注于做真正重要的事情，跟随我们的核心价值的指引。我们越是这样做，反而发现自己越能更好地进行思考和感受。

这样做并不容易，你需要下定决心付出努力，然后才能收获一种截然不同的生活。只要我们学会怎样利用好自己的精力，就能拥有丰富多彩的生活。我们的头脑和心灵不再被痛苦缠绕，而是更专注于我们关心的事情。这种新疗法适用于许许多多向我们寻求帮助的人，包括我们的读者。

我们的目的是让你也能充分享受你宝贵的生命。我们把自己所有的知识都写入了本书，以助你一臂之力。现在轮到你了。我们希望你能充分利用它，看看它能给你带来什么。如果你愿意继续读下去，我们相信你会感到惊喜。你的生活也会因此变得更好。

## 开启你的旅程

本书旨在帮助你通过做一些不同的事情来获得全新的体验。阅读本书（内化你所学到的东西）是这个过程的一部分。但地球上没有任何书，没有任何药，没有任何人可以规划你的生活。改变源自把你学到的东西付诸行动。你是唯一能做出你需要做出的改变的人。最终，你可以控制你的人生方向，这是你的选择。

俗话说，千里之行始于足下，翻开此书就是你迈向新生活的一小步，读到这里是你向前迈进的另一步，恭喜你能走到这里！现在最难的部分来了：你需要继续往前走。

　　美好的生活由数不尽的瞬间组成，每个人都需要花一生的时间来创造他们的生活。我们将帮助你一点点探寻自己的生活，在你的旅途中，你将学习、进步，并以一种全新的方式看待生活。最重要的是，你正在向前走，即使是很小的一步，只要你坚持下去，最后也能登上山顶。

　　我们推荐你把本书作为你的旅行向导。利用书中的信息来帮助你决定你想去哪里。只要你愿意将你的价值观付诸行动，你和你身边人的生活质量就会得到提升。

# 目录

第一部分　○　**准备迎接新事物**

我们不能害怕改变 / 也许你所处的池塘，让你感到非常安全 / 但如果你从不冒险离开它 / 你将永远不会知道什么是海洋 / 固守现在对你有好处的东西 / 可能使你没有办法得到更好的东西。

第二部分　○　**开始新的旅行**

生命的本质是变化，如此奇妙 / 然而，人类的本性却是抗拒变化 / 具有讽刺意味的是，令人害怕的困难时期 / 恰恰可以让我们敞开心扉 / 帮助我们成为我们应该成为的样子。

第三部分　○　**找回你的生活，好好生活**

摒弃将自己与过去、错误捆绑起来的习惯。远离那些一次次故意伤害你的人。反对那些贬低你价值的想法和观点。它们无法同你一道前行。你不会让它们阻挠你开始新生活。你做出承诺之时，它们就已被终结了过去式，你足够优雅，充满力量，不要再被繁杂琐事困扰。找回你的生活！

# 第一部分

# 准备迎接新事物

我们不能害怕改变。

也许你所处的池塘，让你感到非常安全，

但如果你从不冒险离开它，

你将永远不会知道什么是海洋。

固守现在对你有好处的东西，

可能使你没有办法得到更好的东西。

——C. 乔伊贝尔·C.（C. JoyBell C.）

# 第1章

# 选择新的方法，得到别样的收获

生活就是一场神圣的旅程。一路上你不断地变化、成长、发现、运动、转变，不断扩大你的视野，舒展你的灵魂，学会深入、透彻地了解事物，相信你的直觉，在沿途的每一步都勇敢地接受挑战。你一直行走在路上……此刻你正处在命中注定的位置上……从此以后，你就能一路向前，把你的人生塑造成一个关于胜利、治愈、勇气、美丽、智慧、力量、尊严和爱的精彩故事。

——卡罗琳·亚当斯（Caroline Adams）

本章你需要做好迎接新事物的心理准备。尽管我们不愿意承认，但我们都知道，如果我们想要得到不同的结果，就不得不改变现在的做法。我们把这个简单的想法编成了一句口诀，方便你记住它。

如果我继续做我一直在做的事，那么我只能得到我已经拥有的东西。

请在阅读本书的过程中把它牢记在心。

## 你有你的选择

你有能力做出选择，但焦虑不是其中之一。焦虑总是会发生，这不是一个选择。没有人愿意选择焦虑或恐惧。但是你当然可以选择一种新的方法来面对你的焦虑，从而过上不同的生活。本书就是来帮助你寻找新方法的。

书中的材料将帮助你以不同的方式处理你的焦虑和你的生活，让你控制你能控制的东西。简单地说，你可以控制和改变你对与焦虑相关的感受、想法和忧虑的反应。

- 你可以停止尝试应对 WAFs（如果应对和其他管理策略没有持久的效果）。
- 你可以学会抛开所谓 WAFs，只是把它们当作想法、感觉、情感或痛苦的记忆来体验。
- 你不必对你的焦虑采取行动，而且它也不需要你做什么。尽管你很想逃避强烈的焦虑，但你可以学会采取不同的行动。你可以学会观察焦虑情绪和令人忧虑的想法，而不是按照它们告诉你的去做。
- 你可以学会与自己及你的情感生活建立一种更仁慈、更友善的关系，而不是像对待敌人或不受欢迎的客人那样对待焦虑。
- 你可以学会在焦虑不安的情况下行动，做一些可能对你的生活至关重要的事情。

我们从研究和实践中得知，解决焦虑、忧虑和恐惧的方法不是与它们对抗。既不需要摆脱它们，也不需要像更换汽车零件一样用积极的想法来替代消极的想法，这些都对焦虑和恐惧不起作用。但是大部分人都在和焦虑对抗，你可能也是如此。

你了解你的焦虑，我们也了解它。你觉得你必须打败焦虑——也许通过更努力的尝试、更努力的奋斗、学习更好的方法、阅读有关焦虑的书籍、寻找新的药物、发泄情绪，等等。

这是一条硬道理：没有人能战胜自己的焦虑。我们知道这听起来可能很压抑，你甚至可能感到有点绝望。但好消息是，你不需要赢得这场战斗就能过上你想要的生活。你在阅读本书的过程中会明白。

现在我们要求你思考全新的对策，即解决焦虑的方法不是"更好地"或"更努力地"战斗，而是转变你对它的看法、感受及反应。你可以选择停止战斗。要做到这一点，你需要学习如何承认焦虑的想法和感受，你并不需要"变成"它们，也不用采取行动，更不要被焦虑操控。

帮助你把宝贵的时间花在你最关心的事情上，而不是把时间和精力花在控制焦虑上，这就是我们的目标。请在阅读本书时牢记这一点。我们所追求的是一种美好的生活——你能过上最理想的生活！

## 学会保持临在

在继续前行之前，我们想邀请你停下来，做个简单的正心练习。你也可以把它看作一种基础练习，或是一种能让你随时随地保持临在（present）⊖的练习。这个练习，以及书中的其他类似练习都是有目的的。

焦虑和恐惧会束缚你，把你拖进远离此刻所处位置的黑暗地带。为了对抗这种自然倾向，你需要学会如何回到当下。

这个正心练习将教会你一些技能，它们能帮助你活在当下，并让你更能意识到哪些东西对你而言是重要的。在日常生活中，你因为焦虑或其他痛苦的经历而分心时，这个练习也能帮你回到当下。

记住，做这个练习没有所谓正确或错误的方法。请尽你所能坚持下去。你需要找一个在 5 分钟内不会有人打扰的地方和一个舒适的姿势。当你准备好时，可以阅读下面这个练习的引导语。

---

⊖ 也可译作"活在当下"。——译者注

## 练习：简单的正心练习

请找一把椅子，以一种你感到舒服的姿势坐下，腰背挺直，双脚平放在地板上，不要交叉双臂和双腿，双手放在膝盖上。轻轻闭上双眼。做几次深呼吸：呼气……吸气……呼气……吸气……在呼吸的时候，注意你呼吸的声音和感受，吸气……呼气……

然后，慢慢把注意力转移到你现在所处的位置上。曾经听起来离你很近的声音正在慢慢远去。你现在正坐在这把椅子上，仔细感受身体和椅子接触的部位。那个部位的感觉如何？坐在这里的感觉怎么样？

接下来，慢慢感受你的身体所接触的地方，把注意力集中在你的双手触摸到的膝盖或双腿上。现在，想象你的意识正从你的臀部流到脚底与地板接触的地方。你的双脚在此位置上有什么感觉？它们正牢牢地与地板和大地相连。

现在，轻柔地扩散你的意识，感受你身体的其他部位。如果你察觉到身体里有任何感觉，就去关注它们并承认它们的存在，同时关注它们本身是如何变化的。不要试图去改变它们。

现在，让你自己回到当下，你正在阅读本书。你能否感受到你此刻正为自己付出？你为什么在这里？如果你觉得这听起来很奇怪，就请注意这一点，然后回归到整体的感觉上去。要意识到你在这里的意义。

现在，看看你能否与你所害怕的东西同在。觉察出现的任何疑问、保留的意见、恐慌和忧虑，看看你是否能注意到它们，承认它们的存在，给它们留出一些空间，让它们在那里。你不需要让它们消失或处理它们。随着每一次呼吸，想象你正在为它们创造越来越多的空间，为你创造更多的空间，成为你自己，就在这里。现在，看看你能否与你的价值和承诺同在一会儿。你为什么在这里阅读本书？你想去哪里？你想为你的生活做点什么？

然后，当你准备好时，放下那些想法，逐渐扩大你的注意力，接受周围的声音，慢慢睁开眼睛，把这种觉知带到当下和一天的其余时间里。

让我们花点时间反思一下你做简单的正心练习时的体验。重要的是，你开始关注你的感受和它教给你的东西。当你开启你的旅程时，这会让你看清你所处的位置。现在我们开始吧。

当你考虑到自己的意图时，你发现了什么？为什么你现在在这里，通过阅读本书来改变你的生活？

_____

_____

你能在身体中觉察到什么感觉（如果有的话）？

_____

_____

列出所有让你无法专注完成练习的想法（比如我无法集中注意力，这很无聊，我做得不对），请具体一点。

_____

_____

你是否想通过做这个练习获得某些特定的结果，比如感觉更加放松、平静或平和？如果是，请把它们记录在下面的横线上。

_____

_____

我们鼓励你每天都做一遍这个简单正心练习。找一个合适的时间和地点。它将帮你敞开心扉，回归生活，做你所关心的事情。

## 什么是 ACT

本书提供了一条摆脱焦虑和恐惧并全身心投入生活的新思路，它基于一种革命性的方法，这种方法被称为接纳承诺疗法（ACT，发音像"act"）。这个发音很重要，因为它概括了 ACT 最终代表的含义：承诺行动。

### 接纳 – 选择 – 采取行动

了解 ACT 的关键就是关注三个字母所代表的三个步骤：接纳 – 选择 – 采取行动（accept-choose-take action）。换句话说，ACT 就是顺其自然，面对生活，朝着自己想去的方向前进。你不用担心这些解释过于笼统或理想化。我们会在接下来的练习中把它们具体化。现在我们会把首字母缩略词 ACT 拆开进行介绍，以便于你理解接下来的内容。

## 接纳

学会接纳是 ACT 的第一步，我们将在本书中反复帮你培养这项能力，我们希望它能陪伴你一生。它所包含的主动技能，将帮助你在焦虑、恐惧、忧虑、恐慌、其他情绪和心理痛苦出现时做出不同的反应——友善、慈悲、温和、少一些干预。重点是，接纳你现有的体验。这种技能将解除你与有害的念头和情绪之间的斗争。当你学会顺其自然时，消除或改变这些念头和情绪的需求就会消失，焦虑之苦也将随之而逝。

当你放下手中的绳子，结束与焦虑怪兽之间的拔河比赛时，你会注意到自身被释放了，你的手、足、大脑和嘴都得到了自由，可以专注于你真正关心的事情。在这个过程中，你的生活将以一种不可思议的方式得到发展和改善。接纳能促使你把焦虑变成你更大的生活的一部分。

## 选择

ACT 的第二步是为自己的人生选择一个方向。你要确定你生活的价值以及你想要什么样的生活，找到对你来说真正重要的事情——你的价值，然后做出选择。你想成为什么样的儿女、兄弟姐妹、学生或朋友？什么类型的活动对你来说是有意义的？回答这类问题其实就是做选择——按照你选择的方向前进并接纳你内在的东西、伴随你前行的东西。这一步是你将要反复练习的一步。

你的生活正向你提出一个重要的问题：无论如何，你都愿意接触你的身心并与之保持联结，而不是回避或试图逃避它们的任何反应吗？如果答案是否定的，你将变得更弱小，而你的焦虑则会变得更强。如果答案是肯定的，你将变得更强大，你的生活也将变得更好。好好生活会成为你的焦点，而不是好好地去感受和思考。

## 采取行动

ACT 的第三步是为实现你的人生目标而采取行动。这涉及做出采取行动的承诺，改变你能改变的。这需要你不断推动自己，向自己选择的方向前进。当你使用本书中的这些材料时，你会发现，作为一个个体的你和你的行为及你对自己的想法与感受之间是有差异的。我们想要引导你坦诚地面对你的恐惧，希望你有更好的生活。我们的目标是培养你的意愿，让你在实现你的人生目标和梦想的过程中，愿意带着内心的情绪不适前行。

你可能会被这三个大胆的步骤吓一跳，或者心生畏惧。你可能会想：这太难了，我做不到。就算你这么想也完全没关系，这就是想法的作用。你只需要轻装上阵，捧着这本书继续看下去。让想法自行其是，而你不必理会它们，不用在意它们的去留。

## 为什么要用 ACT

研究表明，管理和控制焦虑是不必要的，而且代价高昂，本书的内容正是基于此项科学研究。讽刺的是，管控焦虑甚至会适得其反，往往会增加你一直试图减少的痛苦，而且它们大大限制了你的生活。

回顾我们在引言中提及的管理和控制焦虑的方法，这些方法可能看起来不同，但最终的目标都是一样的——减少痛苦的想法和感受，它们都涉及与焦虑作斗争。以下是这项研究告诉我们的关于与情绪及心理痛苦作斗争的摘要。

- □ **增加神经系统中的交感神经分支的活动。**当你感到焦虑、愤怒或遇到危险时，这个系统就会被点燃。它会让你感到紧张和更不舒服。
- □ **削弱对重要生活事件的记忆。**减少或摆脱不愉快的想法及情绪会分散你的注意力。把注意力放在焦虑和受到的伤害上，这会减少你对其他更重要的生活领域的关注。
- □ **浪费时间与精力。**抵制不愉快的想法、感觉和记忆是一项艰苦的工作。你可以把这比作用你的手掌堵住花园里拧开的水龙头。这不管用，最终你只会以弄湿自己告终。
- □ **只在短期内有效。**这就是你之前一直这样做的原因：强行抵制你的想法和感受只会给你带来一些暂时的缓解。但从长远来看，收效甚微，人们仍在受苦，并为此付出代价。

□ **并不能改变消极想法和情感的性质**。事实上，人们在与不愉快的想法和情感作斗争时或之后，往往会感觉同样糟糕或者更糟。最重要的是，这会让人感到精疲力尽。

□ **使你脱离生活**。这是最重要的。那些经常与自己的想法和情感作斗争的人总会觉得他们的生活质量较差，感觉这个世界不真实，缺乏亲密关系，而且总认为自己的工作受到限制。他们觉得自己被卡住了。

所有的研究结果都指向一个结论：改变焦虑的想法和情感无济于事。ACT以这项研究为基础，提供了一种新方法，使人们无须再通过管理、斗争和控制来摆脱焦虑和痛苦。要想摆脱困境，你需要做一些与之前所做的完全相反的事、与焦虑管理相反的事。改变你与焦虑的关系——尤其是你应对焦虑的方式，不再与之对抗。

这样的变化会带来更多机会。它们会给你回旋的空间和能量，让你更充分地融入生活。这就是我们说的 ACT 的全部要义，即允许自己在感受到伤害的同时，去做对自己有价值和重要的事情。简而言之，它是指同时接纳和改变。如果你保证愿意一试，你将学会接纳并与你无法控制的、与焦虑有关的想法和情感共处，并同时对你能控制的事情负责：你的行为或者你所做的事情。

## 为什么接纳与行动至关重要

和大多数人一样，你可能也会通过你花时间做了什么，而不是你有什么想法和感受来预判你能否成功。又或者，你在生活中的行动，无论大或小，加起来就是你生活的意义。只有通过你的行动（你所做的事情），你的生活才会朝着你希望的方向发展。

当你的行动与你的愿望背道而驰时，你会在情感和心理上陷入困境。这就是为什么我们不会提供你每天从媒体或我们的文化中听到的任何廉价或快速的解决方案。你可能知道这个观点：摆脱痛苦，然后你就会快乐，拥有你想要的生活。

没有痛苦并不能保证生活美满。相当多的人看似没有痛苦和烦恼，但仍对自己的生活不满意。许多人生活在巨大的痛苦和困难中，但依然能在他们的生活中找到意义和尊严。他们把每一天都当作自己的最后一天来过，你也可以这样做。当你把每一天都当作最后一天来过时，那些原本看似极为重要的事情突然变得无足轻重——这是后面章节中几个练习的支撑观点。

学会温和、冷静地观察自己的想法并且不与之纠缠，也将帮助你习得如何不让焦虑成为继续控制你生活的怪物。你可以通过拥抱你的焦虑来做到这一点，然后尽情地把注意力和精力都放在过你想要的生活上。这样一来，焦虑和恐惧将只是你生活的一部分，而不是你的全部。

你可能已经听说过另一种版本的 ACT 的原理，即著名的平静信条：以平静之心接纳不能改变的，以勇敢之心改变能够改变的，以智慧之心发现两者的不同。大多数人发现，接受平静信条要比照着它做容易得多，因为他们根本不知道自己能够改变什么、不能改变什么。更多的人不知道如何接纳那些伤人的想法和感受并与它们共处。因此只有极少数人能把平静信条应用到日常生活中。我们将告诉你如何遵循平静信条。

当你阅读本书并做练习时，你将学会分辨你有没有能力改变某件事。当你做正念练习和接纳练习时，你将学会包容你的过去，无论它们是好是坏。一旦你学会了接纳和慈悲，你就会把宝贵的时间和精力重新集中在做真正重要的事情上。这将为你开启一条新的道路——远离 WAFs，回归生活。

## ACT 帮你摆脱焦虑、改善生活

焦虑和恐惧有很多种表现形式。许多有焦虑问题的人都经历过惊恐发作的冲击：强烈的身体变化（如心跳加速），预感有可怕的事情要发生，感到害怕，并有一种末日即将到来的感觉。对一些人来说，惊恐发作似乎是突然出现的。另一些人则发现，恐慌的想法和感受会在特定的情况下出现（例如在社交场合，在人群面前，在飞机上，在高处）。

有些焦虑症患者会被他们曾经遭受的创伤经历所困扰。还有一些人会因为突如其来的、强迫性的、反复出现的想法、冲动或意象所吞噬而感到巨大的焦虑。为了减轻痛苦，有些人会经常进行特定的行为，比如反复检查、计数或洗手等。这些行为为他们赢得了暂时摆脱焦虑的美好时光。还有许多焦虑症患者日复一日地担心着各种事情（比如他们的过去、未来、日常的烦恼），却无法解决任何问题。

在下一章中，我们将尽力解释我们对 WAFs 的了解，以及它们为什么不像字面意义上彼此不同。如果你有同样的经历并且不愿再让它们影响你的生活，本书介绍的 ACT 将帮你摆脱困境。当然，"纸上得来终觉浅，绝知此事要躬行"，你也需要做出实际行动，否则一切都是徒劳。

如果你对付诸行动的重要性有任何怀疑，不妨想想你是如何学会骑自行车的。你一定不是通过阅读有关骑自行车的书籍或观看自行车比赛学会的。坐上一辆自行车并开始学着骑，这才是学习骑自行车的唯一方法。你还需要做好摔跤的心理准备。骑车也需要练习，致力于积累经验，愿意忍受痛苦和失败，并在跌倒后重新爬回到自行车上。你必须这样做，而且是一次又一次。

同样地，如果只学习怎样拥抱焦虑和恐惧的理论知识，而不采取措施亲自实践学习成果，你就会走入死胡同。你可能有过相似的经历。研究表明，人们在实践时的学习效果最好。简而言之，最好的学习方法是主动学习。因此，本书的重难点在于把书上的知识应用到你的日常生活中。你需要付出很大的努力。

## 希望与改变：带着焦虑上路

在本章结束之前，我们想简单预览一下本书的一些关键元素，以帮助你了解你将要读到的内容，以及你可以期待些什么。我们将通过一些漫画和文字来实现这一点。想象一下，你就是漫画中的主角。

这些插图与大多数人都想要的东西有关。注意，你正朝着你在这一生中最关心的事情前进。你是自由的，可以尽情享受生活。

你走在路上，碰到了各种各样的情况，有时会碰到一些不愉快的事情。

然后你停下了脚步。你开始思考。

你变得焦躁不安，沉湎于此，而且心烦意乱。

然后你做了貌似最明智的事情：你清除了所有"障碍"，因为它们好像挡在了你和你的生活之间。

当你试图控制你的不安时，你便需要转过身去，背弃你的生活和你想去的地方。而你的生活也注意到了这一点："咦，那我怎么办？"

当你把精力倾注在控制不安上时，你的生活正在前方等着你。你尝试了许多不同的处理办法，但似乎都没有效果。

这一幕已经上演了无数次。时间一直在流逝。嘀嗒、嘀嗒、嘀嗒、嘀嗒……你在原地挣扎，而你的生活在等你，一直在等你，它变得很悲伤，因为它知道你已经离它远去。现在看看你的生活——它已经等你很久了。

　　当你出逃时，你永远无法真正摆脱伤痛。注意，当你逃走时，你仍然背负着所有的伤痛。

　　你会感到精疲力尽、失望、无计可施，低垂着头。

　　而你的大脑还在给你提供更多的负面消息：为什么我不能像正常人一样？为什么我不能控制住我的焦虑和恐惧？

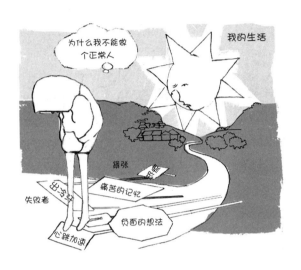

　　所以你被困住了，沉湎于"与生活脱节"的状态，在自己的伤口上撒盐。你觉得自己很差劲，很崩溃，像个前途渺茫的废物。你甚至可能会因为又一次错过了你生命中的重要事情而感到悲痛。你觉得自己被骗了，开始自怨自艾。注意，你的生活也比以前更悲伤，它仍然在等着你。

　　有一天，事情发生了一些变化。

　　一些美妙而影响深远的事情发生了。

　　你看到了真实发生的事情。

　　你思忖着。

　　你说你受够了。

　　你开始接纳其他的可能性。

　　也许，只是也许，你的想法和情绪根本就不是障碍。也许它们只是你生活的一部分。也许你在做事情时，可以把它们带在身边。

你的生活似乎很喜欢这个想法。

因此你迈出了第一步——大胆而勇敢地朝着你想去的方向迈进。你以慈悲和友善的态度对待身心出现的任何反应。你开始行动。你要回到自己的生活中，去做对你而言真正重要的事情。

你的生活立刻注意到了，其他人也马上觉察到了，你也即刻觉察到了。

你承诺去做自己在意的事情，而不管头脑中目前或过去出现了什么。

你向生活奔去。当你付出得越来越多时，你的生活也在逐渐改善。你的生活喜欢和你待在一起！

最后这幅插图总结了我们在本书中阐述的治疗方法。前面所有场景中的元素都将被提及，有一个例外：我们无法阻止消极的想法和感受出现。当你奔向你的生活时，必然会产生各种各样的想法、感受和身体感觉。你不可能只要生活而不要想法和感受。

但是，我们可以教你如何不让焦虑的身心状态阻碍你过上你想要的生活。你将学会不再为了管理焦虑而背离生活。你将学会如何停止与你的情绪和心理伤害作斗争。你将学会如何对自己更友善，这样你就不会用更加负面的判断和指责来打击自己。最重要的是，我们将向你展示如何赢得这场与焦虑的战争，不是战胜它，而是在你的生活中学会慢慢地接纳它。

好好生活才能战胜焦虑。它始于采取不同于以往的行动对待焦虑，这才是追求真实幸福的正确方法。

## 承诺改变

做出承诺是你为改变生活付出努力的重要一步。你是否做好了准备，并愿意学习用另一种方式来处理你的 WAFs 以及你的生活？

如果你愿意，这意味着你离控制自己的行动又近了一步，并正朝着你真正珍视的生活前进。这真是太好了！

如果你不愿意或还在犹豫，那就停下来问问自己："是什么阻碍了我？"首先审视自己的内心，然后在你的周围寻找障碍。尽可能具体地把这些障碍写在下面的空白处。

_____

_____

_____

_____

_____

现在回头看看你的答案。如果你需要的话，就花些时间与它们相处。我们不要求你克服任何障碍。我们只想知道你是否愿意学习一种全新的应对焦虑、恐惧等负性情绪的方式。只有你才能决定是否让这些障碍继续阻碍你过上不同的生活。当你百分之百愿意做出这样的承诺时，就放手去做吧，并且坚持完成每一章中的练习。

做出承诺并不意味着做对所有的事，也不意味着永远不会退步，我们知道你肯定会有重蹈覆辙的时候。承诺只意味着你承诺在你开始做的事情上尽力而为。

如果你没有兑现承诺，并不意味着你失败了，或者你是一个失败者，这时你需要小憩一会儿。这些都只是你的想法罢了，自责不能解决问题，只会让你感觉更难受。

没有兑现承诺只是意味着你从自行车上摔下来了，我们都会摔倒，尤其是刚学骑车时。当你意识到你"又犯了一样的错"时，你可以选择重新承诺认真对待，并尽力做好下一件事。

这就是我们认为承诺如此重要的原因：如果不承诺行动——如果你不完成练习，你的生活就不会发生变化。我们在本章开头已经谈到了这一点，但是有必要重申一遍：如果我继续做我一直在做的事，那么我只能得到我曾经一直得到的东西。

许多人认为这句话引自安东尼·罗宾斯，以及在他之前的阿尔伯特·爱因斯坦、亨利·福特、马克·吐温甚至史蒂芬·海斯和 ACT 的提出者。无论这句话最初出自谁之口，他们所有人都提出了同一个观点：你如果想改变结果，就需要改变过程。也就是说，只有做从未做过的事情，才能有不同的收获。仅仅阅读本书而不做任何新的尝试，不会带给你任何新的东西。

让我们休息片刻，静下心来思考这其中的意义。当你决意要做一件新的事情时，你的未来有哪些可能性？你考虑过后果吗？你有没有停下脚步想一想你的生活将变成什么样子？接下来的简短练习可以帮助你思考这些问题。

## 练习：你的人生之书充满了可能性

如果总是回顾过去，聚焦于你或你生活中的错误，或总是重犯过去的错误，你就不可能以新的方式前进。而且，除非你能清楚地明白这一点，否则你几乎不可能做成任何事情。所以，让我们换个角度，看清楚一些。

花点时间认真反省，轻轻闭上你的双眼。把注意力集中在你的呼吸和所在之处，集中在此时此刻。放松地进入状态。当你准备好时，慢慢睁开眼睛，继续阅读。

向前伸出你的双手，掌心朝上，想象你正捧着一本名为《你的人生》的书。这是一本你非常熟悉的书，其中有几页已经写好了。它们涵盖了你从出生到现在经历过的所有事件。你会看到一幕幕来自过去的画面，有欢乐，也有巨大的困难和痛苦。这本书也记录了你与焦虑和恐惧的斗争。你知道这个故事。

但是，当你继续翻看这本书时，你会发现故事未完待续。在名为"明天"的新章节中什么也没写。事实上，从此刻开始的每一页都是一片空白。你看到的都只是一页页白纸。

你可能会觉得这很奇怪，也许我买了一本假书。但这一点也不奇怪。事实上，你所看到的空白正是它本来的样子。从现在起，你的人生故事还有待书写。它充满了可能性、经历和新的旅程。再次停下来，让自己更深入地沉浸于这个真相。当你准备好时，继续阅读。

现在问问自己：我希望接下来的情节如何发展？名为"明天"的那一章会不会只是昨天和之前每一章的重现？如果你能在《你的人生》这本书的下一页空白处写字，你会写什么？从这一刻起，你真正想做的是什么？

这是你做出承诺的地方。你的承诺应当具体，并且被你牢记在心。在下面的横线上，写下你想看到的后续的故事。想想你能做哪些事，具体地思考各种可能性。用几个词或句子来描述你想做什么和你想成为什么样的人。你写的内容可以很简单，比如"我要花 15 分钟阅读并运用本书中的材料来改变我的生活"，或者"我要用我在引言中了解到的简单正心练习开始我的一天"。

_____

_____

_____

## 生活改善练习

在本周和未来几周，我们将推荐几项你现在就可以做的练习，让你的生活有新的收获。我们称之为生活改善练习，因为这就是它们的目的——提高你理想中的生活的深度和质量。我们邀请你时常回顾这些练习，并承诺你可以适度做其中的一些练习。

现在，我们建议你：

□ 承诺每天都做简单正心练习。

□ 了解你对本书的承诺，以及为什么这对你现在很重要。

□ 把阅读和使用本书作为日常生活中的优先事项。

## 核心观点

做出改变也许很可怕，但你也会得到解放，这就像是一场冒险。然而，做更多相同的事情应该会有更大的风险。为了获得新的东西，我们所有人都需要做一些新的事情，而它始于你的抉择和承诺。当你开始以 ACT 的方式处理焦虑时，你可以得到很多，但实际上也并没有什么可以失去的。

---

**为接纳新事物作准备**

**要点回顾：** 为了获得新的东西，我必须做一些新的事情。

**问题思考：** 我是否已经准备好用全新的方式面对焦虑、恐惧和忧虑？如果没有，是什么阻碍了我？

---

# 第 2 章

# 你并不孤单：理解焦虑和焦虑障碍

我们最美好的瞬间，往往发生于不适、不幸和不满之时。因为只有在此时此刻，在逆境中砥砺前行，我们才能突破自我，寻求新的出路或更真实的答案。

——M. 斯科特·派克（M. Scott Peck）

## 你并不孤单

许多焦虑症患者都有一种孤独感，你可能也不例外。你可能觉得你的焦虑太过强烈，以至于没有人能设身处地地理解你。你只说对了一半，只有你才最了解自己的过去，但你绝不是孑然一身。

在你阅读本章并重新认识焦虑时，全世界无数的人都有着和你一样的恐惧、纠结和行为倾向。你会发现你的焦虑已经得到了广泛的认知和理解。焦虑和恐惧是最容易理解的两种情绪，随着更加深入的学习，你会发现你的未来充满希望，你不是一个人在战斗！

焦虑症患者遍布世界各地。无论一个人是贫穷还是富有，他都有可能被焦虑困扰。焦虑症是所有心理障碍中最常见的一种，有多达 30% 的人在一生中的某个阶段会受到影响（Kessler et al., 2005）。仅在美国就有大约四千万人患有焦虑症。为了让你更加直观地感受到这一点，打个比方，如果给每个焦虑症患者都戴一顶红帽子，走在街上，没戴红帽子的人将少之又少。

焦虑症也往往是慢性的、代价高昂，而且令人衰弱。也就是说，如果你不愿做出改变，这些问题往往会持续存在，甚至可能随着时间的推移变本加厉。焦虑症的影响如此广泛，因而焦虑症将带来巨大的个人、社会和经济成本也就不足为奇了。事实上，在美国，每年花在焦虑症上的总费用约为 450 亿美元，其中只有 25% 与治疗费用有关（Barlow, 2004）。这个数字相当于一个小国的预算，而且还没有包含焦虑症的许多隐形成本。我们都对这些隐形成本心知肚明：生活质量的下降。

## 暂停一下，集中注意

在进入正题之前，我们想放缓脚步，请你做一个五分钟的正心练习。这个练习与第 1 章略有不同，但内容大体一致。

做这个练习仍然没有所谓正确或错误的方法。请尽你所能坚持下去。你只要找一个无人打扰的地方，以一个舒适的姿势开始练习。

### 练习：正心练习

请找一把椅子，以一种你感到舒服的姿势坐下，腰背挺直，双脚平放在地板上，不要交叉双臂和双腿，双手放在膝盖上。轻轻闭上双眼。做几次深呼吸：呼气……吸气……呼气……吸气……在呼吸的时候，注意你呼吸的声音和感受，吸气……呼气……

然后，慢慢把注意力转移到你现在所处的位置。曾经听起来离你很近的声音正在慢慢远去。你现在正坐在这把椅子上，仔细感受身体和椅子接触的地方。现在的氛围如何？坐在这里的感觉怎么样？

　　接下来，慢慢感受你的身体所接触的地方，把注意力集中在你的双手触摸到的膝盖或双腿上。现在，想象你的觉知正从你的臀部流到脚底与地板接触的地方。你的双脚在此位置上有什么感觉？它们正牢牢地与地板和大地相连。

　　现在，轻柔地扩散你的觉知，感受你身体的其他部分。如果你察觉到身体里有任何感觉，就去关注它们并觉察它们的存在。同时也去关注它们自己在不同的时刻是如何变化或转移的。不要试图去改变它们。

　　当你准备就绪时，把你的觉知慢慢地、温和地拉回到你的呼吸上，拉回到你现在所在的地方。你的呼吸与你同在，随着呼吸，你的胸部和腹部不断起伏。想象每次吸气时，你的周围都变得越来越开阔。让每次吸气开阔你的心胸，拓展你体内的空间……然后慢慢地呼气。你体内的空间正随着你的每次吸气不断扩大，随着每次呼气而变软。

　　现在把你的觉知拉回你的身体，就在你胸腔的中心位置。想象你把觉知安放在靠近心脏的某个地方，无论它是大是小。让你的觉知安定下来，然后轻轻地呼吸，让你的呼吸进入心脏周边的空间。

　　当你的觉知安放在心脏周边的空间时，我们想邀请你接触你的意图。你为什么在这里？你想做什么？你想成为什么样的人？然后呼吸，软化出现的任何东西。

　　在我们结束这个练习时，我们想邀请你轻轻地握住你的意图，就像你手捧一只蝴蝶或把一个小婴儿抱在怀里一样。不要放手，只是看看你是否能给自己和你珍视的意图带来轻松、关怀和温柔。然后，当你准备好时，继续做两次深层清洁呼吸，充满你的肺部，然后慢慢呼出空气。重复一遍，然后慢慢睁开眼睛，同时轻轻地将你的意图贴近你的心，迎接这崭新的一天。

---

## 焦虑和恐惧的本质是什么

　　每个人生来都有感知焦虑和恐惧的能力。如果你正在阅读本书，那么你肯定也有这种能力，或者你更有可能认为自己的这种能力"太强了"。你可能也对焦虑和恐惧的本质有所了解。

在这里，我们是想给你可能已经知道的东西增加一点。对于你之前可能读过的内容，我们想给你提供一个稍微不同的视角。这种全新的视角涉及理解"正常的"和"不正常的"焦虑与恐惧之间的区别。

在继续阅读之前，写下你认为正常的和不正常的焦虑与恐惧之间最主要的三个区别。例如，你可能认为正常的焦虑与不正常的焦虑相比"没有那么极端"。

□ 正常的焦虑与不正常的焦虑相比＿＿＿＿＿＿＿＿
□ 正常的焦虑与不正常的焦虑相比＿＿＿＿＿＿＿＿
□ 正常的焦虑与不正常的焦虑相比＿＿＿＿＿＿＿＿

当你继续读下去的时候，要轻轻抱持你的想法，从最基本、最原始的恐惧情绪开始。

## 恐惧：指向当下的基本情绪

恐惧是一种强烈的警觉反应。它产生于一瞬间，通常在预感到周围有危险的时候出现。但是，身体上的某种感觉、想法和体内出现的某种意象也可能会令人感到害怕。

你需要有恐惧才能生存，因为当你的安全或健康受到威胁时，它能敦促你保护自己。当你经历这种情绪时，你的身体会发生一系列生理变化来自卫。例如，你可能会感到心跳加快、呼吸困难、窒息或血压升高；你可能会觉得热、胃部不适或头晕、出汗。你甚至可能觉得自己要晕过去了。

你的身体和大脑都在超负荷运转。许多其他身体系统也开始运作。所有这些活动都会让你觉得精力充沛——肾上腺素激增。这能帮助你采取果断的行动，对抗或者逃离威胁或危险的事物。

恐惧也能提高你对周围环境的觉知，让你迅速发现危险的来源。这些变化有助于你保持对引发恐惧的事物的关注（Barlow，2004），并快速采取行动保护自己。

### 焦虑：指向未来的情绪

与恐惧相比，焦虑是一种指向未来的情绪。你会为了尚未发生的事情焦虑，比如旅行、体检、考试、工作考核……未来的任何事都有可能让你焦虑。

你在焦虑时，可能会忧心忡忡、肌肉紧张和不安，或有一种不祥之感。焦虑时发生的身体变化比恐惧时诱发的要少得多，也没那么夸张。但焦虑和忧虑的持续时间却很长，可能会持续几天、几周、几个月甚至几年。因为激发焦虑的往往是你的想法，而不是真正的危险或威胁。

尽管体验焦虑可能很难，但重要的是要记住，你仍然需要感知焦虑的能力。为什么呢？因为它有助于激励你把事情做好，让你远离伤害。

---

### 练习：你能分辨焦虑和恐惧的区别吗

下表能帮你了解焦虑和恐惧的区别。阅读每一项，如果它能引发你的焦虑，圈出"A"；如果它能引发你的恐惧，圈出"F"。

| | | | |
|---|---|---|---|
| • 在森林中遇到一头熊 | A F | • 在森林中可能会遇到熊 | A F |
| • 被抢劫 | A F | • 走在路上可能会被抢劫 | A F |
| • 差点被车撞到 | A F | • 有可能被车撞 | A F |
| • 受了很严重的伤 | A F | • 可能会受很重的伤 | A F |
| • 身处火场之中 | A F | • 你的房子可能会着火 | A F |

其中左边的所有情况都是面向现在的，而右边的情况都是面向未来的。因此你应该在左栏圈出所有的"F"，在右栏圈出所有的"A"。

这个练习旨在帮你厘清恐惧和焦虑的关键区别之一：二者分别指向眼前的事情与未来的事情。人们总会因为未来可能发生的事情而焦虑，而当下发生的事才会引起人们的恐惧。举例来说，你可能会为尚未发生的地震及其后果感到焦虑，但在地震真的来临时才会感到恐惧。

焦虑与你自己的想法有关，比如忧虑、反复思考甚至是制订计划；恐惧与你的行动有关，比如逃跑、打架、躲藏、一动不动。再简单点儿说，恐惧不需要进行什么思考，而焦虑需要大量的思考。

---

### 正常的恐惧和焦虑使我们远离麻烦

体验恐惧和焦虑情绪本身是健康的，具有适应性。这两种情绪都是为了让人远离麻烦和保证生命安全。

例如，当你发现自己面临真正的危险或威胁时，恐惧是必要的。在这种情况下，恐惧会动员你所有的资源，促使你采取防御行动——逃跑，或者在必要时为保护自己而战斗。在恐惧来临时，你的身体和想法都只有一个目的：保证你暂时安全。

其中一些行为是自动的或固化的，以至于你不需要学习它们。举个例子，你还记得有一次有人从门后跳出来，把你吓得魂飞魄散吗？你很有可能被吓得跳起来，同时感觉心脏跳到了嗓子眼。

这就是自动反应，它会自然而然地发生。但你也可以在语言的帮助下，学习用恐惧来回应。事实上，正是语言使我们在听到有人大喊"大楼着火了！快逃！"时，激发恐惧而逃离火源。

焦虑和忧虑往往是正常的，而且很有用。如果你不担心你的未来，尤其是你的健康和幸福，那反而是不正常的。适量的焦虑和忧虑可以激励人们，促使他们采取恰当的方式规划未来。因此你可以制订一个计划，防止你的健康、工作、人身安全或家庭幸福出现任何闪失。比如在火灾发生前规划好灭火方式或逃跑路线。这个计划可能很简单，也可能很复杂，但目标是一样的：帮助你在面临实际威胁时采取有效行动。

### 我的恐惧与焦虑水平正常吗

你可能想知道你的恐惧与焦虑水平是否正常。在接下来的练习中，请仔细回想你最近经历过的一次强烈的恐惧体验，而且当时体验到的恐惧对你的帮助很大。也许是路上有一辆你没有看到的车，或者有人或动物威胁要伤害你。你可以选择一个最近的例子，或者一个不久前发生的"大事件"，在那件事中，你体验到了恐惧，并且做了一些事情来拯救自己或他人。这确实非同寻常，甚至可能挽救了你或他人的生命。

这么做可能很困难，因为你可能会把你的焦虑和恐惧视为不受欢迎的入侵者。这时候你还没能把你的焦虑和恐惧视为资源，甚至是"朋友或盟友"。根据你的情况，这很正常，而且完全在意料之中。

　　尽管如此，我们还是想让你看看你是否能在这里深入挖掘一下，给自己一些时间做这个练习。看看你是否可以暂时搁置"忧虑、焦虑和恐惧是不好的"这个想法，至少想出一个在生活中恐惧和焦虑对你有帮助的例子。做这个小练习会很有用，稍后我们会帮助你弄清楚什么时候应对恐惧和焦虑是有用的，什么时候不仅应对它们没有用，还会让事情变得更糟。所以，让我们从一个你感到强烈恐惧的情况开始，之后我们将继续关注焦虑。

---

### 练习：回应恐惧和忧虑对我有用吗

　　在下面的横线上简要描述你遇到的威胁/危险事件，你的反应，以及你的反应有什么作用。重点是看看，恐惧是如何促使你采取行动来保护自己或其他人的安全。

　　你遇到的威胁或危险事件是什么？

_____

　　你的反应是什么（想法、感受、行动）？

_____

　　你的反应有什么作用？

_____

　　现在想想这样一种情况或事件：在特定的情况或事件中，对可能的负面事件或结果感到焦虑和忧虑有助于你制订计划，而制订计划并付诸实施对你有帮助。在下面的横线上，简要描述事件、你的反应以及你的反应有什么作用。

　　你焦虑或忧虑的潜在问题是什么？

_____

　　你的反应是什么（想法、感受、行动）？

_____

　　你的反应有什么作用？

_____

---

　　通过这个练习你会发现，恐惧和忧虑曾经对你很有帮助，未来你很可能需要

用到体验这二者的能力。在你阅读本书的过程中，牢记下面这句话，如果你需要的话，也可以把它写下来：**我需要体验 WAFs 的能力，就像我需要呼吸新鲜空气、喝水和吃饭一样。**

这并不意味着你将全天候不间断地处于焦虑之中。你可能会觉得焦虑一直伴随着你，我们理解你的感受。而且你的 WAFs 似乎大多数时候都在困扰着你，而不是帮助你。即使你没有面临伤害或威胁，它们也会出现。你的忧虑被无限放大了，你无法控制自己纷乱的想法。

诸如此类的事物已经干扰了你，让你不能过上理想中的生活。事实上，不堪其扰也许是你阅读本书的原因之一。然而，医生和心理学家等专业人士却能据此判断，你的恐惧或焦虑是何时从适应性的情绪转化为焦虑症的。

让我们仔细看看这将如何适用于你的情况。

## 确定你的焦虑问题类型

许多面向焦虑症患者的自助书籍都太过笼统，它们只是列出了各种不同的焦虑问题类型，然后让人们自行诊断他们的问题。但我们不愿让你也这样劳心费神，到头来却竹篮打水一场空。

给自己贴上一两个诊断标签不会让你的生活更有价值，也不会在其他方面帮助你。事实上，这个标签甚至可以成为一个自我实现的预言——你将会成为什么样的人。一旦你接受了自己的标签，就很难再摆脱它们。你应该学习如何接纳需要接纳的东西，改变可以改变的东西。

当下，你最重要的任务是：找出是什么把你的恐惧、焦虑、忧虑、创伤或困扰转变成了摧毁生活的问题或障碍的根源。要做到这一点，你需要绝对清楚自己这么长时间以来一直在为什么而苦苦挣扎。弄清楚这一点还有另一个目的。我们发现，当人们把精力聚焦于最令人烦恼的问题时，他们的治疗效果会更好。我们还注意到，当他们这样做时，其他相关或不那么紧迫的问题也会得到改善。

在随后的章节中，我们将为你介绍每一种常见的焦虑症的特征。请注意，我们并不同意精神病学界最近的一种决定，即把强迫症和创伤后应激障碍（PTSD）单独分类。在我们看来，强迫性想法、强迫性行为和创伤性过去的问题根源都是一样的。稍后我们会解释原因。

我们会列举一些与焦虑问题作斗争的真实个案，简要介绍他们的情况，并且对他们的真实身份绝对保密。你可能会在我们分享的故事中找到与自己相似的地方。我们举的每一个例子都是独一无二的，它们各有不同。但我们想邀请你在不同的故事中寻找共同点，看看你能不能找到什么是将所有焦虑问题联系在一起的主线？

## 惊恐发作

惊恐发作是一种突然涌现的恐惧。它伴随着强烈的身体感觉和冲动，让你想逃离产生这些感觉的情境或地方。惊恐发作还会让人有一种不祥的预感。

以下是美国精神医学学会（2013）用来定义惊恐发作的症状清单。请勾选你在惊恐发作时会出现的症状。

☐ 心跳加速

☐ 胸部不舒服或胸痛

☐ 呼吸急促或喘不上气

☐ 发抖或颤抖

☐ 窒息的感觉

☐ 出汗

☐ 头晕或晕眩

☐ 恶心或腹部不适

☐ 感觉自己或周围的环境很陌生或不真实

☐ 脸、手或腿麻木或有刺痛感

☐ 潮热或发冷

☐ 害怕猝死（比如害怕心脏病发作）

☐ 害怕发疯

☐ 害怕做一些不受控制的事情

即使周围没有明显真正的危险或威胁来源，惊恐发作也会突然到来，因此它也被称为"假警报"。这使得这种经历更加可怕，因为惊恐发作似乎毫无意义和作用。

我们从大型研究中得知，惊恐发作是很常见的，100 个人中大约有 10 到 30 个人在一年中至少经历一次惊恐发作（Barlow，2004）。惊恐发作在你压力大时发生的可能性更高，但有时也发生在平静的时期。它甚至会在你晚上睡觉时出现。

以杰夫为例，他是一个 34 岁的网络开发人员。他的惊恐发作在他准备出门约会时出现了。

### 杰夫的故事

我正准备出去和克莱尔约会。克莱尔是我在网上认识的知心好友，我已经很久没有和人约会了，并且很兴奋终于能见到她本人了。但我最终并没有赴约，当我在公寓里准备时，我出了一身冷汗——我突然惊恐发作了。我的礼服衬衫被汗水浸透了，当我匆匆忙忙地寻找另一件衬衫时，我的心脏几乎跳出了嗓子眼。我站不起来，也无法集中注意力，头晕目眩，几乎喘不过气。我坐了下来，但无济于事。我吓坏了，觉得我可能有心脏病，会死在家里，我不能这样去赴约。最后我打了 911，在救护车上和急诊室里待了一晚上。我没有犯心脏病，也没有去约会。第二天我给克莱尔发消息，编了一个蹩脚的借口解释我为什么没有赴约。我不能告诉她到底发生了什么。我很害怕如果我告诉她真相，她会怎么想我。

## 惊恐发作如何变成惊恐障碍

心理健康专家在诊断惊恐障碍时使用的官方标准之一是，你是否在没有明显的触发因素或原因的情况下，频繁地发生惊恐发作。我们认为这个标准并不完全成立。即使你有许多次惊恐发作，并且经常继续出现，比如每月一次、每周几次或每天都出现，也并不意味着你患有惊恐障碍。

诊断惊恐障碍的标准应该还包括你担心下次惊恐发作的时间和后果。例如，你可能会担心自己会死、失控、晕倒、发疯、呕吐或腹泻。你甚至可能会担心自己会因此感到内疚、丢掉工作，或被关进精神病院。这些想法只会让事情变得更糟，但不是惊恐障碍的特征。

为了便于你理解我们所说的，请你现在这样暗示自己：我快要发疯了。这个暗示在刚刚出现的时候几乎不起作用，但在惊恐发作出现时，这个想法和随之而来的强烈冲动会促使你退出你的生活。这种逃避或退缩才是问题的关键。

事实上，让惊恐发作成为一个问题的关键是：为了应对发作或防止再次发作，你的行为发生了变化。我们在下面为你总结了一些比较常见的行为变化（Antony & McCabe，2004）。这些行为看起来彼此不同，但实际上它们很相似，并且都有同一个目的：让人们感到安全，至少是更安全，不受惊恐发作的影响。接下来，请勾选出所有你用来控制自己的恐慌的行为。

□ 坐在电影院或餐厅中靠近出口的位置
□ 在逛商场时检查最近的出口位置
□ 随身携带药物、现金、手机、水或其他安全物品
□ 避免可能引发身体兴奋的活动（比如运动、性行为、恐怖片）
□ 为了消除恐慌情绪而饮酒
□ 避免咖啡因、酒精或其他物质（比如味精、辛辣食物）
□ 经常检查你的脉搏或血压
□ 分散自己对惊恐发作的注意力（例如看书、看电视）
□ 出门时坚持要有人陪同
□ 总是需要知道你的配偶、伴侣或其他能提供安全感的人的行踪

有些惊恐障碍患者并不会逃避可能会让他们惊恐发作的情境。他们已经鼓足勇气、下定决心不受惊恐发作的影响，他们才是决定自己做什么和去哪里的主人。然而，随着时间的推移，大部分惊恐障碍患者都会出现某种程度的陌生环境恐惧症。这仅仅意味着他们会避开可能发生惊恐发作的地方或事件。这些地方通常很难快速逃离，他们可能会感到被限制或被困。

以下是一些人们最常回避的情境。请勾选你为了避免惊恐发作而回避的情境。

□ 拥挤的公共场所（比如超市、剧院、商场、体育场或体育馆）
□ 幽闭和封闭的地方（比如隧道、桥梁、小房间、电梯、飞机、地铁、公共汽车、理发店和很长的队列）
□ 开车（尤其是在高速公路和桥梁上、交通拥挤和长时间开车时）

- □ 离开家外出（有些人在家周围划有一个安全范围，超过这个距离他们就难以出行；极少数人几乎从不出门）
- □ 一个人待着（在家里或在上述任何情况下）

唐娜是一名 30 岁的全职妈妈，让我们看看她是怎么做的。唐娜的惊恐发作已经转变为了惊恐障碍：她总在担心自己什么时候会再次发作，也改变了自己的行为，试图避免惊恐发作。正如大多数惊恐障碍患者一样，唐娜逐渐患上了陌生环境恐惧症，她会极力避免到诱发惊恐发作的地方去。

### 唐娜的故事

我经历过很多次惊恐发作，但我还记得最糟糕的那次。那年夏天我们一家人租了一栋用来休闲的湖边别墅。我开车去湖边的房子和全家人会合，后座上坐着我刚出生的女儿。我丈夫比我们提前离开，于是我们计划当天晚些时候在湖边别墅和他会面。在开车的过程中，我开始感到胸口剧烈疼痛。然后我想起来我的叔叔就是因为在开车时心脏病发作，车子撞上了一根电线杆，最后不幸身亡。我满脑子都是这件事，也许我也会心脏病发作，最后开向路边，然后我女儿就会死，我也会死。这些想法在我的脑海里挥之不去，我的呼吸变得越来越浅，我开始头昏脑涨。然后感到手臂和嘴唇在刺痛。我最后找到了一个安全的地方停车，给我的丈夫打电话。我告诉他我很不舒服，不能去旅行，等我平静下来，我就立刻带着女儿回家。从那之后，我就不再开车，也不敢独自离开家。我的丈夫理解我的痛苦，但当我和其他人在一起时，就会为我为什么不能做这个或那个编造各种各样的借口。我时常感觉自己可能是疯了。如果我没有绝对的安全感就不会做任何事。我真的厌倦了惊恐发作，也厌倦了自己一直在失控或发疯。我还担心我的女儿会怎么看待我——那个因为太害怕惊恐发作而什么都不能做的发疯的母亲。这不是我想要的生活！

## 特定恐惧症

每个人都有特别害怕的东西，你可能也不例外。但特定恐惧症不仅仅是对某些东西的极度恐惧，它的另一个特征是回避。那些在特定恐惧症中挣扎的人，会有一种强烈的冲动，那就是远离自己害怕的物体或情境。虽然许多人在这方面轻松自如，但对其他人来说，这种回避代价高昂。

大规模的调查告诉我们，大约有 10% 的人患有特定恐惧症（Kessler et al., 2005）。最常见的特定恐惧症（从强到弱排序）是害怕动物、高空、幽闭空间、血液、受伤、风暴、闪电以及坐飞机。

我们也了解特定恐惧症患者对某种事物的恐惧。事实上，许多人都经历过与惊恐发作几乎相同的警报反应。尽管特定恐惧症和惊恐障碍都有惊恐发作的情况，但它们在一个重要方面有所不同：是否有明确的诱发恐惧的因素。特定恐惧症中的警觉反应几乎总是由所担心的对象或情况触发，而在惊恐障碍中，警觉反应是意外发生的，并没有一个确定的触发因素。

有特定恐惧症的人能够认识到，有时候他们的恐惧是过度的或不合理的。但这种觉察对恐惧本身或逃离、避免恐惧对象的冲动没有影响，而且并不能帮助他们控制或减少由害怕的事物或情境引发的令人不快的情绪不适。

请看以下列表，勾选所有让你产生强烈恐慌反应的条目。

☐ 特定情境（比如高处、封闭空间、牙医诊所、电梯、飞机或飞行）
☐ 特定动物（比如蛇、老鼠、蜘蛛、狗）
☐ 自然环境（比如高处、风暴、闪电、水）
☐ 疾病或身体伤害（比如患病、受伤）
☐ 看到血液或针头等
☐ 其他（比如窒息、吃某些食物、呕吐）

大部分特定恐惧症患者从未寻求治疗。他们只是避开自己恐惧的事物。这样做很简单，因为需要回避的对象十分明确。有时候人们甚至接触不到自己的特定恐惧对象，以至于它们从未妨碍他们做该做的事。假设一个人有鲨鱼恐惧症，而他住在内陆城市，那这种恐惧症就无伤大雅了。因为他在内陆城市不可能遇到鲨鱼，除了在电影里或电视上。

有时候，对恐惧对象的成功回避可能会带来很高的个人成本。例如，我们曾和一个澳大利亚家庭一起工作，这家人曾常常一起去离海岸三英里⊖的一个小岛

---

⊖　1 英里 ≈ 1.609 千米。

度假，那座岛很美丽，堪称度假圣地。但后来因为母亲患上了<u>鲨鱼恐惧症</u>，她无法忍住不去想鲨鱼从船底游过的景象，所以这家人再也没去过那里。

对这位母亲来说，关键问题在于：家人和自己的恐惧哪个更重要。答案明显是家人。想通了这一点后，她的生活发生了翻天覆地的变化。但真正做出选择并不容易，生活给了她两个选项：一边忍受恐惧，一边和家人一起去美丽的地方度假；一个人"高枕无忧"地待在家里，但可能错过和家人的欢乐时光。

伊芙琳是一位 34 岁的母亲，有两个孩子，她有蟋蟀恐惧症。她也面临着一些艰难的选择。

### 伊芙琳的故事

我知道这听起来很奇怪，但我极其害怕蟋蟀。当我待在野外时，我的焦虑会直线上升，因为我觉得草丛中到处都是蟋蟀。有时我能在晚上透过窗户听到它们的叫声，为了盖过它们的声音，我会打开电视并调大音量。最后我往往整晚都睡不着，因为它们实在是太吵了。只要想到蟋蟀，我的血压就会上升。甚至我的呼吸都会变得又浅又急。当我听到蟋蟀的叫声，或者看到它们时，我的呼吸就会变得急促，并且肯定会晕过去。这实在是太糟糕了。我甚至因此不敢陪我的孩子们去公园玩。孩子们不理解我的感受，我觉得很糟糕，因为我不能为了他们而克服自己的恐惧。

## 社交焦虑障碍

许多人有时会在社交场合感到焦虑、害羞或尴尬。但社交焦虑障碍不只如此，它的本质不只是害羞，更是一种对尴尬或羞辱的强烈恐惧。通常，当你暴露在别人的审视之下，或者你必须在别人的审视下表演时，这种恐惧就会出现。你可能担心你说的话或做的事情会导致别人认为你无能、软弱或愚蠢，或可能担心别人会发现你不擅长社交。

社交焦虑障碍不仅仅是指个体在社交场合极度焦虑，或害怕出丑、被他人评判或被羞辱。真正患有社交焦虑障碍的人会做一些事情来避免在社交场合产生焦虑。正如你所想象的那样，一个人很难不与其他人交往，更何况这样做要付出巨大的代价。

社交焦虑障碍远比你想象的更普遍。事实上，它在所有焦虑障碍中排名第一，大约有 3%～13% 的人会在他们生命中的某个阶段患有这种疾病。让我们看看你是否也有社交焦虑障碍。

下面这份清单列举了人们经常遇到的且想要逃离的情境。你会发现，公开演讲是最让人焦虑的，它是社交焦虑障碍最常见的诱因，也是很多人都关心的问题。请勾选所有适用于你的条目。

□ 害怕公开演讲
□ 害怕在公共场合脸红
□ 害怕在公共场合吃饭时打翻食物或被噎住
□ 害怕在他人在场的情况下书写或签名（例如，在杂货店结账时）
□ 害怕被人盯着（例如，在工作、健身、购物、外出就餐时）
□ 害怕人多的地方
□ 害怕使用公共厕所

一些有社交焦虑障碍的人也会惊恐发作。这些惊恐发作主要与特定类型的社交情境或者尴尬和被羞辱有关，而不是被禁锢或被困在某个地方。

为了尽量减少或减轻这种不适感，社交焦虑障碍患者会尽力避免社交情境，比如在公共场合讲话、与异性见面或交谈、参加小组会议或聚会、打群聊电话、使用公共厕所或公共交通等。超过 90% 的社交焦虑障碍患者会逃避不止一项社交活动（Barlow，2004）。

但有些人即使承受着强烈的焦虑，也依然能不回避社交情境。事实上，表演者（比如舞台演员）和在工作中需要做演讲的人会带着这种焦虑继续完成他们的工作。他们是怎么做到的呢？我们将在第 5 章讨论这个问题。

史蒂夫是一名 28 岁的教师，患有社交焦虑障碍。当你看完他的故事时，看看你能否发现他不仅在社交场合感到痛苦，而且还会想方设法避免和摆脱这种痛苦。

### 史蒂夫的故事

从我有记忆以来，至少从小学一年级开始，我就一直被社交焦虑所折磨。我还记得我上学的第一天，刚坐上公交车就被大孩子们骚扰，他们嘲笑我的头发、眼镜、体重、相貌和书包。嘲笑和欺凌后来蔓延到了学校中，在操场上丢沙包时，我的头是所有人的众矢之的。从那时起，我就变得分外敏感，在见到新同学的时候会忐忑不安。我觉得我不仅仅是因为害羞才那样。我坚信他们在评判我，或者我会做一些丢脸的事，承受随之而来的后果。20 年后的今天，我仍然有这种感觉。我担心人们一直在审视我，而且我相信总有人在背后偷偷评判我。不管我说什么、做什么，甚至是什么也不说、什么也不做，人们还是会突然讨厌我。有人在身边时，我会表现得很不自在，并确信他们能看出这一点。不管对方是否认识我，我仍觉得他正在凝视着我的一举一动。我不再晨跑，因为我害怕路人的目光，随后长胖了大概 9 千克。我知道我现在很抑郁和偏执，但我找不到解决办法，这让我更加沮丧，只好拼命工作以度过每一天。再过一个多星期就开学了，我很害怕，但我努力做到不害怕，我试着告诉自己：我会好起来的。生活已经成为一种负担，我不知所措。

## 强迫症

在大多数情况下，将生活整理得井井有条是一件好事。但过分追求整洁的行为就会变得具有破坏性。当人们这样做时，会被认为有强迫症。

强迫症会带给人强烈的焦虑，让你的脑海中不断涌现并反复出现某些想法、冲动或画面。例如，伤害他人、被污物或细菌污染的想法或画面，或担心自己没关灯或煤气、没锁门。这些想法或画面往往是闯入性的（尽管努力抵制，但仍会发生）、不合理的、痛苦的。强迫性思维变得如此强烈，如此消耗心神，以至于有些人会陷入全面的惊恐发作。这种反应与惊恐障碍相似，只是强迫症中恐惧的对象是想法或画面，而不是身体感觉或对恐慌本身的恐惧。

下面是一些常见的强迫性思维。请勾选适用于你的条目。

☐ 你可能伤害自己或他人的想法
☐ 暴力或恐怖的画面
☐ 害怕脱口而出的污言秽语或辱骂

☐ 害怕一时冲动（比如刺伤朋友）

☐ 害怕偷东西

☐ 害怕为可怕的事情负责（比如引起火灾、入室盗窃）

☐ 性幻想或性冲动

☐ 害怕按照"被禁止的"冲动行事（比如乱伦、同性恋、侵略性性行为）

☐ 担心违背法律或道德

☐ 担心有人会突发事故，除非确信他是安全的

☐ 害怕不好的事物一语成谶

☐ 害怕失去

☐ 侵入性的非暴力画面、无意义的声音、文字或音乐

☐ 担心沾上污垢、细菌、身体排泄物或分泌物（比如尿液、粪便、唾液）

☐ 担心因接触可能的污染物而生病

☐ 过分关注环境污染物（比如石棉、辐射、有毒废物）

☐ 过分关注家居用品的余量（比如清洁剂、溶剂）

☐ 过分关注昆虫等可能出现在家里的动物

　　强迫性行为是重复的仪式性行为（例如，反复检查、洗手）或精神行为（例如，计数、祈祷）。为了减少焦虑，抑制或压制令人不安的侵入性想法或画面，人们会反复做这些事。专注于强迫性思维和仪式性行为既浪费时间，又限制了人们的生活，让他们没时间做他们需要做的事情。强迫症严重干扰了人们的日常工作和社会功能。在极端情况下，强迫症患者可能需要住院治疗。

　　以下清单列举了部分强迫性行为。请勾选适用于你的条目。

☐ 过度的或仪式性的清洁（比如洗手、洗澡、刷牙、梳妆、上洗手间）

☐ 过度清洁家具或其他物品

☐ 确认锁具、炉子、电器等的使用情况

☐ 确认你有没有、会不会伤害他人或自己

☐ 确认是否有什么可怕的事情发生了或将要发生

☐ 确认你有没有犯错

☐ 需要重复一些日常活动（比如慢跑、进出房门或从椅子爬上爬下、刷牙、重读、重写某个字或一段话）

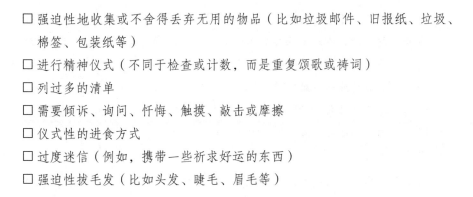

□ 强迫性地收集或不舍得丢弃无用的物品（比如垃圾邮件、旧报纸、垃圾、
　　棉签、包装纸等）

□ 进行精神仪式（不同于检查或计数，而是重复颂歌或祷词）

□ 列过多的清单

□ 需要倾诉、询问、忏悔、触摸、敲击或摩擦

□ 仪式性的进食方式

□ 过度迷信（例如，携带一些祈求好运的东西）

□ 强迫性拔毛发（比如头发、睫毛、眉毛等）

　　强迫症患者往往意识不到自己具有强迫症，并且一些行为是过度的和不合理的。你可能已经忽略你有上述行为，或决定从此戒掉它们，但这只会徒增苦恼和焦虑。因此你会不由自主地做出一些强迫性行为，想要通过努力消除不想要的想法和焦虑，来获得一种解脱感。

　　问题在于，有些行为只能在短时间内减少焦虑，焦虑与紧张感很快就会卷土重来，引发焦虑的导火索也是如此。有确凿的证据表明，忽视或压抑不想要的想法和画面会适得其反。你不仅没有得到持久的缓解，反而会更加焦虑（Hayes，Wilson，Gifford，Follette，& Strosahl，1996；Wegner，1994）。这个过程使强迫症的恶性循环持续下去，雷再清楚不过了。

　　雷是一名 40 岁的办公室文员，他觉得自己完全被反复无常的强迫症、焦虑和强迫性行为玩弄于股掌之间。

### 雷的故事

　　从我记事起，我就一直害怕各种各样的细菌和传染病。当我去商店时，我甚至不愿意自己开门，必须站在外面，等待有人进去或出来，然后用肘部顶住门。我甚至无法忍受触摸公共物品，如果没有免洗洗手液，我永远不会走出家门。我不能在餐馆里用公用盘子和餐具吃饭，所以我从不和朋友一起出去吃饭。即使在自己家里，我也用纸盘子和一次性餐具吃饭。因为一天洗手太多遍，所以我的手时常流血。我必须洗 10 遍手，反复默念"10 遍就好，这样就洗干净了"。如果我觉得身上有细菌，我就睡不着，所以我必须洗 10 次澡才能入睡。我在洗澡时的口头禅是"洗完10次澡，把细菌都赶跑"。尽管我很想像个正常人一样享受正常的生活，但我无法摆脱这种焦虑。我的清洗仪式占用了我一天的时间，这是唯一能暂时帮我摆脱焦虑的事。但是焦虑总是一次又一次地回来。我能真正地终结它吗？

## 创伤后应激障碍

在你的一生中，你很可能会经历至少一次创伤性事件。事实上，据估计，约60%的男性和约50%的女性都目睹或经历过创伤（Friedman，Keane，& Resick，2014）。尽管创伤的定义尚未明确，但有些事件被广泛承认会在任何人身上留下强烈的恐惧和无助感，其中包括目睹或遭受暴力犯罪（比如强奸、攻击或虐待成人或儿童）、战争（例如，伤害自己和他人、实施或目睹暴行）、自然灾害（比如地震、龙卷风、洪水）和事故（比如车祸或飞机失事、火灾）。

经历创伤可能是巨大的挑战，但这不等于你会自动患上创伤后应激障碍（PTSD）。据统计估算，每100个有创伤史的人中，只有7～8个人会在生命的某个阶段继续对抗PTSD，这仍是一个不小的数字。即使经历了像美国世贸中心爆炸那样的恐怖事件，你或其他人也并不注定会患上PTSD。事实上，对幸存者的统计表明，在亲身经历过"9·11"恐怖袭击后的人中，"只有"大约25%的人患上了PTSD。

PTSD患者在事件发生一个月或更长时间后可能会有很多变化。有些变化会影响他们对世界的感受，他们也许会充满危机感，变得麻木，感觉与自我或周围环境分离，就像灵魂出窍一样。其他变化更多的是行为上的，包括容易受惊吓，环视身边有无威胁，经常做噩梦，并试图回避或逃离。这些变化往往会在创伤事件发生后的几个月内悄悄出现在人们身上。

请在下面列表中勾选所有适用于你的条目。

☐ 对创伤事件反复的、痛苦的回忆
☐ 常做与创伤事件有关的噩梦
☐ 强烈而生动的闪回，让你觉得或表现得像是再次经历创伤
☐ 试图避免与创伤有关的想法或感受

☐ 试图避免与创伤有关的活动或外部情境，例如避免在发生车祸后开车

☐ 情感麻木——与情感脱节

☐ 感到与他人（比如亲人、朋友）疏远或断联了

☐ 对曾经的爱玩的活动失去兴趣

☐ 总是感到紧张，难以入睡或常常惊醒，注意力分散，容易发呆，观察环境以寻找危险或威胁的迹象，容易愤怒和暴怒

☐ 身体兴奋度提高，突然惊恐发作

许多 PTSD 患者往往伴随着焦虑和抑郁，并时刻受到创伤的影响。不管是哪种类型的创伤，患有 PTSD 的人常常尽其所能地避免回忆当初的事件，及其相关线索或情境。此时你可能认为回避不是一件坏事。毕竟，谁愿意重温可怕而惊悚的回忆，忍受随之而来的所有画面与痛苦呢？至少在某种程度上，你的想法是正确的。

在 PTSD 中，人们主要回避的是与创伤相关的情绪和痛苦。但是痛苦的记忆仍会时不时地浮现在脑海中，我们无法阻止这一点，所以回避并不能成为一个持久的解决方案，持续发挥作用。但许多人因为回避能提供一时的缓解，所以继续这样错下去。随着时间的推移，回避会扩大它的影响，而其影响的方面可能与最初的创伤并无什么关系。所以最终，回避会极大地限制人们的生活功能。

玛丽是一名 38 岁的秘书，她的 PTSD 症状十分典型。玛丽因无法战胜 PTSD 而心力交瘁，她的案例揭示了 PTSD 是如何干扰一个人生活中的方方面面的。

### 玛丽的故事

两年前的那个晚上，我在上车前遭遇了袭击和抢劫。从那天起，只要我独自行走，无论白天黑夜，我都处于极端的焦虑和恐慌中。我要么失眠，要么就会做噩梦，梦到那天晚上的事情，而且经常在一身冷汗中惊醒，醒来时心脏怦怦直跳。即使在白天，我也会经常走神，不由自主地回忆起那件事，所有的情景历历在目。最近我一直在参加新的活动，试图以此分散我的注意力，这样我就没空再去回想了。但没有什么事物能让我保持长久的专注，而且这样并没有什么用。无论我做什么，都无法控制自己不去回忆、不害怕，以及无视它们到来时的恐惧。对我而言很简单的事，比如去买菜，都变得极为困难，更不用提正常工作了。我

的精力是有限的，我把它们都用于让记忆停止，但无济于事。我已经筋
疲力尽了。

## 广泛性焦虑症

每个人都有烦恼，比如家庭问题、健康或金钱，但患有广泛性焦虑症
（GAD）的人极度关注这些烦恼，以及许多其他问题，即使问题不大或不需要
担心。

简而言之，广泛性焦虑症患者会过度担心一些事件和活动。他们称自己经常
因为日常生活中的麻烦而产生压力和不知所措。这种忧虑通常会持续很久，并严
重困扰或破坏工作与家庭之间的平衡。

大约有 5% 的人患有广泛性焦虑症（Barlow，2004）。这种焦虑症通常随着
时间的推移缓慢发展，也往往比其他焦虑症更早开始。正是如此，许多广泛性焦
虑症患者认为他们一直都在"杞人忧天"和"焦虑"。他们的忧虑和焦虑，在压
力大的时候往往很强烈，在压力小的时候则会减轻。

当你阅读下面列表中的条目时，请勾选所有符合你情况的条目。

☐ 无法停止没用的忧虑，即使它不能解决任何问题
☐ 为了减轻焦虑而担心（见下文解释）
☐ 坐立不安
☐ 肌肉紧张
☐ 容易疲劳
☐ 难以集中注意力
☐ 易怒或急躁
☐ 睡眠困难

广泛性焦虑症患者产生忧虑的根本原因在于，他们普遍认为生活中的压力无
法被预测和控制。现在有确切的证据表明，人们会通过担心来回避令人不愉快
的画面和与焦虑相关的躯体紧张（Bandelow et al.，2013；Borkovec，Alcaine &
Behar，2004）。

这种回避能在短期内缓解焦虑，但从长期来讲，回避不仅起不到作用，还会

让人陷入死循环。人们往往会经历更强烈的焦虑，然后通过产生更多的忧虑来冲淡焦虑，与此同时，人们并未解决问题，也没有找到解决方案。这就是我们所说的杞人忧天的意思。玛丽安的故事就体现了这种恶性循环。

玛丽安是一名 40 岁的会计师，在一家投资公司工作，这份工作不幸助长了她的焦虑。她无法摆脱广泛性焦虑症，并且近年来已经陷入了"自动担心"的状态。

### 玛丽安的故事

很久以来，我都在担心无法控制的事情，我甚至会担心那些我可以控制的事情，总怕它们会出错。我时常怀疑自己的工作能力，一次又一次地复核数字，寻找错误，因此我的会计报告通常会迟交。我从来没有出过错，但我总觉得自己可能会犯错。尽管我根本就不应该考虑这些乱七八糟的问题，但是我还是经常担心不太可能发生的和不重要的事情。就在昨天，我拒绝了朋友让我陪他一起去滑雪的请求。因为我没法不去担心自己会不会摔断腿，或者在滑雪事故中死掉。如果滑雪缆车卡住了，或者缆绳断了，怎么办？如果有人受伤怎么办？我还经常担心自己猝死，害怕得一些严重的疾病。我深知我的身体十分健康，但这并不能阻止我花几个小时在医疗健康服务网站上查找我可能遇到的任何新症状。有一段时间，我把普通的肩痛幻想成肿瘤的前兆，现在我知道了，这其实是焦虑的一部分。我确实担心所有的事：上班穿什么，下顿吃什么，担心我的身体健康，担心我和朋友的亲密度，担心我的人身安全，甚至担心世界末日。我还经常因为想太多而失眠，在床上辗转反侧几个小时。我只希望我能处理好我的焦虑和忧虑，然后快乐地享受生活。

## 焦虑症有许多共同点

每种焦虑症看起来各不相同。它们确实不尽相同，但不要让那些表面上的差异欺骗了你。与之前不同，现在我们更相信的是：焦虑症有许多共同点，这些共同点远比我们想象的更多。事实证明，在帮助像你这样的人时，共同点比细微的差异要重要得多。以下几点就是我们想表达的内容：

- **焦虑和恐惧都是被某些东西触发的。** 触发焦虑、恐惧和压力的因素有无数种，它们可能来自你的内心（想法、画面、记忆或身体感觉）、你周围的世界，或二者都有。对于某些类型的焦虑症，我们可以确定到底是什么引发了恐惧和焦虑。当你知道恐惧和焦虑的来源时，你就可以很好地预测它。这些焦虑问题有明显的诱因，包括特定恐惧症、社交焦虑障碍和 PTSD。而惊恐发作、强迫症甚至广泛性焦虑症的触发因素往往更微妙，更难被发现。但不知道触发因素是什么，并不意味着你的焦虑和恐惧是凭空产生的。其诱因就在那里，只是尚未被发现。

- **焦虑和恐惧的持续时间和强度起伏不定。** 我们的身体无法全天候承受焦虑和恐惧。在惊恐障碍、特定恐惧症和社交焦虑障碍发作时，人们会体验到强烈的恐惧和身体变化，但变化的时间相对短暂：通常不超过半小时，只有极少数时候会超过一小时。经历过这种困难的人可能会说这种感觉持续的时间更长，但这更多地与我们的大脑有关，而不是我们的身体。我们的身体无法长时间保持恐慌或极度焦虑。在广泛性焦虑症中，焦虑和其他的身体反应没有那么强烈，但是持续时间比惊恐发作要长得多。在强迫症和 PTSD 中，焦虑与紧张的强度和持续时间会逐渐变得不同。没有哪种情况会永远持续下去。

- **恐惧就是恐惧，焦虑就是焦虑。** 事实证明，不同焦虑症患者体验的恐惧和焦虑在形式或内容上并没有差异。恐惧就是恐惧，焦虑就是焦虑。这两种情绪是所有焦虑症的共同特征。而且，焦虑症患者所体验的焦虑和恐惧，与没有焦虑症的人的体验是相同的。

- **相似的治疗方法对所有的焦虑问题都有效。** 如果焦虑问题真的有不同的种类，实质也不一样，那么每种焦虑问题都该有特定的疗法。事实并非如此，研究表明，相似的治疗策略对所有焦虑症都奏效，大多数能有效治疗焦虑问题的疗法，都有一套共同的练习和技能培养工具。本书已经纳入了这些有效元素，希望能对你有所帮助。

以上几条高度概括了我们现在了解到的情况，我们花了 10 年的时间才研究出来这些，不同的焦虑症有着惊人的相似性。然而最重要的共性却被我们漏掉了，我们现在要大胆地讲出来：**焦虑症患者都在回避和逃避恐惧和焦虑，或与之斗争。**

这些倾向性几乎决定了每一个焦虑症患者的行为。尤其是斗争，这是最有毒的因素，它限制了人们的生活，并将焦虑从正常的体验转化为一种破坏正常生活的问题。在第 1 章的插图里，你可以看到回避的后果。我们将在下一章进一步探讨这个关键问题。

## 焦虑症的其他问题

美国和世界其他地方的研究（Craske，2003）表明，超过一半的人在与焦虑症斗争的同时，还存在其他心理和行为问题，比如抑郁症和药物滥用。很多人都在服用抗抑郁和抗焦虑的药物。接下来，我们将详谈这些问题，因为你可能正好需要了解它们。

### 抑郁症

抑郁症是一种持续的心境状态，人们长期觉得非常沮丧、低落和空虚，没有价值，对未来没有希望。有些人说，得抑郁症的感觉就像自己的生活被一块绝望的黑幕笼罩着，他们所做的一切都被黑暗吞噬了。很多人怀疑他们的生活状况能否得到改善。

抑郁症患者常常感到精力不足或疲乏，许多人都难以集中注意力、记住东西和做出决定。还有人会失眠，总是无缘无故地感到烦躁不安。他们经常对曾经的爱好和喜欢的活动失去兴趣，包括性行为。

迄今为止，抑郁是焦虑症患者最常见的情绪并发问题，半数焦虑症患者也会经历严重的抑郁症（Barlow，2004）。有时，抑郁症可能在出现焦虑症之前就已经出现了，但更普遍的是，人们是在患上焦虑症一段时间后才慢慢得的抑郁症。

因为焦虑和恐惧会让生活变得平淡无味，所以人们不再热爱生活，这并不奇怪。好消息是，本书也能够帮你揭开抑郁症的面纱。我们在前言中说明过，我们调查了一部分患有严重焦虑症和严重抑郁症的人。调查发现，许多人在做了本书中的练习后，他们的抑郁症都有显著的改善，你也应该去做这些练习。

## 酒精滥用

几乎所有有焦虑问题的人在应对焦虑时，都会采取类似的办法。尽管这些办法并没有很好的效果，而且会造成长期问题。例如，研究发现，男性尤其会通过喝酒来"自我治疗"焦虑问题，想让自己的心里好受点（Barlow，2004）。但女性也会把喝酒作为一种缓解焦虑的方式。每4个焦虑症患者中，至少有一个人会选择这种自暴自弃的办法。

正如回避焦虑一样，酗酒能在短时间内减轻情绪和心理上的痛苦，但随着时间的推移，痛苦又回来了，而且往往变本加厉。然后你便有了两种问题：更加根深蒂固的焦虑症和正在发酵的酗酒问题。

如果你觉得饮酒有助于控制你的焦虑、恐惧，甚至压力，我们强烈建议你做一下自我评估，并在必要时向外界寻求帮助。当你努力学习本书中的技能时，你会发现，借酒消愁愁更愁。如果你在做了本书中的练习之后，依然无法停止过量饮酒，那么说明你已经染上了酒瘾，你需要寻求其他方面的支持和帮助。

## 躯体疾病

许多躯体疾病的症状与焦虑和恐惧相似，这会让你难以分辨自己是否患有焦虑症。你最好去医院看医生。

因此，你需要排除躯体疾病或相关药物可能导致的焦虑和其他问题。以下几种疾病可能引发惊恐发作或焦虑，包括但不限于甲状腺问题、平衡障碍（比如内耳障碍）、癫痫、哮喘和其他呼吸道或心脏疾病。服用刺激性物质（比如可卡因、咖啡因、减肥药和某些其他药物）、戒酒和戒毒或也会引发类似恐慌的感觉。

在确诊焦虑症之前，你需要和医生好好聊聊，进行全面的体检，以排除受药物影响的生理因素。这也是关爱自己身体健康的好方法。排除生理原因后，再跟着本书做练习，你会更有信心。

## 治疗焦虑症和抑郁症的药物

许多焦虑症患者都在接受药物治疗，你可能就是其中之一。经我们调查，大约40%的读者在阅读本书时，正在服用抗焦虑药物或抗抑郁药物。如果你也是如此，那么你并不孤单。

我们也从大量研究中得知，单靠服药并不能真正治愈焦虑症和抑郁症，因为这些药只能在短期内缓解症状。但从长远的角度来看，当人们单独服用药物或同时接受认知行为治疗等标准疗法时，情况实际上会更糟。事实上，往往是那些依靠自己努力做出改变的人，获得了最好的长期效果。他们有的是在治疗师的帮助下，有的只靠自己，但使用的都是已经被证实有用的方法。

我们的目的不是要介绍所有可用于治疗焦虑问题的药物——这是你的医生的工作。你也不该停止按规定服药。在对药物进行任何改变之前，你应该先咨询你的医生。即使你正在服用抗焦虑药物或抗抑郁药物，或二者兼有，你也能从本书中受益。

在阅读本书时，你也许会反思你服药的原因，寻找你的目的。你服药是为了摆脱或控制你的焦虑，还是观察药物效果？你在服药期间是否不再焦虑和抑郁？

许多焦虑症和抑郁症患者并不想永远依赖药物，你可能也是如此。本书中的一些方法将帮助你学会拥抱你的焦虑和抑郁情绪，就像它们现在也在拥抱着你。通过这种全新的方式，在与你的主治医生进行沟通后，你或许可以减少或完全停止用药。

## 评估：看看你的焦虑问题

回顾本章中的一些列表，以及我们对各种焦虑症的总结，这样可能对你有所帮助。你可能会发现，你很符合某种焦虑症的亚型。这种情况虽然存在，但是较为少见。我们的调查研究和自身经历揭示，大多数人并不适合完全被归入一种类别。在某一种焦虑症的患者中，大约有一半人患有另一种或不止一种焦虑症（Barlow, 2004）。也就是说，大多数人的焦虑问题都混在了一起，无法完全区分。

你可能发现了，你也具有抑郁症部分所描述的一些特征，也许并不是全部，或者程度比较轻微。你或许也已经采取行动来缓解焦虑了，比如过度饮酒或使用药物等。

当你继续阅读时，你会发现，你的焦虑和恐惧在很大程度上助长和延续了你的痛苦，这与你相信"评判性思维"对焦虑的看法有关，也与你从我们的文化中学到的关于如何应对焦虑的知识有关。

## 隧道尽头的光明

好消息是，无论你的经历是否与一种或多种焦虑症的特征完全吻合，你的焦虑是否以一种独特的方式混合，或者你患有焦虑症的同时是否患有抑郁症，这些都不重要。如果有人告诉你，你有焦虑症，这也不重要。真正重要的是，你对我们在本书引言中提出的问题的回答：**焦虑和恐惧是不是你生活中的主要问题？**

为了摆脱目前的困境，你不需要弄清楚"正确"的焦虑症诊断标签是什么。更重要的是，你要做到这一点：确定是什么助长了你的焦虑，是什么让你陷入困境。

关键是，从你焦虑问题最严重的方面开始。它可能是恐慌，或是对某个物体或社交遭遇的恐惧。它也可能是创伤后应激障碍，与过去痛苦的创伤记忆作斗争。它也可能是强迫性思维和强迫性行为。

你应该问问自己：我的焦虑问题中最令人不安和困扰的是什么？这个问题很重要。你可以通过复习我们提供给你的列表，找到这个问题的答案，然后在下面的空白处写下要点。想想那些让你瞬间脱离生活正轨的问题，它们会让你疯狂地试图回避焦虑和恐惧。你也可以回顾一下前面的案例，以帮助你选择稍后在练习中使用的事件、情境和行为。

_____

_____

_____

_____

_____

_____

_____

_____

## 生活改善练习

本周，我们建议你：

☐ 每天做一次正念练习，只需选择一个你最喜欢的。
☐ 花点时间阅读本章的材料。
☐ 在读下一章前，找出最困扰你的焦虑问题！

## 核心观点

恐惧和焦虑是两种令人不愉快的情绪，但也可以是健康的和有适应性的。这两种情绪都能促使我们采取行动，并保证我们的人身安全。给自己的焦虑问题贴上标签不会对你有所帮助，更不会使你的生活更有活力。因此，我们不必玩贴标签游戏，而是要帮助你找出焦虑问题中最严重方面的根源：是什么让你的恐惧、焦虑、忧虑或困扰变成了限制生活的问题？你一直在挣扎的是什么？正视这些问题是做出改变的关键，这将让你朝着对你来说真正重要的方向前进。

---

### 区别正常的和"异常的"焦虑

**要点回顾：** 找到"正确的"专业诊断并不能帮助我找回我的生活。我需要做的是研究如何管理和回避焦虑是如何在我的生活中发挥作用的，这样我就可以开始采取措施做些事情。

**问题思考：** 我的焦虑问题到底是什么？我的焦虑问题中最令人不安和困扰的方面是什么？

---

# 第3章

# 直面核心问题：
# 回避焦虑和恐惧的生活不是真正的生活

如果你正在面临一项全新的挑战，或被要求做你从未做过的事，不要害怕，要勇于迈出第一步。你比自己想象的更有潜力，但如果不推自己一把，你的潜力永远不会被激发出来。

——乔伊斯·迈尔（Joyce Meyer）

恐慌与焦虑的想法和感受有时是让人不悦的、强烈的、难以承受的，甚至是可怕的。但真正的难题不是它们，而是对恐惧和焦虑的刻意回避。

事实上，正如我们曾谈到的，大量的研究表明，过度回避是最严重的问题所在，它将把WAFs变成潜在的摧毁生活的问题和精神障碍。回想一下第1章中的插图：一个人背对着生活，独自在负面情绪中挣扎。这就是你生活的问题所在。

正如你从第2章的案例中所看到的，有害的回避分为许多种，比如回避可能导致焦虑和恐惧情绪的人、场所、活动和情境，使用物质来尽量减少这些情绪的产生，以及逃离让你不悦的情境。

回避焦虑和恐惧的生活，相当受限，也许这会决定你的生活方式，我们将在第 6 章和其他部分进一步探讨这个问题。但现在的关键是，回避，特别是刻意的和僵化的回避，会阻碍你做自己想做的事情。一个人没有办法在回避情感和心理痛苦的同时，拥抱充满活力的生活。

## 保持呼吸，不要逃跑

在进入正题之前，我想邀请你做一个正心练习，静下心来。这个练习建立在之前练习的基础之上。在这个练习中，你将学习如何一次又一次地让意识回到呼吸中来，并觉察无论你在哪里，呼吸始终伴随着你。这种"一次又一次地回来"是一种非常有用的技能。当焦虑、恐惧或任何事物威胁到你时，它将对你有所帮助。

你只需要找一个 5 分钟内无人打扰的地方，以一个舒适的姿势开始练习。

---

### 练习：回归你的呼吸，活在当下

请找一把椅子，以舒服的姿势坐下。腰背挺直，双脚平放在地板上。一只手放在胸前，肋骨的上方，另一只手放在腹部，肚脐的上方。轻轻闭上你的双眼。做几次深呼吸：呼气……吸气……呼气……吸气……在呼吸的时候，注意你呼吸的声音和感受，吸气……呼气……

现在，请你慢慢地将注意力转移到手上，注意觉察你的手随着每次呼吸而起伏，吸气……呼气……吸气……呼气……你只需要自然而然地呼吸，觉察你的手随着呼吸起伏，没有什么事情要做，也没有什么地方要去，你只需要集中注意力并观察。

当你安顿下来时，你可能会发现你的注意力转移到了别的地方，或者你注意到你产生了一些想法……关于你自己的想法……关于这个练习的想法。没有关系。当你注意到注意力又回到了你的脑海中时，只需要确认并接受这一点，然后温和地把你的注意力重新转移到你的手上，感受它们随着每一次呼吸而起伏。

你也可能发现，你的注意力转移到了周围的声音上，也许是房间里的声音，或者房间外面的声音。没关系，你只需确认这些声音的存在，然后温和地把你的注意力放回到你的双手上，感受它们随着每一次呼吸而起伏。记住，即使你的注意力分散到了别的地方，你的呼吸也总是和你在一起。

有时，你的注意力会被身体感觉，甚至是强烈的情绪所吸引。有沉闷的情绪也是正常的。也许你很累，或者很无聊，或者感觉到你的胃在咕咕叫。这里的做法和之前提过的一样，你只需要确认你的注意力被引向何处，然后温和地把你的注意力拉回到你的手上和呼吸上。再次强调，你的呼吸始终与你同在。

现在，练习已经接近尾声，放下你的所有想法，慢慢扩大你的注意力，倾听你周围的声音。然后做两到三次深呼吸，每次深呼吸时，都要尽可能地吸气，让空气填满你的肺。停顿片刻，然后慢慢地全部呼出。这样重复一到两次，然后慢慢睁开眼睛，继续练习把注意力集中在你的呼吸上——你的安全港与避难所。

## 回避焦虑与不适感才是问题

回避不适感是将所有焦虑问题联系在一起的共同线索。人们回避焦虑和恐惧的方式可能因人而异，也因各种焦虑症而异，但无论如何做，回避就是回避。

例如，惊恐障碍、特定恐惧症和社交焦虑障碍的患者会尽力回避可能触发恐惧的情境、物体和事件——特别是曾经导致他们产生过强烈焦虑的情况。创伤后应激障碍患者会极力避免痛苦的记忆，以及可能勾起他们回忆的人和场所。强迫症患者可能会避免接触物体或污物，以免因为触摸了有细菌的东西而产生不愉快的感觉。

因此，你会回避一些人或情境，因为你可能会因此想起和感到焦虑或恐惧。你也可能会回避一些事情，比如性生活、运动、某些电影、某种食物、不熟悉的或新的活动。当你发现自己处于崩溃的边缘时，你会让自己忙起来，这样就无暇顾及焦虑和恐惧了。

如果所有回避焦虑的方法都失败了，你也可以直接放弃并逃跑——在焦虑和恐惧如狼似虎般扑向你的情况下抽身而出。风暴过后，你可能会做一些事情来重新找回自己，比如不断做积极的事情、躺下认输、吃药、深呼吸，想些让你开心的事等。

让我们回顾一下第 2 章中的案例，看看案例中的他们是如何被困扰的。

## 惊恐障碍

唐娜的经历告诉我们：惊恐障碍患者最害怕的东西，是惊恐发作本身。如果你问唐娜，她会告诉你，她并不是很害怕汽车或开车。相反，她最害怕的是再次惊恐发作。唐娜需要在做事之前拥有"安全感"，需要她的丈夫陪在她身边，以防惊慌失措。核心在于，唐娜的每个举动都有一个共同目的：避免惊恐发作，将恐慌感降至最低，或使其尽快消失。这只是另一种形式的回避。

## 特定恐惧症

如你所见，伊芙琳的蟋蟀恐惧症改变了她的行为，限制了她的生活。每每想到她不能去公园，她就非常担心她的恐惧会影响她的孩子和她成为一个好妈妈。不去公园似乎是为了避免遇到蟋蟀。但伊芙琳知道，蟋蟀并不是真正的问题。她真正最害怕的是她所体验的恐慌和恐惧——当遇到蟋蟀或仅仅是想到蟋蟀时的痛苦。她不想体验看到蟋蟀时就会出现的恐慌。这才是更深层、更关键的问题：表面上是在回避蟋蟀，实际上伊芙琳真正回避的是恐惧本身——就像惊恐障碍患者一样。

## 社交焦虑障碍

史蒂夫的例子表明，社交焦虑障碍的问题远远超出了对特定社交情境或公共事件的恐惧。核心问题在于害怕在这些环境中体验恐惧、焦虑和不安，或者害怕在别人面前丢脸。但最主要的问题还是回避。史蒂夫回避的是不适：在社交情境被羞辱、被审视或感到尴尬的焦虑和不安。

## 强迫症

强迫症（强迫性行为）最主要的特征是，努力减少或最小化焦虑、紧张和其他与不想要的想法和画面有关的不适感。强迫症也是一种回避。正如雷的例子，强迫症会让人瞬间脱离生活正轨——消耗大量的时间、精力和资源。如果没有强迫性行为，你就可以摆脱情感上的不适和令人不愉快的想法。而且如果没有强迫性行为，你就可以无拘无束地做你喜欢做的事。

### 创伤后应激障碍

尽管创伤已经过去，但痛苦仍然存在，而且往往会不合时宜地涌现。PTSD的大部分痛苦，主要源于人们对创伤的记忆、痛苦的线索和令人不愉快的身体感觉的不当应对。玛丽的例子给了我们启示，尽管记忆和闪回确实是痛苦的，但它们不是真正的问题。PTSD的真正问题在于，回避与创伤事件的记忆相关的情绪和心理层面的痛苦。

### 广泛性焦虑症

玛丽安的生活被她对生活中许多方面的无尽忧虑所吞噬。她曾试图控制它，但没什么用。这场斗争让她筋疲力尽，并且大部分时间都很紧张。玛丽安最难面对的是这样一个现实：她的忧虑实际上是她的大脑"保护"她的一种方式，让她远离内心深处的恐惧和生活中的不确定性。事情有时的确会变得非常糟糕，非常可怕，再多的担心也改变不了这一点。但对她来说，通过不必要的忧虑来回避这个事实的代价是巨大的。

## 改变生活的希望

在第6章中，我们将帮你分辨无效的解决焦虑问题的方法及其背后的原因。这是迈向改变的第一步——你所采取的方法将与以前截然不同。

一项研究表明，回避是有代价的，甚至会火上浇油（Hayes et al., 2006）。这个结论适用于你采取的大部分方法：试图减少、控制或以某种方式"管理"你的焦虑和恐惧。不管你的回避多么有创意或复杂，残酷的事实是，回避根本行不通，这与你的努力多少或意志强弱无关。

你读到这里可能会感到害怕，我们能理解。你甚至会担心"我的生活不会再变好"。但是回避无效这个结论也为你带来了解脱，因为它指向了一个更有希望的解决方案。下面的隐喻暗示了这一点。

---

#### 毒藤和焦虑之痒

毒藤是一种会强烈刺激皮肤的植物。一旦接触到这种植物，你的身上就会起泡、长红疹，痒得要命。如果你得过毒藤疹，就会知道那是什么感觉。它让你疯狂地想要抓痒，然而一旦抓过后，你的身上会长出开放性溃疡。如果你没有及时洗手并清理掉暴露部位的植物油，这些疹子可能会蔓延到身体的其他部位。抓挠无法治愈红疹。你需要停止抓挠，让你的身体**自行痊愈**。

焦虑之痒也是如此。瘙痒的感觉在你的大脑和身体中肆虐，你想要摆脱这些痛苦。所以你回避和挣扎着。但你无法像绕开毒藤一样避免接触焦虑，后者随时随地都可能出现。当你用回避或挣扎来挠焦虑之痒时，只会使焦虑疯长——它会干扰你的大部分生活。而且避免抓挠也会让你与你的生活渐行渐远。

---

## 如何缓解焦虑之痒

这种反思也指向希望和解放。没人想要毒藤。然而再多的责备和挣扎也无法让它消失。焦虑和恐惧也是如此。你不需要对你的焦虑负责。所以振作起来。上面这个故事的寓意并不是说，如果你付出更多的努力，那么你现在就能解决你的焦虑问题，而是你已经尽力了。现在你需要停止抓挠。

在继续阅读之前，花时间反思你是如何缓解焦虑之痒的。当焦虑和恐惧出现时，你是怎么做的？你是如何对付它们的？把你想到的东西记在下面的空白处。

---

---

## 当你的大脑打击你时，要小心

与焦虑问题作斗争的人是最坚强的人。他们在挣扎中继续生活，但也对自己非常苛刻。我们在和像你一样的人一起工作时，会反复看到这种情况。许多人经常自暴自弃。因为他们觉得自己不够好，觉得自己太软弱，觉得自己不够努力，觉得自己没有能力过上更充实的生活。这一切都说明：他们在某种程度上是不完整的。没有一本书将自我厌恶作为焦虑症的一个特征，然而它确实存在。

人类大脑中的评判性思维一直都很活跃，它就像病毒一样。如果你放任它，它就会严重损害你的生活。摆脱这种精神病毒的第一步就是，在自我厌恶吞噬你之前抓住它。随着你继续阅读，我们会更深入地探讨这个问题。但现在，请花时间思考一下：你怎样看待你自己，以及你的焦虑问题。你的大脑是如何打击你自己的？把你想到的东西记在下面的空白处。

---

---

你现在就可以开始找出你的大脑是如何打击你自己的。稍后，我们将通过练习，教会你怎样对自己满怀善意与慈悲心：这能从源头解决问题，让你不再痛恨并折磨自己。当你完成练习时，你会慢慢发现你的生活正在发生变化。你不再由焦虑主宰。你不必徒劳地管理和控制焦虑。你将学会拥抱你的焦虑！这就是我们在本书中一直追求的希望和解放。

## 不要相信我们和你的大脑，要相信你的体验

如果管理焦虑不起作用，你又能做什么呢？正如我们在第1章中所说的，重拾你的生活需要面对焦虑，接受它的存在，不再逃避。相反，你需要如其所是地体验焦虑，并为所当为。本书为你提供的技能将帮助你观察焦虑，并以更亲切、更温和的方式和它相处，不再与其作斗争。这将使你更加理解生活的真谛，我们知道这可能听起来很奇怪。本书接下来的内容一开始听起来会很反常识、很愚蠢甚至很怪异。

你不需要相信我们说的每一句话，也不需要立刻理解它们。我们保证，你的大脑会不由自主地反驳我们，指出某条方法听起来不可能或者很难实现，或者没有任何意义：你觉得这本书在胡说八道，只想赶紧把它放下，或者书中的方法对你而言太难了，你做不到。当这样的想法出现时，对你的每一个想法表达感激，然后继续阅读。

你不需要与你的大脑争论。不要陷入试图说服自己的困境。你只需要接纳自己，完成本书中的练习，不断学习新的方法，拥抱你的焦虑和忧虑，并时常自省，看看你是否有所转变。

尝试以全新的方式来处理焦虑问题，不仅不会带来损失，还会让你收获更多。我们将给你带路。你只需要继续阅读和做练习，然后相信你自己的体验，聆听你内心的声音。

## 生活改善练习

本周，我们建议你通过完成以下功课来使用本书中的材料：

□ 每天做至少一个正念练习。
□ 评估一下回避在你的生活中是如何发挥作用的。
□ 继续阅读和使用本书，不要急于求成。

## 核心观点

正常的与不正常的焦虑和恐惧的关键区别在于：回避，回避，更多的回避。这是贯穿所有焦虑症的核心所在。一味回避焦虑与恐惧让它们不减反增，进而降低生活质量。因此回避是有害的。这就是为什么我们要以更友善、更温和、更有慈悲心的方式帮助你不再回避。这些强大的技能是一剂良药，让你能够从根源上摆脱回避，真正享受生活。

---

### "不正常的"焦虑的根源

**要点回顾：** 回避可以把正常的焦虑和恐惧变成影响生活的问题。试图控制和回避我的焦虑与不适，可能才是我真正需要面对和处理的问题。

**问题思考：** 如何才能避免情绪和心理上的痛苦？我是否愿意用更友善、更温和、更有慈悲心的方式来应对我的焦虑与不适，然后过上更好的生活？

---

# 第4章

# 有关焦虑和焦虑障碍的迷思

想想那些正在消耗你情感储备的执念，该放手了。

——奥普拉·温弗瑞（Oprah Winfrey）

你一定与本书第2章的内容产生了共鸣。为自己的痛苦贴上各色标签，这确实能让人感到些许宽慰。然而，你真的心甘情愿从今往后因你的焦虑问题为人所知、被人定义吗？

打个比方，比尔是"社交焦虑障碍患者"，安妮塔是"惊恐障碍患者"，约翰是"忧虑症患者"，丽莎是"患有创伤后应激障碍的女士"，斯科特是"广场恐惧症患者"，汤姆是"强迫症患者"……你甚至可以这样自我介绍：我的名字是某某，是"（某种焦虑症）患者"。

标签具有诱导性，它让你觉得，只要你了解了你的问题，你就能找到问题的解决方案。但仔细想想，事实是否真的如此。对焦虑和焦虑障碍有更多的了解，是否真的让你精力充沛、根除问题？学习别人如何应对焦虑，或者了解最新的研究成果、自助方法等，是否真的有帮助？这些可能会暂时缓解你的焦虑，随着你更加深入地学习，你会越来越像一位焦虑症专家。然而，你的生活并不会因此回到正轨，你拥有的仅是专业知识和短暂的舒适感。

一旦你被贴上了"某种焦虑症"的标签，你就真的会变得像焦虑症患者一样思考和表现。就你的生活而言，这种标签毫无作用。焦虑症并非被人们所"拥有"的东西，它们只是噱头，是由精神病学界的学者创造的一串词语，用来总结人们共同的经历，归类人们的行为。现实就是如此。你当然无须相信"你的焦虑障碍就是你本身"这个说法。

你可以问问自己，这个标签是否对你有用。你的生活是否因此收获了更多的平静、自尊、活力和自由感？或者，它是否限制了你的选择，让你陷入 WAFs？你已经足够了解你的焦虑和你的生活。也许你需要做出前所未有的改变。

戴维·艾伦在其著作《搞定》（*Getting Things Done*，2002）中写道，"有用的知识可以转化为实际成果，引导你的行动，从此改变你的生活"。而你正是通过付诸行动和时间，一点点创造了你的生活。这就是别人眼中的你，这就是本书中不断提及的变化。让我们从关注那些可能至关重要的、不同于你之前做过的事情开始。

你可以先从撕下自己身上的标签开始，它不是你。本章将与你共同开拓一条全新的道路，首先要做的就是消除焦虑、恐惧的迷思。

> 如果我继续做我一直在做的事，那么我只能得到我已经拥有的东西。

## 焦虑和恐惧的常见迷思

我们仿佛每天都在学习关于焦虑症和焦虑问题的新知识。本书的内容基于成百上千项科学研究，每一项研究都深入探讨了问题的根源：为什么焦虑和恐惧能够破坏生活？最重要的是，你能做些什么？

你可能已经相当了解焦虑及焦虑症了。有些知识源于你自身的经历，有些源于报纸和杂志、相关书籍、电视、互联网、与他人的对话，或医生告知你的内容，你把这些知识当作智慧的结晶。你可能听说过，焦虑症是一种疾病，就像糖尿病或癌症一样，并且焦虑症是可遗传的；你可能听说过，焦虑症可以通过草药疗法或改变饮食习惯来治疗；其他人还可能告诉你，焦虑症是由你大脑中的神经化学物质失衡引起的，所以你需要药物来修复你有缺陷的大脑中的化学物质失衡。

事实上，你可能会对相关的新研究和新闻感到不知所措：焦虑的原因、潜在的治疗方法。某些科学家与媒体应该为提供这些不一定有用的信息负责。例如，某项新研究声称，注射皮质醇可以阻断强烈的恐惧反应。不仅如此，高血压药也可以在你接触创伤性事件后，削弱大脑产生的情感记忆。当然，在这项工作中，传达的信息是，感到恐惧是不好的，而且回忆痛苦的过去也不好。

有些人仍在推广未经检验的方法，许多像你一样绝望和痛苦的人很可能轻信这些偏方。他们之所以能够得逞，是因为他们将其作用吹得神乎其神。遗憾的是，没有证据表明磁石疗法、芳香疗法、巴赫花疗法、生物反馈装置、脑波同步器、思维场疗法、催眠、顺势疗法、西番莲茶或特殊饮食可以消除焦虑和恐慌。事实上，即使是最靠谱、最好的疗法也不能完全消除焦虑，即让它永远消失。因此，当有人向你推广新疗法时，请看好你的钱包。

许多说法的前提往往是认为体验强烈的恐惧和焦虑是不正常的，甚至你可能也这样认为。而且你可能认为感到焦虑和恐惧代表一个人是软弱的、破碎的，或处于失去理智和发疯的边缘。也许你听说过，摆脱焦虑的方法就是学习更多的手段，来管理和控制你的想法和情感，这是当前文化背景下不言而喻的"真理"。

这些都是与焦虑相关的常见经历和信念，甚至一些心理健康专家也对此深信不疑。然而这些都不是真的，每一个都是迷思，充其量只有部分正确。所有这些迷思都是无益的，因为它们会把你和其他像你一样的人困在无效的旧模式中。它们吊足了你的胃口，以骗取你的信任。它们会让你产生这样一种思维模式：你不像大多数人那样过着快乐和无忧无虑的生活。事实并非如此。

现在，让我们重新审视这些迷思，揭开它们的真面目。

## 迷思一：焦虑问题是生物性的，会遗传

有些人常说："我的家人大都有焦虑症，所以我也焦虑。"或者，"医生说我的焦虑症是由我的家族基因造成的，我只能通过吃药来控制它"。你可能也这么

想。这两种说法都得到过医疗机构和大众媒体的广泛支持。幸运的是，它们也被证明是错误的。

尽管焦虑确实经常在家族中遗传，但其原因是来自后天习得，而非基因。你可能继承了一些焦虑或恐惧的倾向，就像你会继承外向、内向、聪明、肌肉发达或擅长运动的倾向一样。但是，遗传焦虑倾向与遗传焦虑症是两回事。

事实上，没有确凿的证据表明你或任何人天生患有焦虑症。基因对你的焦虑问题最多也只有 30% ～ 40% 的贡献（Leonardo & Hen，2006）。也就是说，大约 60% ～ 70% 的困难与你的生理或基因毫无关系。而且最新的表观遗传学研究表明，基因表达也并不像我们曾经认为的那样固定。许多基因似乎像开关一样工作，它们会根据环境和我们的行为而表达或不表达。对你来说，这意味着基因不能决定你的命运。无论你的基因构成如何，你都有成长和改变的空间。

使焦虑成为精神问题的大部分原因与你的生理或基因没有关系。剩下的 60% ～ 70% 与你如何看待和对待你的焦虑和恐惧有关。这部分更重要，因为这是你可以控制和改变的。你不能改变你的基因，也不能通过吃药永久改变你的生理特征。但是你可以付出行动来改变你的生活（甚至影响你的基因表达）。因此我们将重点帮助你控制和改变你的行为，或者是你在焦虑时会做的事情。

> 焦虑不会遗传。

## 迷思二：强烈的焦虑是不正常的

人们想要摆脱焦虑而寻求帮助的主要原因之一是：他们不喜欢自己的想法或感觉。焦虑和恐惧让人将要崩溃，痛苦的回忆让人难以承受，想法和忧虑令人麻木或无处可逃。简言之，焦虑是一种非常强烈的体验。

毫无疑问，强烈的焦虑往往与所有的焦虑问题密切相关。同样的事实是，强烈的焦虑并不一定会发展成焦虑症。我们需要感受强烈的情绪，比如感受焦虑和恐惧的能力，就连刚出生的婴儿都有这种能力。大多数儿童和成年人都会在每年的某个时刻感受到强烈的焦虑，而且往往不止一次，甚至在没有任何威胁和危险的情况下也会如此。所有人天生都有经受不同程度的情绪的能力。缺乏这种能力的人才不正常。

正如第 2 章所言，强烈的恐惧和焦虑有一个共同的目的——让你在真正面临危险或威胁时做好行动准备。各种能威胁到你生命的事件都包括在内，比如战斗、性侵、虐待、意外事故和自然灾害。在这些情况下，正常人都会经历强烈的焦虑和恐惧。而如果缺乏感受它们的能力，我们就会被大自然淘汰。这些反应百分之百是正常的。

你的大脑可能会告诉你，"在没有受到伤害的情况下，你也会感到焦虑和恐惧……这肯定不大正常"。当这种情况发生时，你很可能会做大多数人在面临被伤害甚至被杀害的风险时会做的事情：先是僵住，然后放下你正在做的事情，试图逃跑。在这时，你应该注意到，当你这样做时，你的强烈焦虑和恐惧会走向何方？它们会如影随形地跟着你，对不对？你不能完全躲开它们，因为它们是你的一部分，你不能逃离你自己。

仔细想想，当你拼命回避或逃避焦虑时，还会发生什么？你可能在逃避的短时间内感觉好些，但与此同时，你却没有完成该做的事情。随着时间的推移，你的生活空间被挤压，你被困住了。强烈的焦虑看起来像一个障碍，挡在你和你的生活之间。只要你继续相信这个迷思——强烈的焦虑是一个问题，它就会成为你的障碍。

简而言之，强烈的焦虑并不会把焦虑变成一个问题。许多人在日常生活中体验过强烈的焦虑，甚至经历了惊恐发作，但可以继续他们的生活。强烈的情绪不需要成为你美好生活的障碍，它们可以作为你生命中重要的一部分，被欢迎、被拥抱。因此我们将帮助你重塑你与焦虑的关系，包括如何与你的焦虑的想法和体验携手前行。如果你愿意接受我们的帮助，这种方法会让你摆脱困境，回归理想的生活。

## 迷思三：焦虑是软弱的表现

焦虑绝非软弱、人格缺陷、性格差、懒惰或缺乏动力的表现。任何人都可能因为情绪或心理上的痛苦而陷入一时的困境，偏离生活轨道。所有人都会痛苦，痛苦是人类的常态。

你可能会觉得焦虑等于软弱，因为别人看起来都那么坚强。你看到别人成功了，做着你想做的事情，似乎不为焦虑所困扰。导致你有这种巨大的错觉的原因有两个。第一个是，我们的大脑热衷于根据非常有限的信息做出推断。当你观察别人并与他互动时，你看不出来他们正饱受焦虑或痛苦的折磨。你可能会想，为什么我不能像他那样无忧无虑呢？一定是我出了问题。

你需要看得再透彻一点。想象一下，你正在跟踪一个你认为完美的人，全天候观察这个人的一举一动，并洞悉他在任何时候的想法和感受。然后你会发现，那个人与你别无二致。

当你完全深入地观察你的目标人选时，你会发现他和你一样，都

> 焦虑绝不等同于软弱无能。

有各种各样的想法和感受——愉快的、不愉快的，以及介于这二者之间的。他和你一样，也需要吃饭、喝水、睡觉、上厕所，有时会感到沮丧、忧虑、悲伤、孤独、遗憾和愤怒。尤其是他也会有感到焦虑或害怕的时候。

助长错觉的第二个原因是社会比较。当你狭隘地认为你的生活充满了焦虑和痛苦，而别人的生活正如看起来那么轻松和愉快时，你自然会觉得自己出了问题。你会觉得自己缺了他们有的东西。

事实上，你什么都不缺，你拥有生活所需的一切，你是一个完整的人。你拥有改变生活的能力。你，也只有你能对你花费了宝贵的时间和精力所做的事情负责。因此我们将帮你培养责任心。有了这些，你可以通过将时间、精力和资源重新集中在你可以控制和改变的领域（你的行动）来改变你的生活。

## 迷思四：为了好好生活，你能够且必须管理好你的焦虑

在所有的迷思中，这个迷思是最具破坏性的。它是由社会规则和期望，或者我们所说的自我感觉良好的文化（culture of feel-goodism）推动的。这些规则将情感和身体上的痛苦设定为幸福生活的障碍。它们传递着这样的信息：为了生活得更好，我必须首先思考和感觉更好。一旦我开始思考和感觉更好，我的生活就会变得更好。这其实是个陷阱。

陷阱的诱饵是你因焦虑、恐慌、忧虑、不想要的想法或记忆而体验的情绪和心理层面的痛苦。在你看来，这种痛苦不仅仅是痛苦，而且是不好的痛苦。你的大脑认为这是不可接受的，并将其与不能做你关心的事情联系在一起。当因焦虑而起的痛苦出现时，你会去驱赶它，以削弱它或赶走它。你也可能这样或那样做，以防止将来出现不好的痛苦，而它会持续下去。

## 练习：不要去想一头粉色的大象或更糟的事情

　　这个简短的练习将让你看到试图压制和控制不想要的想法带给你的后果。找一个舒适的姿势坐下，当你准备好时，我们希望你闭上眼睛，努力尝试以下任务：不要去想一头粉红色的大象。花几分钟完成这个任务。然后睁开眼睛，继续阅读。

　　如果你和大多数人一样，是有想法的人，你会发现这项任务很困难，几乎不可能完成。如果你不去想你不应该想的事情，你就无法做到指令中的要求。换句话说，"不要去想一头粉红色的大象"这个想法本身就是包含了关于粉红色大象的想法。因此你被你不想要的东西困住了。

　　为了不去想粉红色的大象，你的大脑可能已经想出了别的办法，比如转移注意力去想别的事情。这貌似有效，但你又是怎么做到这一点的？你怎么确认另一个想法与粉红色的大象无关？为了去想别的东西，你需要把它与粉红色的大象进行比较。所以，你又想到了粉红色的大象。

　　你能不费吹灰之力就联想到许多事物，就像粉红色的大象一样，这是你习得的技能。以下就是几个例子，你不需要多想就能填好这些空：

　　一闪一闪亮_____　　　　熟能生_____　　　　不要泄露_____
　　行胜于_____　　　　三思而后_____　　　　早起的鸟儿有_____

　　现在从这些例子中随便挑选一个，慢慢地读，但不要去想空白处的答案。如，读"一闪一闪亮"，不去想"晶晶"。你刚刚在想什么？你做得到吗？让我们继续接下来的内容。

　　想象一下，"晶晶"就是那些真正令人苦恼的想法、身体感觉、感受或记忆中的一种，你挣扎着想要远离这些想法。你的大脑会自动联想到它们。虽然有"一闪一闪亮_____"，但是你不能去想接下来的东西。你觉得你的脑海里会发生什么？你最终会得到更多你不想要的东西。为了回避这些想法，未来你可能会做许多其他事情。

　　当你陷入自我欺骗的陷阱中时，你觉得你的痛苦和生活会怎样呢？为了控制焦虑和恐慌，你投入了大量的时间、精力和资源。你并没有发现不对劲儿，因为这样做能带给你暂时的解脱。另一个原因是，焦虑在我们的文化中是不好的，所以你学会了回避焦虑，不管这种做法是否对你有效。

如果你患有惊恐障碍，你就会知道这是什么感觉。在果蔬店等公共场合惊恐发作是一种非常不愉快的经历。它可能导致你做一些事情来防止它再次发生：停止购物；与一个"能给你安全感"的人一起购物；只在晚上人很少的时候去商店，防止再次惊恐发作；等等。在这期间，你一直在集中精力试图放松自己，同时也在默默预防再次惊恐发作。

如果你的困难在于社交焦虑，你可能会尽量避开社交场合，以减少你的焦虑。但在如今高度社会化的世界里，你很难做到这一点，完全避免社交的后果相当严重。如果你因为担心惊恐发作、尴尬、羞辱或难堪，每天拒绝与人交往，这样并不能解决问题，因为没有人可以控制别人对自己的看法。

> 管理和回避你的焦虑，给了你暂时的安全感和解脱，但这大大限制了你的生活。你的不作为是真正的问题所在。

我们还可以列举更多人们用来控制和管理焦虑和恐惧的不同方法。而且正如本书前面提到过的，你可能已经尝试过各种方法，但都收效甚微或毫无效果。这是因为你已经被自己的思维定式束缚住了，即使你尽力管控焦虑，它也依然会卷土重来，甚至变本加厉。

更糟糕的是，花在管理和控制焦虑上的时间和精力使你无法做你真正关心的事情。你也因此会更加痛苦：除了焦虑带来的痛苦，你还会因为生活不充实而感到失落或后悔。当你因为恐惧和焦虑而摒弃生活中的其他事情时，另一种痛苦就会悄然出现。二者都是你与自身的想法和感受作斗争的后果。

但你也无须因此自责。每个人都可能陷入这样的死循环中。大量研究表明，当人们试图消灭某个想法时，它反而会更频繁地涌现。因此你越想要摆脱焦虑，越会得到更多的焦虑；你越想要解脱，越会被束缚。我们稍后会详细说明其背后的原理。现在你只要知道，是这些行为助长了你的焦虑，并在你的生活中设下了陷阱。

本书中的练习能够帮助你认识对管理和控制焦虑的迷思，以及它的本质：一场被支配的、两败俱伤的博弈，这场博弈带给你的生活许多额外的痛苦。你可以不被诱惑、逃离焦虑陷阱；你可以学会更好地生活，而不必先思考和拥有良好的感觉；你可以学会拥抱你的焦虑，做对你重要的事情。

## 若你听之任之，会随迷思去向何方

每一个迷思都会助长你的焦虑，让你陷入困境、远离你想要的生活。这些迷思就像一张黏糊糊的蜘蛛网，当你被网网住时，自然想要挣脱出来。但越挣扎就越纠缠不清，万般无奈之下你变成了焦虑管理专家，寻找、希望、祈祷着，以期找到神奇的治疗方法或新的解决方案。

但你无法通过服药、在线互助小组，甚至是"全新的、更好的、不同的"方式，来控制你焦虑的想法和感受，找到治愈焦虑的方法，尽管这些貌似靠谱的心理疗法很常见。

每当你想要反驳自己时，重温一遍你过去的经历。你是否找到了永久生效的办法？你的经验是否告诉你，如果你更努力、花更长时间或做得更好，你就能够摆脱焦虑？你想和焦虑打一辈子交道吗？你还不够努力吗？

### 莎朗的故事

莎朗是我们最近的一位来访者，她与我们分享了一个故事，这个故事揭示了若你听之任之，会随迷思去向何方。在与焦虑、恐慌和抑郁斗争了20年后，莎朗终于认输了，她在45岁的时候向我们求助：她与无谓的想法斗争，相信自己的问题出在基因上，认为自己是不幸的人——生活充满了痛苦和苦恼。她那失控的大脑不断给她灌输（feed）厄运、忧郁、自责和消极的东西。莎朗认为她无法拥有光明的未来。

她担心如果她停滞不前，无法回家，与亲友隔绝，她会精神崩溃。她害怕黑暗，害怕独自外出，害怕在夜间开车。她感受到自己的生命在流逝，害怕被送进精神病院，被强制服药，与她的孩子、她的生活隔绝。她觉得，自己可能会被送进医院等死，或者被孤立、孤独终老、失业，她的孩子们会被送往孤儿院。

莎朗一直在服用抗抑郁药和抗焦虑药，也一直在接受认知行为治疗。这些治疗让她重燃希望，暂时摆脱了恐慌、痛苦、焦虑、恐高和不安，获得了短期解放。她买了一盏太阳灯来治疗抑郁症，花了数百美元购买有关焦虑症的专业和自助书籍，还加入了许多在线互助小组，甚至参加过研讨会。

在最初的两年，莎朗似乎生活得更好，并且自我感觉良好。她觉得自己有了坚实的基础，能够抵御焦虑和恐惧，随时随地挑衅她的焦虑，或者放松自我，消除忧虑，摆脱恐惧。每当她陷入困境，都有太阳灯和书籍可以依靠。这些策略貌似有效，但她并未从根源上解决问题。如果有一天灯和书籍都对她无效，她仍会被焦虑和恐惧的阴影笼罩。这正是后来发生的事情，也是最终莎朗向我们求助的原因。

莎朗知道，她正处于一个转折点。她第一次在生命中寻找新的答案，而不是在旧路上摸索前行。一切都始于她问自己的这个问题：我能否学会与我不喜欢的感觉和想法一起生活，而不让它们控制我和我的行为？我们将在下一章中详细讲述莎朗的故事。

## 小憩一下，回归你的呼吸

在本章结束前，你需要花点时间小憩一下，摆正你的位置。现在，我们强烈鼓励你再做一遍第 2 章中的正心练习。这个练习十分强大，原理在于焦虑无法在宽容、开放和善良中成长，而是需要负能量和你的参与。所以你需要敞开胸怀，回归你的内心——你的安全港与避难所。给自己时间来学习新的技能。如果你愿意，也可以做之前的任何一个正念练习。每个练习都能为你的焦虑之苦提供一剂解药。

## 生活改善练习

本周，我们建议你：

□ 继续做之前的几个正念练习，尤其是那些让你产生共鸣的练习。
□ 尝试在一整天中，例如开车、走路、洗碗时，回归你的呼吸——你持久的庇护所。

□ 到目前为止，如果你在做任何一个练习时遇到困难，请放慢速度，找出问题的关键所在。然后反思：这就是我停滞不前的原因吗？现在是时候做出全新的改变了！

□ 继续阅读本书和完成练习，但不要操之过急。

## 核心观点

所有关于焦虑的迷思都建立在西方的心理健康观念的基础上，并依此发展。其内涵是：幸福是正常的。但是如果幸福不再等同于正常呢？如果任何人都不可能完全摆脱心理和情感上的痛苦，过上无忧无虑的生活呢？当你更仔细地观察人们的生活时，你会发现，痛苦和挣扎是我们每个人在通向理想生活的道路上必不可少的同伴。

也许是因为你相信世界上除了幸福就是不幸，所以你才产生了焦虑问题。你可能认为，你必须先消灭 WAFs，这样你才能开始做对你重要的事情。但是，也许解决焦虑问题的办法是做一些完全不同于你一直在做的事情。你愿意迈出这一步吗？

---

**迷思助长焦虑，让我陷入困境**

**要点回顾：** 所有关于焦虑的迷思都是有局限性的。它们让我觉得，焦虑和恐惧是不对的，是我和我的生活之间的障碍。

**问题思考：** 我相信了哪些关于焦虑的迷思？我是否让焦虑控制了我的生活？我是否愿意为我的 WAFs 及其后果负责？我能否摒弃之前的迷思？

---

# 第 5 章

# 放下旧谬见，开启新机遇

不幸无可避免，我对它们的反应决定了我的生活质量。我可以选择沉浸在悲伤中，被失去亲人的沉重打击所困，也可以选择从痛苦中站起来，珍惜我最宝贵的礼物——我的生活。

——沃尔特·安德森（Walter Anderson）

苏斯博士（1960/1990）创作过一本精彩的儿童绘本，绘本名为《你要去往多少美妙的地方》（*Oh, the Places You'll Go*，2003）。里面的故事充分说明了创造了有意义的生活的必需品。这是一个老少皆宜的故事，书中的主题与生命、痛苦和欢乐有关，并揭示了如何过上理想中的生活。

与之前的想法不同，你不需要一条路走到黑。正如苏斯博士所言，你不需要像那些排队等候的人一样，为你的焦虑或恐惧而等待，等着你的生活开始。

## 放下旧谬见后，你会去向何方

在阅读本书时，莎朗逐渐放下了自己的旧谬见。她不再等待，不再任消极想法滋生，而是怀着善意、好奇心甚至是幽默感观察它们。她开始看清旧谬见带给她的弊端，不再试图管理和控制她的焦虑与抑郁，不再允许它们挡在她和她的生活之间。

莎朗发现，放弃征服焦虑和抑郁让她的生活变得更好。当她的生活变得更好时，她也开始拥有良好的感觉和思考。这并不意味着莎朗没有焦虑、恐惧、忧虑或消极的想法，而是不过分关注它们的存在。她不再为此挣扎，反而以慈悲和温和的态度对待它们。她了解到，她可以开启生活，且不必先击败她的痛苦。

积习难改。莎朗最近和她的家人一起去沙滩度假，这件事她之前从未设想过。整理行李时，莎朗顺手打包了一个袋子，里面装满了她以前的求急物品：用以缓解焦虑的维生素、装了 10G 轻音乐与自助讲座音频的 iPod、用来屏蔽孩子们的噪声的耳塞、治疗抑郁症的太阳灯，以及十几本关于焦虑及焦虑障碍的书。从字面上和情感上看，这袋行李十分沉重。

实际上这些准备都是多余的，它们毫无用处。那个周末莎朗一次都没有打开她的百宝箱。她忍俊不禁："……我当时有好几次产生了焦虑的想法。但我还是督促自己不去管那个行李袋。"

对莎朗来说，打开行李袋就意味着独自躲在房间里，吃着维生素，听着 iPod，照着太阳灯，阅读《焦虑及焦虑障碍》。但她选择把时间花在户外，与丈夫和孩子们在海滩上玩耍，在日落时散步、寻找贝壳，并阅读一本有趣的书。她在餐馆享用美食，带孩子们去看电影，甚至能在孩子们睡着后和丈夫在阳台上进行安静的谈话，喝上一杯好酒。这些都是莎朗真正想做的事。

在做这些事时，莎朗有时感觉良好，但在其他时候，她十分担心自己会惊恐发作，甚至担心之前良好的感觉会消失，并因此焦虑。尽管如此，她仍然顽强地坚持之前的选择：不在焦虑和恐慌上浪费时间，不再与负面情绪缠斗。她勇往直前，敞开胸怀拥抱她的焦虑，不再挣扎。那场度假让她感觉到了生命的活力！

莎朗的案例十分典型。你的故事可能略有不同，但在生活中你们总有相似之处。如果你也觉得生活毫无质量可言，那么你可能和曾经的莎朗一样被困住了。

扪心自问，相信这些迷思是否使你脱离了自己的生活，被焦虑困住了？你有没有可能像莎朗一样，为了过上美好的生活，你不必思考和获得良好的感觉？

莎朗并不是通过盲目相信我们所说的来找到答案的。实际上，她严重怀疑我们的治疗方案究竟能为她提供什么。我们的想法新奇又有点怪异，并且与她之前的处世理念格格不入。

我们没有要求莎朗摆脱或解决她的疑虑，也不会这样要求你。我们只希望你能意识到，你解决焦虑问题的旧方法可能并不奏效，而且可能对你弊大于利。

莎朗做练习时学会了放弃与评判性思维死磕到底，学会了相信她的经验，学会了做自己真正想做的事。她更多地将时间花在自己热爱的事物上，有时会焦虑，有时不会焦虑，但她不再为痛苦、绝望与抑郁浪费精力。莎朗发现，当她以新方式与她的焦虑和生活相处时，一切都焕然一新。你也可以。

## 助长这些迷思的因素

有四个关键因素助长了关于焦虑和焦虑障碍的迷思，把焦虑变成问题，并使你陷入困境。让我们简要看一下每一个因素。

### 思维陷阱：与你的想法、记忆融合

我们每个人都可能与自己的想法融为一体或彼此纠缠。当你与你的想法融合时，你可能会把它们错认成它们所描述的事物。

例如，"惊恐"一词会让人浮想联翩，这些联想可能包括心脏病发作、死亡、晕倒、发疯、失去理智或者被送到精神病院的画面。你的想法会自动评价这些联想，比如坏的、危险的、软弱的、愚蠢的、羞耻的，等等。所有标签也都有自己的联想，也有不少是相当负面的。

要知道，"恐慌"这个词并不代表着真正的惊恐发作，也不等同于与这个词相关的联想和评价。它只是一个词。评价"不好"也只是一个词。你可以选择把它们当作文字来对待。或者你可以对这个词及关于它的联想和评价做出反应，就像它们可以被过度解读。

如果你不再只把文字看成文字，你就会相信你的大脑创造的幻觉。这些想法会从单纯的想法转变为危险而严肃的事物。随后你会被困在旧的行为模式中，这种模式既没有帮助，也不符合你的最佳利益。我们称之为思维陷阱。

想一想：如果"恐慌"这个词及其联想真实存在，你需要对它们做出反应，会发生什么？你会躺下，服用一片镇静剂，听舒缓的音乐，打电话给你的医生或亲友，或去急诊室。总之，你会对这个词及关于它的联想做出反应。这就是我们所说的融合：用行动来回应词语、记忆或评价，就像你的思维产物和它们所代表的或与之相关的真实生活事件是一样的。

融合是一个很难解释的概念，更不用提怎样理解。因此我们会帮助你在本书的练习中更多地借助体验与它联系起来。现在，我们希望你能明白，你因焦虑而起的痛苦产生于你与不愉快的想法和感觉的纠缠与融合。

此时你的评判性思维应该出场了，它还未成为你最好的朋友。当你允许你的评判性思维带你走上融合的道路时，你会自然而然地对你的想法做出强烈的反应，并过度重视它们。这可能会使你陷入困境。

## 练习：与焦虑纠缠

为了了解这个过程，请花点时间完成下面这个练习：选择一个让你极度不安的想法、忧虑、情绪体验或记忆。一旦你产生了这个想法，记下你联想到的事件或经历。下表是莎莉的示例，她患有严重的焦虑症和惊恐障碍，她是这样完成练习的。

| 我的经历 | 我想到了什么 |
|---|---|
| 恐慌 / 强烈的焦虑 | 1. 焦躁不安 |
| | 2. 不能清楚地思考 |
| | 3. 心跳加速，汗流浃背 |
| | 4. 远离人群，不能开车，不能去高处 |
| | 5. 我觉得我可能要疯了 |

莎莉发现，当她沉浸其中并试图消除焦虑的想法和感觉时，她也获得了上表中的一切，这让她更加焦虑。更糟的是，她现在变成了她最不想成为的那种人：她把自己的存在和焦虑融合在一起，就像"我就是焦虑本身"。

莎莉向我们自我介绍道："我是 PAT（恐慌、焦虑、恐惧）女士"。一旦她形成这种想法，她就成了焦虑本身，渴望远离人群、不能开车、无法工作。并且她开始讨厌自己，这并不奇怪，因为她已经与自己最不喜欢的东西融合了。

| 我的经历 | 我想到了什么 |
|---|---|
| | 1. |
| | 2. |
| | 3. |
| | 4. |
| | 5. |
| | 1. |
| | 2. |
| | 3. |
| | 4. |
| | 5. |
| | 1. |
| | 2. |
| | 3. |
| | 4. |
| | 5. |

如果你和莎莉一样，你也会重视引起焦虑的想法或感觉。因为你已经学会了接受来自大脑的经验，越是如此，你越有可能与标签和评价融为一体，并为其所困。

你可能认为，它们是在告诉你：我的恐惧和焦虑都不是真的吗？你错了。身体的感觉、想法和想象都在那里，并且是真实的，它们都是你的一部分。

你应该仔细观察你的反应。你是否仅把想法当作想法，把感觉当作感觉，把记忆当作记忆，对它们本身做出反应，不受负面评价的影响？或者你的反应是由对你过去经历的判断和评价引导的？

关键问题在于你必须对你的经历做出回应，要么听从你的联想，比如"心跳加速是心脏病发作，而不是简单的心跳过快"，要么只把它们当作真实的感觉、由文字组成的想法，或者是短暂的记忆或过去的画面。

也许你也把自己当作 PAT 女士或 PAT 先生，或是忧虑博士、忧虑专家。你可能也曾暗示过自己：我很软弱，我很难过，我是个废物，我快疯了……每种说法看起来都像是你的本体。

但是，如果你把自己当作一根香蕉又会发生什么？为了找到答案，请你闭上眼睛，在 10 秒钟内不断地想：我是一根香蕉。发生了什么？也许你看到了弯曲的黄色物体，甚至可能闻到了香蕉的味道。但你是否随着自己的想法真的变成了一根香蕉呢？比起你大脑中的其他想法，这个想法是更真实还是更虚假呢？

你可能已经明白了，你的想法并不等于它们所描述的事件。我们会教你如何将它们分别开来，随后你会发现，想法只是想法，感觉只

> 你的焦虑、想法和感觉只是你的一部分，它们并不是你。

是感觉，记忆只是记忆，知觉只是知觉。我们将教你一些技能，以便你不会"成为"它们。

如果你感到困惑，请耐心等待，并对你的想法保持怀疑态度。继续读下去，自己探索背后的深意，学会自助。

## 评价你的过去

几乎所有人的经历和行为都被贴上了标签：好与坏、对与错、喜与悲。关于某种产品的宣传和营销都是围绕着对产品的积极评价建立的，这样你就会去买它。健康和感觉良好也建立在这样的基础之上：情绪和心理层面的痛苦不是简单的痛苦，而是"不好的"痛苦。你可以像对待世界上的大多数事物一样，随意评价你自己和你的个人经历。

评价你的过去并没有错，只要你能看清它的本质：这只是对现实的评价，而

不是现实本身。换句话说，你可以觉得一只小鸭子"丑陋"或"可爱"，但这并不影响它是一只鸭子的事实。这一点很重要，我们将在本书中反复讨论。

评价你的经历并不能改变你的经历本身。当你接收到并助长你的负面评价时，你通常会不必要地加剧你的痛苦。当我们对自己和过去做出负面评价时，比如丑陋、破碎、糟糕、软弱、毫无价值、愚蠢、疯狂等，都会感到十分痛苦。

你无法控制评价，但你可以选择是否助长你的负面情绪。随后的故事会向你解释什么叫"喂养"你的思维。

---

### "喂养"一只痛苦的狼还是一颗慈悲之心

一位老人正在和他的孙子谈论他的感受。他说："我觉得好像有两匹狼在我心里打架。一只狼报复心强、易怒、有暴力倾向，另一只狼则富有爱心和慈悲心。"孙子问他："哪只狼会赢呢？"老人回答说："我喂养的那只。"

---

在第 1 章中，我们谈到焦虑和恐惧是身体感觉、想法和行为倾向的集合体，它们会融入你过去的经历。回顾一下你在第 1 章做过的练习，它同样适用于你现在的经历。

仔细想想这些想法、感觉、感受和行为，花点时间写下你对它们最具代表性的评价。比如坏的、不必要的、令人不愉快的、恶心的、令人讨厌的、痛苦的、失败的、可怕的、烦人的或令人揪心的，或者其他你常用的词。不假思索地写出你的所有感想。

_____，_____，_____，_____，_____，_____

停下来反思一会儿，看看你更倾向于对什么做出反应：是你原本的经历，还是你对它的负面评价？如果只能选一个，你会选哪一个？

当你接受负面评价时，你只剩下一个明智的选择——尽你所能摆脱过去的糟糕经历。如此一来，你将喂养你心中代表焦虑的那只狼。

相信有评判意味的标签也会助长不可避免的行动。假设你有一个这样的想法：我的惊恐发作很严重，这会要了我的命。如果你完全相信这个想法，只听从它的指示，那么你就别无他法。这个想法告诉你，你的生命正在流逝，所以你必须做出行动阻止这一切，比如待在一个地方，或每隔几个小时吃一片抗焦虑药。同样的原则也适用于强迫性思维——你可能觉得不作为会招致祸患，比如"我可能会伤害我的孩子"或"我可能接触到细菌"。

根源在于：你觉得一旦产生想法就要付出行动。但问题在于，一旦你这样做了，你就会立刻陷入思维陷阱，再一次喂饱饥饿的焦虑之狼。

## 回避你的过去

回避或逃离带来负面想法和感受的经历，能够让你暂时摆脱痛苦及其来源。正因如此，你一直以来都在逃避。当你这么做时，你会倾向于争取暂时的缓解。无数的研究表明，这种暂时的缓解使你很可能故技重施，当你再次邂逅焦虑和恐惧时，你还是会逃避。如果你遭遇了极端危险的情况，逃避也许是很明智的策略，我们可能会推荐你这样做。如果你能够以健康的方式全身心投入生活，同时回避不愉快的经历，我们甚至也可能建议你这样做。但此时这两个选项都不适用，事实上，后者绝无可能。你很难察觉到，回避不仅没有必要，而且让你付出了巨大的代价。我们将在下一章详细说明回避的沉没成本。

现在，请你考虑这种可能性：隐藏在你"糟糕的"焦虑和恐惧之下的痛苦，可能并没有你想象的那么糟糕。它的目的可能在于让你经历"成长的痛苦"。你可能需要经过这一步才能朝着你迫切想要的生活前进。下面的故事说明了这一点。

---

### 皇蛾为避免痛苦所付出的代价

曾经有一个人发现了一只皇蛾的茧，并出于好奇心把它带回了家，希望有一天能看到皇蛾破茧而出。在第五天，他注意到，茧上破了一个小洞。他立刻放下手中的一切工作，坐在那里观察了几个小时，看着皇蛾挣扎着穿过那个小洞。我一直在等这一刻，他想。但没过多久，皇蛾就没有任何进展了，它似乎达到了极限，仿佛被卡住了。

出于善意，他决定帮皇蛾一下，他拿起一把剪刀，剪开了茧的剩余部分。皇蛾很快爬了出来，它的身体十分肿胀，翅膀却干巴巴的。他继续观察。他预期皇蛾的翅膀随时会变大，很好地展开，以支撑整个身体。但这一切都没有发生，这只小皇蛾的余生都在拖着肿胀的身体和干瘪的翅膀爬来爬去。遗憾的是，它永远无法飞翔！

那个人并不理解他的善良和急于求成害了皇蛾，为了飞起来，它需要突破茧的限制，以及经历从小孔中爬出来的痛苦和挣扎。这是必要的部分，只有这样，才能使液体从身体流入翅膀，以便皇蛾一旦破茧而出，就能准备好飞行。要想得到自由与飞行，就必须先承受挣扎的痛苦。在剥夺皇蛾的痛苦的同时，那个人也剥夺了皇蛾的未来。

你也许能在这个故事中看到自己的影子。你想要继续你的生活，并且不愿承受焦虑和恐惧带来的痛苦。这个故事还暗示了另一种可能性，这种可能性乍一听有点儿奇怪：难道 WAFs 并不是你的敌人？你有没有可能需要焦虑来"助力你的飞翔"，以便拥有你迫切渴望的生活？

我们并非建议你原地起飞，直奔幸福的生活。我们只要求你敞开心扉，拥抱令你焦虑的想法、意象和感觉也许对你来说很重要这一可能性。你现在可能不理解这背后的目的。没关系。当你专注于走出焦虑茧房时，会自动忽略这一点。

因此我们会教你一些技能，帮你学会与焦虑相处，而非被其吞噬。你在学习过程中会慢慢了解，焦虑为什么是帮你飞往有意义的人生方向的必需品。

## 为你的行为找借口

我们帮助过的很多焦虑症患者都有他们不能做这个或那个的根深蒂固的理由。如下例所示。

- □ "我不能坐飞机，因为我可能会惊恐发作。"
- □ "我不能交新朋友，因为我会出丑。"
- □ "我不能待在公共场合，因为太不安全了。"
- □ "我不能拥抱我的妻子，因为她浑身都是花园的泥土和细菌。"
- □ "我不能约会，因为我小时候被虐待过。"

借口和内容各不相同，但有一个共同点：每条都包括一个"我不能"和一个"因为"。前半句概括了重要的生活经历，后半句揭示了阻碍自己前进的问题。

现在，你可能也为你不能做某事找到了合适的借口，因为你的 WAFs。它们就像一条狗一样对着你叫：WAF……WAF！当别人问你为什么不能做某事时，你也有充分的理由："因为我的 WAF……WAF！"

我们希望你带着你的 WAFs 回顾你在引言中写下的答案：

> 由于我焦虑的想法和感受、强烈的恐惧和惊慌、令人不安的回忆，我错过了或不能做＿＿＿＿＿＿＿＿＿＿＿＿＿＿＿＿＿＿＿＿＿
>
> ＿＿＿＿＿＿＿＿＿＿＿＿＿＿＿＿＿＿＿＿＿＿＿＿＿＿＿。

我们可以用问答的形式扭转局势。我们可能会问你："在你的生活中，你为什么连一件重要的事都做不了？"你答："因为我可能会惊慌失措或过于焦虑、晕倒、失控、受伤、蒙羞、崩溃或被令人不安的想法淹没。"（其本质仍是 WAFs。）

实际上，不管是对自己还是别人，焦虑症患者普遍将焦虑的想法与感受当作借口。许多人会出于慈悲、善意与支持迎合你的话语，但这只能巩固你的WAFs，让你更对它们无动于衷。

问题在于，连你自己也相信了自己的狡辩："我不能＿＿＿＿＿＿，因为＿＿＿＿＿＿（我的 WAFs）。"看看发生了什么。你的 WAFs 如同一条恶犬，阻挡了你迈向你想要的生活的脚步。因此，如果你因为害怕惊恐发作而不能振翅高飞，唯一能让你飞起来的方法就是确保你永远不会惊慌失措——与 WAFs 斗争。

你为焦虑和恐惧寻找的借口现在成了你的阻碍。在文化的影响下，你很容易对自己的借口深信不疑，然后你就会认为：我唯一的出路在于摆脱我的 WAFs。

我们已提示过你，当你相信类似"不要焦虑"的想法时会发生什么。我们也不打算替你剪开生活的茧。在下一章，我们将带你了解控制焦虑和恐惧的成本，教给你新技能：把你的焦虑和恐惧当作新生活的重要组成部分。

## 学会观察你的体验

当你的 WAFs 出现时，你能做到的最勇敢的事情就是，置之不理、无动于衷。这需要勇气，因为你如此强烈地想要临阵脱逃。更难的是按兵不动。这项技能的重要性在于，它能帮你抑制对 WAFs 采取行动的冲动，从而回归生活。学会观察你的内心，这将使你成为真正的心灵观察者，而非吞下所有苦水。

## 观察你的大脑

我们知道，要观察你的大脑并不容易，里面充满了 WAFs。你的大脑会对你大喊大叫，让你重蹈覆辙。只要你坚持不懈地练习，观察和记录你的想法、想象和冲动而不被它操控，就会逐渐熟能生巧。你可以从完成下面这个练习开始。

---

### 练习：观察你的大脑

找个舒服的地方坐下，确保 5 ～ 10 分钟内不会被打扰。闭上眼睛，慢慢地做几次深呼吸，在整个练习过程中进入这种状态。想象你的大脑是一间中等大小的白色房间，房间有两扇门，你的想法从前门飘进来，又从后门飘出去。一开始，观察每一个飘进来的想法，跟踪它接下来做的事，不要对它做任何事。你唯一的任务就是观察你的想法。

只是观察你的想法，不要分析，不要与之争论，不要相信它，不要怀疑它。只须承认它的存在，不要干涉，仅此而已。它也许只是这间白色房间里的匆匆过客。你继续目送它的离去。当它想要离开时，不做任何挽留。

如果你发现你正因关注某个想法而评判自己，只需要注意到这一点，并给它贴上标签：这只是想法，不要与之争论。练习的关键在于，观察评判性的和其他多余的想法，不与它们作斗争。你可以通过你的情绪反应，以及这些想法在白色房间里停留的时间来判断，你有没有上钩。

保持呼吸，继续观察。想法只是想法，你不需要有任何反应，它没强迫你做任何事，也不意味着你因此变得不完整。你只须观察你的想法，看着它们在白色房间里进进出出。重点在于，当一个想法想要离开时，欢送它，准备好欢迎下一个想法，为它贴上标签。

继续练习，直到发现你与你的想法真的在情绪层面拉开了距离。继续等待，直到评判在白色房间里转瞬即逝，无足轻重，也无须再回应它。每天至少重复一遍这个练习。

---

## 带着你的身心散步

另一种学习观察你的想法与感觉的方法是：练习与它们一起散步，而非被它们拖着走。想象你正带着你的身心去散步。真的到外面散步，持续 15 分钟左右，全程不要听音乐，这是练习的第一步。

---

### 练习：正念行走

当你在散步时，你会发现你不需要过分注意你的腿和身体在做什么。它们似乎在"自动驾驶"。随后，我们要学习把觉知带入散步时的体验，这可能是你以前从未做过的事情。

开始散步后，专注于你的呼吸（深吸气和深呼气），就像之前的正念练习一样。自然地行走，慢慢地把觉知带到脚步的节奏和身体移动的感觉上。如果你的注意力被分散了，只需要注意这一点，然后慢慢把它引回到行走的体验上。

注意你的脚与地面接触时的感觉。现在，将注意力转移到臀部，感受它随着你的每一步而运动，那是什么感觉？然后将觉知移动到你的腰部，感受那里的所有运动。留意你的身体正处于完美的节奏和律动中。

你正领着你的想法和感受向前迈进，它们紧跟你的步伐，这种运动充满活力。

在散步时默念这句祷语：我是完整的，我是整合的，我在心流中前进。

散步结束后，花点时间来反思你的体验。你在途中都有哪些发现？当你专注于散步的体验时，你走路是什么样子的？

---

与任何其他技能一样，成为心灵观察者需要练习。你练习得越多，就越容易做回自己，而非被生活控制。

## 留下来，面对风暴

当焦虑和恐惧出现时，它们会消磨你最坚定的决心，你几乎做不到不为所动、稳如泰山。我们自然而然想要摆脱痛苦。做某件事的冲动可能强烈得令人不适，具有和暴风骤雨一样强烈的能量和爆发力。这可能使你感到失控和恐惧。

　　许多风暴在一开始时微不足道，潜藏在表面之下。有些会涌入你体内，释放能量并持续一段时间。它们最终都会继续前进。你可以学会安全渡过暴风雨（驯服你想要斗争和抵制 WAFs 的冲动），通过学习驾驭你内心的能量：你的冲动如雷，你的恐惧如闪电，你的焦虑如无情的不确定性，或者它们如狂风暴雨，使你想要逃跑。你可以练习与它们相处，而不被卷入暴风眼。接下来的练习将帮你接触这种能量，不受冲动驱使。接下来的练习需要大约 5 分钟，请为自己找一个安静的地方。

## 练习：乘风破浪

　　以舒服的姿势坐下，缓缓闭上你的双眼。感受你呼吸的自然节奏：吸气……呼气……

　　当你进入状态后，想一想你最近感到强烈冲动的情况，在这种情况下，你拼命地想回避你的焦虑和恐惧。慢慢地多做几次深呼吸，尽可能在脑海中还原当时的情景：你在哪里？还有谁在那里？发生了什么？你当时做了什么，你现在又是怎么做的？

　　当你回忆时，你可能会面对像暴风雨一样汹涌的焦虑和恐惧。你可以听到雷声，甚至感受到身体在发抖。注意你身体发生的所有变化，包括疼痛、压力，以及其他不断涌现的感觉。各种各样的想法或感受可能会一闪而过。你的大脑是怎么看待它们的？是怎么看待现在的情况和你自己的？

　　接下来，把你的注意力放在你身体的冲动上。当瓢泼大雨试图冲走你的决心和你关心的一切时，请注意那狂野的能量。你是否感受到了压力、紧绷或紧张？如果你有某种感觉，它位于哪里？有没有固定的形状？它是否有颜色？

　　现在，面对疾风吧！想象一下，你正张开你的双臂，与你内心的能量待在一起。如果条件允许，大胆向前，将你的双臂最大限度展开。这一次你在做出前所未有的改变。直视你过去的经历，不要尝试改变它、抵抗它、压制它，不要对它做任何事。找到你的痛苦与伤口，将风暴推动到新的高度。温和地看着你的痛苦，与它一起呼吸，对它怀抱善意……任它自然发展。小心不要受风暴影响偏离轨道，不要做无谓的挣扎。你只要站在那里，张开双臂，带着善意和好奇心拥抱你的能量和痛苦，就像安慰一位正遭受痛苦折磨的朋友或爱人一样。

看看你是否注意到这场风暴已被你驾驭。一切都逐渐平静下来。当你在一片安宁中休息时，留意自己有哪些新的变化或不同之处。你是否觉得自己为你自己和你的生活做了一件好事？即使在这个过程中你很害怕，有强烈的想要逃跑和发泄的冲动。

练习结束后，认可并尊重你的进步，并承诺在生活中驾驭你的难对付的冲动。现在回到现实中，慢慢睁开眼睛。花点时间反思你的体验和你学到的东西。

经过一两周的练习（观察你的大脑、正念行走和乘风破浪），你就能够在生活中应用这些技能了。因此，你可以寻找更多集中注意力的方法，做任何运动时都能够练习集中注意力。你甚至可以在做家务（做饭、拖地、洗碗、扫地、洗衣服、跑腿）或你喜欢做的事时练习专注。实际上，你做的任何事，甚至在体验到WAFs时什么都不做，都是一个练习专注和临在的好机会。

重点在于，和你的想法、情感和感觉一起将注意力集中在运动的体验上。你可以在你的口袋或钱包里放一张纸条，或者设置好闹钟，每小时响一次，提醒你留意你的体验。

## 生活改善练习

到目前为止，书中的许多练习都旨在从根源解决问题，阻止你继续喂养你的焦虑和恐惧。掌握这些技能需要练习。本周，我们建议你：

☐ 承诺把正心练习作为日常生活的一部分。
☐ 继续完成本章的 3 个练习。
☐ 记住，你的呼吸一直陪伴着你，你可以适时把注意力转移到呼吸上。
☐ 放慢节奏，勤做书中练习，静候佳音。

## 核心观点

认识到思维陷阱是如何使你陷入困境的是一项重要的技能。这也是学会不再挣扎与回避的关键一步。如果你愿意学习以全新的方式看待你的想法、身体和感

觉，你可以在生活中收获新体验。只有你才能做出抉择。我们希望你能立刻做出
决定，并在继续阅读本书时按照这个意图完成练习。

---

### 思维陷阱让我陷入困境

**要点回顾：** 必须明辨并承认所有思维陷阱，它们助长了我与焦虑的斗争，
并使我陷入困境。这是走出焦虑陷阱和重拾生活的重要一步。

**问题思考：** 我能否学会观察自己的想法，而非任它摆布？我愿意停止助长我
的焦虑和恐惧吗？我是否愿意直面之前自作自受的损失？

---

# 第二部分

# 开始新的旅行

生命的本质是变化，如此奇妙，
然而，人类的本性却是抗拒变化。
具有讽刺意味的是，令人害怕的困难时期，
恰恰可以让我们敞开心扉，
帮助我们成为我们应该成为的样子。

——伊丽莎白·莱瑟（Elizabeth Lesser）

# 第6章

# 正视掌控生活的代价

> 长久以来，我总感觉真正的生活就要来临了。但是在此之前，总有一些困难需要克服，比如未完成的工作、继续服务的年限、该偿还的债务等。克服了这些之后，我的生活才能开始。最后，我省悟过来，这些克服不完的困难就是我的生活。
>
> ——艾佛列德·德索萨（Alfred D' Souza）

生活中存在许多阻碍、困难和痛苦。事实上，我们无法回避。所有人都会在人生的某一时刻面对这一真相，或在人生中多次经历这样的时刻。在痛苦和困难阻碍我们、耗尽我们的心力之时，我们需要坚持找到前进的路。坚持前进需要我们停下脚步，去深入地审视我们的生活。现在就是我们应该暂停休整的时刻。

正如艾佛列德·德索萨所说，我们把自己生命中的宝贵时间都浪费在了消除困难上。在认真审视自己做过的事及这些事导致的结果后，他终于觉醒了。现在轮到你来审视你自己的生活了。

你把焦虑当成阻碍你过上你梦寐以求的生活的障碍。是时候清醒过来了，一切还不算晚，你需要意识到：与焦虑的斗争已经让你付出了怎样的代价。现在这个非常时刻是你评估和清楚地看到你在何地、处于何种状态、你想去哪里的时候。是时候正视你在与焦虑障碍的斗争中所付出的代价了。你的生活终于要开始了。

这至关重要，我们的人生都是有限的，许多人只是日复一日地活着，从未好好地、认真地思考他们在做什么，或扪心自问：这真的是我想要的生活吗？

现在我们想让你正视你在与焦虑的斗争中所付出的代价。这对你来说或许会痛苦，但这非常重要，你需要这样做。

如果你依然固守解决焦虑问题的老方法，那你的生活就不会有起色。如果你继续把 WAFs 作为挡在你和你的生活之间的障碍，那么你自然要花时间和精力去想办法克服它们。简而言之，你永远都有要处理的困难和障碍。你的生活将只剩下与 WAFs 斗争。

如果你全身心、开放、真诚地参与这个环节，你将会发现，你有多重视那些对你无益却又被赋予重要意义的活动和体验。这个过程可能是痛苦的，但那些从来没有体验过的痛苦会促使你清醒。

罗杰·冯·奥奇在他那本杰作《当头棒喝》（*A Whack on the Side of the Head*，1998）中，将成长和做出改变的经历比作参观垃圾场。垃圾场里有各种各样的垃圾，而你在垃圾场找到的任何东西都曾是某人的无价之宝。从这个角度来看，参观垃圾场可能是一次发人深省的经历，因为垃圾场是所有我们曾渴望拥有和依恋的物品的最终归宿。

你肯定有一些珍贵的物品早被扔进垃圾箱了。你也知道自己需要做些什么才能摆脱 WAFs。你也许认为克服自己的负面情绪非常重要，只有这样，你才能真正开始你的生活。在某种程度上，这些策略对你来说是宝贵的。因为开始新生活终究要有一套解决方案，而每一种新策略都可能带给你一套解决方案。但你需要问问自己，事情是否真的如此。你处理焦虑的方法真的有效吗？你真的不再焦虑了吗？你是否全心全意地投入你的生活？如果没有，也许你应该现在就放弃那些旧的应对方法，把它们扔到垃圾场里。

你之所以读到这里，是因为你想摆脱 WAFs，进一步来说，是因为你仍然在焦虑和恐惧中挣扎。现在，你要意识到你和你的生活因为与焦虑的斗争变成了什么样子。然后下定决心不要重蹈覆辙。只有你才能做出抉择。我们希望你读完本章后愿意这么做。

## 控制焦虑的代价

与焦虑斗争让你付出了很多代价：浪费了时间和精力，在内疚中痛苦，让你错失良机，遗失了美好，增加了经济负担，失去自由，亲密关系受损。你尽了自己最大的努力去控制焦虑，却事与愿违。这样的失败在你心中留下了阴影。

这是个很好的起点。其中最困难的就是回顾你如何与焦虑斗争，以及为此付出了哪些代价。请想一想前面提到的穿过垃圾场的那个醒脑的过程。

你曾有过下面这些经历吗？人际关系紧张，疾病缠身或身体状态欠佳，压力过大，学习或工作中的困难重重，无法集中精力，酗酒或沉溺于某种不良嗜好。简而言之，你有没有感觉失去了自由？你是否因为 WAFs 的阻碍，而不能做你真正关心的事情？除了这些代价，还有其他一些不太明显的，甚至还有一些你根本就不愿去想的。

　　下面这个练习的目的是分析控制焦虑的代价，它可以帮你把这些代价和与焦虑斗争关联起来。通过做这个练习，你可以更清晰地认识到与焦虑斗争让你失去了什么。

　　我们将要求你回顾，你在生活中的不同领域所经历的 WAFs。当你开始做这个练习时，温和地告诉自己：没有人比你更了解自己的过去。

　　当你走神时，可以通过问自己一个问题回到这个练习来：关于与 WAFs 斗争的代价，我的经历告诉我了什么？

　　你愿意现在就开始做练习吗？如果你愿意，请在下面的横线上回答你生活中各个领域的问题。练习完成以后，你将看到苏珊的练习示例。

## 练习：控制焦虑的代价

### 1. 人际关系代价

　　总结与 WAFs 斗争对你的人际关系产生的影响。有没有因此导致友谊变质或者破裂？有没有导致你和家人疏远？是身边的人躲着你，还是你躲着他们？你有没有曾因为 WAFs 而失去一段婚姻或恋爱关系？你有没有因为受过伤而害怕或不信任他人，从而错过建立新社会关系的机会？你是否因为那些可恶的 WAFs 而难以扮演好你作为配偶、伴侣或父母的角色？

　　_____

　　_____

### 2. 事业代价

　　总结与焦虑斗争对你事业的影响。比如因为尝试控制自己的焦虑和恐惧而主动辞职或遭到解雇，或者因此上班迟到、工作效率低、旷工、无法出差、回避承担有可能引起焦虑的工作任务、不参加与同事和客户的商务和社交活动，或者因此工作拖拉。你的上司或同事有没有评论过你因为控制焦虑所导致的不良业绩？这些控制焦虑的行为有没有影响你的校园生活（包括你与老师或管理人员的关系）？这些控制焦虑的行为有没有导致你失业、丧失劳动能力或靠救济金生活？

　　_____

　　_____

### 3. 健康代价

描述与 WAFs 斗争给你的健康带来的影响。你是不是经常生病？是不是入睡困难或常常昏昏欲睡？你有没有因为与焦虑和忧虑纠缠，而导致恶心想吐？你有没有因为 WAFs 而不去关注自己的健康（比如不愿去看病、体检和看牙医）？你有没有因为运动可能体验到 WAFs 而拒绝锻炼？你有没有因为 WAFs 而花费很多时间看病甚至进急诊室？

_____

_____

### 4. 精力代价

总结与焦虑斗争对你精力的影响。控制焦虑会让你感到精疲力竭吗？你曾为此花费时间和精力去控制，但结果却令人失望吗？为避免或尽量减少你的 WAFs，你会不会经常做好心理预期？你会不会因为忧虑、压力、分心、反思和消极想法而内耗？你曾经遇到过记忆力下降或难以集中注意力的问题吗？你是否在不断重温过去的痛苦时刻，或者感觉被困在厄运中，这种忧郁会让你对未来充满忧虑吗？你是否为了感到更舒适或是为了避免灾难，把时间浪费在反复核实或者完成某些仪式上？你试图控制焦虑的尝试会不会让你感到灰心、失望、精疲力竭？

_____

_____

### 5. 情绪代价

控制焦虑让你付出了哪些情绪代价？你会为 WAFs 感到忧伤或沮丧吗？你是否容易紧张不安或因压力而大发脾气？你是否会因为 WAFs 而做了或没做成某事感到后悔和内疚？你的后悔情绪是如何影响你的？当你控制焦虑的方法没有奏效时，你会不会感到无助或绝望？你会不会觉得生活刚好与你擦肩而过？

_____

_____

### 6. 经济代价

控制焦虑让你花了多少钱？回忆一下，你为了控制它（还包括由它导致的绝望、易怒、酗酒等情感和行为）花在心理治疗上的费用。你在药物、就诊、相关自助书籍、音频、视频或参加相关讲座上花了多少钱？你可以尝试合理地估算一下这些费用。因 WAFs 导致的失能、工资损失、错过有趣或重要的聚会（如音乐会、旅行和外出聚餐）的代价、误工等损失也可以计算在内。

---

### 7. 自由代价

控制 WAFs 是如何限制你的生活的？你能否独自或在他人陪同下，开车去附近或较远的地方？你能否去购物、乘坐火车或飞机？能否在居住小区、公园、商场或者林中散步？你是否会因为 WAFs 而不愿尝试新食品、新活动、新的休闲方式，不愿去实现你的梦想，不愿做你真正在乎的事？你的日常生活是否只剩下如何回避焦虑、恐慌和惧怕？

---

## 苏珊的故事

苏珊是一位办公室助理，她做了"控制焦虑的代价"练习，以下是她的回答。

### 1. 人际关系代价

我几乎没有朋友，也避免和人进行眼神接触。我愿意和人进行一场有趣的对话，但是我太焦虑、太担心自己在他人面前的表现。我会躲避与人的亲密接触，不去参加派对、大型聚会，而且已经有一段时间没有去过海滩或者电影院了。我总为自己不能与他人愉快地相处而编造借口，爱讨好别人……把他人的需求放在第一位。我觉得自己好像寄居在一副空壳里。我变得越来越不合群了。

### 2. 事业代价

因为不能控制我的焦虑，所以我从大学辍学了。因为不能长距离开车，所以我丢失了上一份工作。现在的工作地点到我家原本只需要 15

分钟，因为我不敢过桥，所以绕路去上班要花一个小时。刚刚请了病假，因为这一天刚开始我就感觉很糟糕。参加公司员工例会让我觉得很困难，所以我总是找借口推脱。我是一名完美主义者，一直担心自己的工作不达标，所以我总是不能按时完成任务。为此我的领导已经警告过我很多次了。

### 3. 健康代价

我会有持续的紧张感，经常生病。我去看过几次医生，进过几次急诊室。做过心电图、激素测试、胸透，还挂过肠胃科专家号。我开始喝很多酒，以此来摆脱焦虑和恐惧，甚至为此生过病。现在我的恐慌似乎更严重了。我担心自己染上了酒瘾。看牙医是触动我"焦虑按钮"的一个因素，所以我已经10年没有做牙科检查了。我睡不好，总是消化不良，感觉腹胀。我已经停止运动了，因为身体感觉太强烈了。我变得越来越胖了。

### 4. 精力代价

控制焦虑对我而言是一项持续耗费精力的巨大挑战。一定是充满紧张感的缘故，从早到晚，我一直感觉心力交瘁。我逼着自己忙起来，让自己无暇胡思乱想，但又会担心再一次惊恐发作。我不能集中精力而且健忘，因为我老是担心会弄丢东西、变得过于焦虑，或者再次惊恐发作。我好像不能控制自己的焦虑，并且总因此惩罚自己。我无法享受生活，真是受够了。

### 5. 情绪代价

我很孤独。我仅有的几位朋友告诉过我：我是他们见过的最典型的悲观主义者（倾向于用消极眼光看待事情的人）。我总感到抑郁、失望，觉得事情没有转机，一切都糟糕透了。我总觉得有根绳子套在自己的脖子上，或者觉得自己要爆炸了。我从来不去自己感觉不安全的地方。因为不安全感带来的消化不良促使我在餐厅点了菜却难以下咽。我因为害怕仅有的爱我的人也会离开我，然后变成其他人的朋友，所以骗身边的人我过得很好。我觉得自己像个怨妇，经常和丈夫吵架，因为一点琐事就冲着孩子大喊大叫。我真的很害怕我会惊吓到孩子，搞砸我的婚姻。

### 6. 经济代价

我曾经服用过 6 种抗焦虑药物（有几种到现在仍在服用），接受过大约一年的心理治疗，买过许多相关的心理自助图书，还尝试过中药治疗，但这些都不奏效。把做检查和看医生、进急诊的费用加起来，我大概为控制焦虑花了近 1 万美元。这些费用还不包括我的误工损失、错失的大学奖学金以及请病假扣除的工资……见鬼，如果我把这些也算上，就大概损失了两万美元了。真伤心，这些钱本可以花在其他地方。

### 7. 自由代价

焦虑几乎完全控制了我。我感觉我完全没有自己的生活，就像个废物一样。每天都在与焦虑和惊恐作斗争。我不能去餐馆吃饭或去看电影。因为我无法忍受在零售店里排队，所以不得不在清晨和深夜去买东西。我会匆匆逛完零售商店，拒绝去商场。我待在自己的舒适圈里，只会去那些"我熟悉的地方"。我无法去教堂，或去学校看我孩子的演出，也因此错过了大女儿的大学毕业典礼。我也想参加公司里的社交活动，但就是做不到，只能勉强维持着现在的工作。我甚至不能在除我家后院以外的地方和家人一起度假。现在我完全蜗居在自己的舒适圈里。我也不能乘坐飞机、公共汽车和火车。我感觉我的人生停滞了，像是被困在时间隧道里，重复做着相同的事情。我的孩子们也很痛苦，这真让我心疼。

完成这个练习是正视 WAFs 是如何破坏你的生活的关键的第一步。但这个练习还有个更深远的目的，就是让你认识并切身感受到 WAFs 给你带来的重要影响，不管你多么努力想要改变。当你意识到它们影响了你的生活时，你就会让自己做一些不同的事情。让我们从现在开始吧！

## 你是如何应对你的 WAFs 的

在上一个练习中，你已经认识到了在生活中各方面控制 WAFs 所付出的代价。我们已经暗示了控制它们让你损失惨重的原因。现在我们想进一步直白地来谈这个问题。你所付出的这些代价与 WAFs 无关。这些代价与你对 WAFs 所做的事有关。

## 在WAFs"反斗城"中的焦虑管理员

你或许觉得自己被迫接受了WAFs"反斗城"中的一份新工作，你并不想做这份工作，但被晋升为新任焦虑管理员。当然，焦虑管理员是一份全职工作，意味着一周7天、一天24小时都要工作，全年无休。

这个职位要求你全身心地投入生活，同时控制住你的WAFs。这听起来很简单，是吧？你已有可以任意支配的工具——你的大脑和躲避能力。你很擅长分析自己可能在何时何地遇到WAFs，你的大脑会捕捉这些信息，而后提出计划、制定策略来回避这些情况。

有时你会放松警觉，但你知道你可以选择其他方法，譬如分散注意力、和让你感到安全的人在一起、深呼吸、服药、质疑那些令人不安的想法，或者用你屡试不爽的那一招——逃避。

只要你在关注WAFs，就说明你这份工作做得不错。即使它们时不时地出现并攻击你，你仍会让它平静下来，以保证你不会丢掉这份工作。但问题是，你没能完成工作中的另一项任务，即充分投入你的生活并朝着梦想前进。

你无法全面投入生活，因为管理WAFs花费了你太多的时间和精力。每当你想尝试新事物时，你的WAFs都有可能出现。你过去的经历会告诉你，很多你想尝试的事情都与WAFs相关。因此，当你只是专注于WAFs而没有真正做你所关心的事情时，你最终会陷入恐慌。

不妨用另一种方式来看待你的处境。你在WAFs"反斗城"中的雇主就是你的大脑，但它并不称职。它发出了工作指令：不惜一切代价回避WAFs。但如果你不牺牲生活的其他方面，这项工作就无法完成。事实上，如果你不回避你所关心的事情，就无法回避WAFs。所以你时常因为WAFs而痛苦，除此之外，你的生活圈正在缩小，这让你更加苦恼。你发现这份工作可能并不适合你。

你还有一种选择，那就是改变你的生活重心和选择。走这条路意味着你选择去做你想做的事，即使WAFs时不时会出现。但在痛苦的同时，你也会从WAFs建成的牢笼中解脱出来。你将重获新生。

现在，你不需要去想哪种选择更合理。其实我们很确定你会认为一些方法不适用于你，并能给出各种各样的理由。现在先不要反驳，而是思考两个问题。

□ 你管理 WAFs 的方法真的让你的焦虑减少、生活变得更幸福了吗？
□ 作为焦虑管理员，你是否过上了自己想要的生活？

接着，我们来帮助你，将你对 WAFs 的控制与控制的成效联系起来。你需要用心来体会，而不是仅仅用大脑去理解。

为什么我们要这么做？简单而诚恳的答案就是，我们不希望控制焦虑的方法对你无效时，你还在反复地做无用功。成功地转化焦虑，始于开放且诚实地面对每一次控制、每一个旧方法，然后看看它们是如何发挥作用的，以及它们让你所付出的代价。这并不容易，所以我们设计了一个练习，以帮助你清楚地发现问题。

## 回顾你的焦虑管理史

现在，我们希望你回顾一下上个月你管理和控制 WAFs 的尝试。接下来的练习将帮你梳理你的记忆，这些记忆贯穿在不同的情境和关系中。

### 练习：上个月我因为焦虑放弃了什么

完成这个练习是为了让你审视控制焦虑的代价。回想一下，生活中你所在乎的、你想做的大大小小的事情。

当你在做这个练习时，回想一下你上个月为了控制、减轻和避免 WAFs 放弃了什么？少做了哪些你喜欢的事？失去了什么？

在第一列里，写下每一个触发你 WAFs 的情境或事件。在第二列里，写下你的焦虑、生理反应、想法、担心或忧虑。在第三列里，写下你控制焦虑的方法。在第四列里，记录控制和减少焦虑的努力对你的影响。比如，付出这些努力之后你的感觉。在第五列里，也就是最后一列，写下你努力控制焦虑付出的代价和后果。你为此放弃了什么？错失了什么？

| 情境或事件 | 焦虑或担心 | 控制焦虑的行为 | 对你的影响 | 代价 |
|---|---|---|---|---|
| 例1：受邀和朋友一起出去 | 例1：害怕我会做出丢脸或者令人尴尬的事情，害怕周围的人对我指指点点 | 例1：告诉朋友我不舒服。窝在家里看电视 | 例1：一开始觉得挺安心，但接下来就开始因为自己的懦弱而感到孤独、伤心 | 例1：没能与朋友一起度过美好时光；错过了加深友谊的机会 |
| 例2：参加一个商务会议，并和妻子、孩子一起度假，正要登上飞机时 | 例2：害怕在飞机上发狂、惊恐发作，害怕被担架抬下飞机，害怕出丑 | 例2：登上飞机后，因为有幽闭恐惧症，我的心脏怦怦乱跳。所以我站起来告诉空姐，我们要下飞机了，最后没有去旅行 | 例2：在告诉空姐我们要离开后，我松了一口气。后来越想越觉得这很糟糕，我很伤心，对自己很失望，在家人面前觉得很丢脸 | 例2：错过了一场重要的商务旅行；毁掉了一次家庭出游；听到我4岁的儿子说"爸爸毁了我们的旅行"，使他坐飞机的梦想破灭了，我很羞愧、很难过；感觉失去了自由 |
| | | | | |
| | | | | |
| | | | | |

## 评估你应对焦虑的方法

完成这个练习后，我们希望你能评估一下你从中领悟到了什么。你控制WAFs的方法奏效了吗？你有没有觉得更有活力，能百分之百投入生活？或者你的WAFs是否依然反复被触发，毁了你的生活，让你觉得困顿又无望？

如果你和有焦虑问题的大多数人一样，你所做的努力（控制焦虑）实际上是不奏效的。你一直在做会让自己后悔的事。你一直在错过生活中有意义的体验。你一直在以牺牲生活中的灵活性换取立足点。在此期间，你的生命就这样慢慢地流逝。关于你与焦虑的斗争史，你的内心是如何诉说的？你的经验又告诉了你什么？花一点时间好好回顾一下。

焦虑和恐惧是一种强烈的感觉，它们可以消弭你最强大的决心。尽管你已经尽了最大的努力控制你的WAFs，但你仍要付出这些代价。你一直感觉不舒服，这些想法和情境激发了你的焦虑。你想改变这一切，但当WAFs出现时，你的自责和努力都不能阻止这种感觉。

你也许觉得你只需要再努力一点、意志再坚定一点，就能管理好自己的焦虑。回想一下你过去的经历，你的大脑是否给过你好的建议？你是否已经走过同样的道路，而且不止一次？我们觉得你已经走过了。如果确实如此，那么把更多的时间花在"再试一次街""努力胡同""应对大道"和"意志力大街"的拐角处并不是解决问题的办法。

## 如何让你的应对方法奏效

你应对焦虑的每一秒都是从其他事情中抽出来的。为什么产生这种现象以及为什么你的方法不奏效？我们可以这样说：这一切都源于你想回避 WAFs。这种逃避比任何事都严重，它会困住你，让你觉得生活圈正在缩小。回避能使你获得短暂的轻松，但是你会为此付出长期的代价——无法自由地过你想要的生活。

---

### 练习：管理焦虑的成本收益分析

这个简短的练习可以帮你弄清楚管理 WAFs 在短期和长期内的收益和成本。在完成本练习时，你需要回顾你之前做过的练习，并且列出所有你应对焦虑的方法。请注意，其中一些可能包括不太明显的，比如治疗、饮酒、阅读自助图书，以及你可能想到的那些看起来聚焦于逃避、减轻或远离你的 WAFs 的任何方法。

在你做练习的时候，观察那些长期不奏效的方法，以及会在短期内妨碍你的方法。不要总想着那些貌似奏效或不干扰你生活的方法。

不要忘记：有效的方法和无效的方法可能不是很好区分，因为你可能会觉得某个方法是有效的，而且不会影响你的生活。但你应该接着想想这个问题：如果我没有把精力花在应对我的 WAFs 上，我会把我的精力和体力花在什么上面？如果你能坦率而诚实地回答这个问题，那么你会发现有比有效地管理焦虑更重要、更有趣的新活动。

爱丽丝是一名 24 岁的大学生。下面是她"管理焦虑的成本收益分析"的练习示例，她的回答可以作为你完成剩下部分的参考。

| 应对 WAFs 的方法 | 成本（代价） | | 收益 | |
|---|---|---|---|---|
| | 短期 | 长期 | 短期 | 长期 |
| 避开人群 | 不能去商场买衣服；因此而难过 | 让我无法参加很多有趣的活动，比如音乐会、社会活动、看电影；觉得自己很失败 | 让我觉得没有那么焦虑了 | 想不出来 |
| 分散注意力 | 无法保持专注；容易遗漏重要细节 | 变得更健忘；和别人产生了距离感，好像我是来自另一个世界的人 | 让我不再焦虑；焦虑减少了，但也不是一直不焦虑 | 没有 |
| | | | | |
| | | | | |

当爱丽丝完成练习之后，她意识到她获得的大部分收益都跟她在生活中关心的事情无关。它们都只能让她安心而已，而这种安心往往都是转瞬即逝的。

她还发现她为管理焦虑付出了很多代价，但并没有获得长期收益。实际上，她建议我们删掉"长期收益"那一栏。我们还没有这样做，因为我们觉得你必须依靠自己去反思管理焦虑能否带来长期收益。去找找看吧。

## 现在就停下

处理本章中的材料对你来说可能像打一场硬仗。面对焦虑带给你的阻碍已经很难了，更不用说你所付出的代价。但是，不要忽略我们邀请你这么做的原因。这并不是什么微妙的操作练习，也不会让你觉得心里不舒服。厘清管理焦虑的成本和收益，是为了找到对你来说有效的方法，并明白哪些方法并不适合你。如果你不厘清这些成本和收益，就会继续重复之前所犯的错误。

在我们开始之前，我们希望你能再做一个简短的专注训练。记住，这个练习没有对错之分，请尽你所能坚持下去。

### 练习：削弱你的阻碍

　　找一个舒服的地方坐下，腰背挺直，双脚平放在地板上，不要交叉双臂，也不要交叉双腿，双手放在膝盖上。轻轻闭上你的双眼。做几次深呼吸：呼气……吸气……呼气……吸气……在呼吸的时候，注意你呼吸的声音和感受，吸气……呼气……

　　慢慢把注意力转移到你现在所处的位置。你只是待在这里，除了专注于当下，无事可做，有意识地深呼吸，慢慢放松自己，吸气……呼气……你觉得只是简单地活着这件事就像被夏日微风轻拂一样舒服。

　　当你准备好的时候，一点点扩展你的觉知，回想你为什么在这里，为什么正在做这件事。要知道，和你一样的很多人也走过相同的路，你并不孤单。你在做的事情是出于勇气、诚实以及自爱，此刻你和其他与你有过相同经历的人联系在了一起。

　　留意所有疑问、保留的意见、恐慌和忧虑。你不需要消灭或者处理它们。随着你的每一次深呼吸，想象你正在这里为它们创造更大的空间，为你自己创造更大的空间。

　　现在看看你是否能有片刻的时间来面对所有浮现在你脑海中的焦虑问题。你是否下意识地想要对抗它，你只需要注意到这一点，而不是真的把自己卷入与焦虑的斗争。检查你是否能让这些想法，或者其他经历只是浮现在你的脑海中，而不打扰你的思绪。尽你所能敞开心扉面对它们，让它们成为你体验的一部分。

　　当你准备结束本次专注训练时，轻轻地问问你自己：你愿意学习怎样去拥抱你的焦虑，并接受它们成为你的一部分吗？你的生活和价值是否足够重要，所以你愿意这样做，并且经常这样做？

　　当你准备好后，慢慢扩展你的注意力，倾听你周围的声音，缓缓睁开你的眼睛，把你此时的觉知带到当下和这一天剩余的时光中。

## 生活改善练习

　　本周，我们建议你：

□ 把正心练习作为日常生活的一部分。

□ 继续做之前的几个练习，尤其是那些让你产生共鸣的练习。

□ 不要匆匆读完这一章，花点时间厘清你为管理你的 WAFs 所付出的代价。

□ 请记住，再小的改变，包括你目前为止跟随本书的建议做的所有练习和工作，都会累加起来。你只是不知道这些改变会带给你怎样的效果。这没关系。

## 核心观点

你读这本书很可能是想找到一个更好的方法来管理和控制你的 WAFs，这样你就可以继续依照自己的想法生活。如果你继续把 WAFs 当作麻烦，你就会想要控制你的焦虑，就像许多被焦虑折磨着的人一样。

无论这对于现在的你来说有多么困难，我们都会在这一章帮你找到另一条出路：你为你的 WAFs 付出的一切，以及你不停付出的代价已经远远超过了它们本身。管理焦虑就是一个陷阱，当你拼命抵抗和回避自己的经历时，你就会不由自主地陷进去，而我们将会把你救出来。

---

**估算与 WAFs 斗争的代价，回归我的生活**

**要点回顾：** 人生是一段旅程，而不是目的地，生活是靠我一小步一小步走出来的。控制焦虑让我付出了巨大的代价。

**问题思考：** 为了控制 WAFs，我都放弃了什么？是 WAFs 本身更昂贵，还是我为了控制或回避它们所付出的代价更高？这些努力又是怎样影响我的生活的？如果我没有试图控制焦虑、恐惧、令人不安的想法、回忆等，我会花时间和精力做什么呢？

---

# 第 7 章

# 哪个更重要：控制焦虑还是好好生活

对你来说什么是重要的？这是你需要在读这本书时，甚至是在你的余生中反复思考的一个最深刻的问题。大多数人都不会去思考这个问题，直到为时已晚。我们不希望你也落下遗憾。

接下来的两个练习将帮助你确定人生目标，它们分别是：葬礼冥想（改编自 Hayes et al., 2012）、焦虑管理墓志铭。这两个练习的效果十分显著，但有一点"惊悚"。完成练习后，你会对生活有更清晰的认知。它们同时也揭示了整日纠结于 WAFs 的代价。

我们都知道死亡是不可避免的。虽然有时我们可以推迟死亡，但每个人终有一死。尽管我们不能掌控其时间与方式，却能决定我们的活法。当人们濒临死亡却又活了下来时，他们的生活会发生天翻地覆的变化。

在死亡面前，人们不得不做出取舍，许多人会彻底改变——开始花更多的时间去做他们真正想做的事。忽然之间，曾经貌似很重要的事显得微不足道。

简而言之，人们在生死攸关时会格外清醒。他们似乎能看到生命是如何流逝的。之后他们会转变工作和生活方式，过上精力充沛和有意义的生活。他们选择把时间花在真正重要的事情上。这些活动会被他们（和你）永远铭记。下面这个练习将帮助你深入了解这一点。

## 练习：葬礼冥想

练习开始，邀请你进入一个舒服的状态，想象你正在观察自己的葬礼。你躺在敞开的棺材里。轻嗅鲜花的香气，耳畔是轻柔的背景音乐。环顾四周，你都看见谁了？

也许你看到的是你的爱人、亲人、家人、朋友、亲戚、同事，以及和你有过几面之缘的人。仔细倾听他们的对话和他们对你的评价。你的配偶在说什么……你的孩子、你最好的朋友、你的同事、你的邻居在说什么？

当他们说出你内心最想听到的和你有关的话时，仔细倾听他们每一个人。这就是你想留给身边人的印象。你的大脑会自动筛选出你想从他们那里听到什么，你需要从他们那里听到什么。

现在暂停一下，然后继续想象这个情景。站起来放松一下，再坐下，闭上你的眼睛。

再多想象几分钟你的葬礼，然后回到阅读上来。

记住你听到的评论。在你内心深处，你想听些什么，关于你的一生？把你听到的和想听到的关于你的评论写在下面的横线上。

我听到人们这样评论我：

我想听到人们这样评论我：

在你刚才听到和写下的东西中，有一点非常重要：每一句话都反映了你的价值、你真正想要的生活。他人对你的评价是基于他们看到你做过什么事情。他们说的一些话可能让你伤心。也许有人会说，"他总是那么焦虑和紧张……他本来可以多做很多事的"或"她的生活很不容易，永远摆脱不了她的恐惧和忧虑"。

好消息是，葬礼冥想练习让你知道，你的生活还没有结束，你的悼词还没写完，你还有时间成为你想成为的人。你现在可以开始以你想被人记住的方式生活。

做这个练习还有一个更实际的原因，这个原因与你对生活的看法和你的行动有关。想看清与焦虑斗争的生活成本，就要知道自己想成为什么样的人。焦虑之所以成本高昂，正是因为它阻碍了你做你想做的事情。若非如此，你也不会翻开本书。你会像其他数以百万计的人一样，他们不仅有 WAFs，还有其他的困难和痛苦的来源，但仍然在做对他们来说真正重要的事情。

下一个练习建立在葬礼冥想练习的基础之上，它会帮你认识到你想要的生活，以及如果你的生活不再被 WAFs 支配，你最终能到达哪里。

这像是另一个奇怪而且有点可怕的练习。如果你坚持完成这个练习，并且感到有点儿沮丧，那么你将明白你想要的是什么，以及你的生活究竟有什么意义。不要太着急，找一个安静的地方，开放并且诚实地反思：什么让你的生活变得不同。如果你需要分次完成这个练习，那你就分次做吧。

## 练习：焦虑管理墓志铭

在这个练习中，你需要为自己写一段墓志铭。如果今天是你生命的最后一天，你会怎样概括你的焦虑管理史？你在 WAFs 的操控下变成了什么样子？回想你所有的 WAFs 管控策略，注意它们是如何阻碍你的。回想所有你想说的话、你的想法，或为了抵抗 WAFs 做的每一件事。把它们全部列出来。

以下是琼的示例。她与惊恐障碍斗争了 15 年，这是她的焦虑管理墓志铭。

躺在这里的是琼·帕克

在过去的 8 年里，由于害怕惊恐发作，她一直躲在家里。她习惯避开人群、不熟悉的地方，拒绝开车。她无法工作，朋友寥寥无几。几十年来，从未去过海滩或山区，她把所有的时间都用在解决焦虑问题上了。

　　当你准备就绪时，你也可以书写自己的焦虑管理墓志铭。请准备一张白纸，为了更真实，你可以写下你的真实姓名，所有内容可以像琼写的那样简洁明了。

　　到目前为止，这些练习可能有点儿难度。我们要求你直面你的生活，看看它被焦虑管理折磨成了什么样子。下面这个练习应该会更令人振奋。

　　我们想让你做另一个墓志铭练习，但这一次，是写下你理想中的墓志铭，不要让焦虑和恐惧浪费你的时间和精力。你可以写下你真正关心和希望被人知道的事情。不再是你的焦虑管理墓志铭，而是你的人生价值墓志铭！

## 练习：人生价值墓志铭

　　想象一下，假如你的生活中没有任何忧虑、焦虑或恐惧。这难道不是一件好事吗？你想做什么？你会做什么？

　　发挥想象力，有一天，下图中的墓碑会出现在你的坟墓旁边。它现在还是一片空白，你的墓志铭尚未刻下。你希望在你的墓碑上看到什么？

　　可以是简短的几句话，它们能反映出你理想中的生活的本质。你想让人们记住什么？如果你的生活没有 WAFs，你会用你的时间和精力做什么？

　　花点时间思考这些重要的问题，如果你找到了答案，就把它或它们写在墓碑的横线上。大胆思考，你留给人们的印象是没有限制的。

　　这不是一个假设练习。你会因为什么而被人铭记，你生活的意义是什么，这

都取决于你。这取决于你现在做的事，取决于你的行动。你可以根据这些问题来构思你的墓志铭。

现在，我们不能保证人们会在你生命的最后时刻为你建造一个林肯式的纪念碑。但如果你坚持向这个方向勇往直前，人们就有可能改写你的墓志铭，而不是只能写"汤姆在此长眠：他一生都在应对他的恐惧"或"玛丽在此长眠：她一生中大部分时间都在与恐慌作斗争"。

---

在完成以上两个练习后，请将你的"人生价值墓志铭"和"焦虑管理墓志铭"进行比较。你可以将它们并排放在你的面前，仔细对比。并在再次阅读它们时问自己以下问题，顺序不分先后。

> 人们会通过你的所作所为来了解你，而不是通过你对自己所作所为的想法和感受。

☐ 你想选择哪一个作为你的墓志铭？

☐ 哪一个更为重要？

☐ 哪一个最贴近你现在的生活？

☐ 你在进行焦虑管理还是生活管理？

☐ 你正被 WAFs 所支配吗？这是你想要的生活吗？

☐ 在与 WAFs 纠缠的过程中，你变成了什么样子？

☐ 你的生活在变好吗？

☐ 你必须摆脱 WAFs 才能过上你想要的生活吗？

我们理解焦虑管理对于你的重要性。但是，你真心希望自己的墓碑上刻着"哈利在此长眠，他摆脱了他的焦虑症"吗？如果你并不为此感到高兴，那么你不是唯一一个抱此想法的人。许多和你一样的人也做过这个练习，他们从未写过这样的话。

人们在悼词和墓碑中从未提及 WAFs，这说明什么？也许摆脱你的 WAFs（你一直在努力实现的目标），从长远来看并不重要。你可以这样想：你每花 60 秒来处理 WAFs，就意味着你失去了 1 分钟时间去做你喜欢的事。

简而言之，与 WAFs 斗争使你脱离了生活。如果你现在做的事不是为了成为你想成为的那种人，那么现在是时候过你想要的生活，做对你最重要的事了！首先，你需要做出选择，做一些完全不同的事情。

## 估计你所拥有的时间

我们之前带你做过一个练习：把你的生活想象成一本书。书的一部分已经完成，涵盖了你到现在为止所经历的一切。但重头戏还在后面，你不知道故事何时会结束，如何结束。即使如此，你仍以为你有大把时间可以挥霍，明天总会来，总有一天你的生活会真正开始。但是，也许明天永不再来了。你也不知道那天究竟会不会到来，但你表现得好像它会实现一样。这也是一个陷阱，是为了推迟过你自己的生活。

现在，你可以估计一下你的生命还有多少时间。不久前，在一次静修培训中，我们两个人都介绍并亲自做过这个练习。那次经历让我们大开眼界，并加强了我们充分利用余生所有时间的决心。

现在，我们邀请你也做一下这个练习。它很简单，只需要一点数学知识和一个计算器。最后，你将估计出你在这个星球上所剩的天数，然后问自己：我想如何度过余生？

世界卫生组织（2015）的统计表明，根据 2013 年的数据，美国人的平均预期寿命约为 80 岁，其他西方国家的平均预期寿命比此略高。虽然女性的预期寿命往往长于男性，但为了方便计算，我们统一假设所有人的寿命都是 80 岁，或者我们一生大约有 29 200 天可以度过。

现在，计算你已经活了多少天：把你现在的年龄乘以 365，然后用 29 200 减去它。这个新数字就是对你可能还能活多少天的估计。

你得出的数字是多少？它可能令人震惊，但算出这个数字十分重要。它反映了你可以用来书写你的人生故事的时间。因此，我们会再问你一次："你想如何度过余生？"这是一个你能够做出的选择，也是你可以掌控的事情。

## 我已陷入困境，不知所措：现在该怎么办

这是一个转折点。分享一个可以改变你的生活的教训。真的明白你因为焦虑而做的一切都是无用功，是开启全新生活的第一步。

承认和接纳你的 WAFs 比与它们对抗更有力，这创造了一种出乎意料的新的自由。你可以做出前所未有的改变，因为所有尝试过的旧方法都无济于事、毫无

作用。但要怎么做呢？

首先，你的经历是你最好的指导。过去与 WAFs 相关的经历揭示了什么？回顾一下你之前的练习的答案。现在的情形毫无希望，而用旧办法确实找不到突破口。到目前为止，你已经钻进了牛角尖的尽头，你觉得被困住了。

只有新的办法才能带来希望。做出新的改变，才可能有新的收获。为了获得这种希望，你首先要放弃并停止所有对 WAFs 的管理和控制，以及所有的旧方法。它们过去并未奏效，将来也不会起作用。

接下来的内容建立在此基础之上。所有旧策略的尽头都是死胡同，你只会撞上南墙。因此，你需要停下来，遵从理智，从你的经验中寻求指导。现在，是时候放下旧的、无效的策略了。说起来容易做起来难，我们会在下一章的开头详谈这个问题。

## 练习：用 LIFE 工作表改善你的生活

比起 WAFs，本书关心的是更为重要的东西。那个"东西"就是你的生活，包括帮你回归生活，最后不再陷入评判型思维设下的陷阱里，不再与你的情绪和身体作不必要的斗争。

首先，你需要学习如何看待你的挣扎及其代价，当它们出现时。为了帮助你学会这个技能，我们已经为你设计了一份简单的工作表：充分体验生活（living in full experience，LIFE）。

首字母缩略词 LIFE 绝非偶然，它是下一个练习的核心：过你自己的生活（you living your life）。本章最后附有空白的 LIFE 工作表。你可以根据自己的需要，复印几份备用。

LIFE 工作表能助你更好地了解你的 WAFs 何时何地会出现，最重要的是，你对它们做了什么。该表可以监测和跟踪你的 WAFs，你的相关想法、感受与行为，你是否抗拒上述体验，以及你的反应如何妨碍了你做自己真正在意的事情。

在有害的 WAFs 出现后不久，你可以填写此表。如果未能及时填表，你就得不到准确的信息。如果你的生活依赖于获得关于你体验的准确信息（某种程度上确实如此），那么你就应该按计划完成练习，不准确的信息是无用的。

　　LIFE 工作表十分简洁。你只需要填写每次 WAFs 出现的日期与时间，记录它们出现时你的感受，然后检查这种情绪是否更像恐惧、焦虑、抑郁或其他感觉，衡量其强烈程度。

　　下一个问题是：你是否愿意在不回应 WAFs 的情况下拥有你所拥有的东西？我们很快就会详谈"愿意"这个话题，你现在可以把它看作对与 WAFs 相关的想法和感受的包容心，承认它们的客观存在，不再与它们斗争。

　　最后一部分是填空题，与你的感受、感觉和反应有关。在做这部分时不必着急，做完这些题，你会更清楚地意识到，你无时无刻不在控制 WAFs。

　　在本周完成 LIFE 工作表是一项对自己的承诺。不要因为我们说这样做好，你才做练习。完成 LIFE 工作表的根本意图是：你想在你的生活中获得不同的结果。它是你的选择。你确定你愿意这样做吗？

　　如果你愿意，那就在每天开始时，根据你的情况完成 LIFE 工作表。与此同时，你会做一些新的和不同的事情。

---

　　劳拉是一位房地产经纪人，同时也是两个孩子的母亲，她在焦虑和忧虑中挣扎过许多年。以下是她的 LIFE 工作表，这只是她本周的众多工作表之一。

---

## 练习：充分体验生活

### LIFE 工作表：生活改善练习

日期：<u>2014 年 3 月 18 日</u>　　时间：上午 /(下午) <u>7:15</u>

你现在有哪些感觉？

| | | | |
|---|---|---|---|
| □ 头晕 | □ 上气不接下气 | ☑ 心跳过快 | □ 视线模糊 |
| □ 刺痛感 / 发麻 | □ 不真实感 | ☑ 出汗 | □ 忽冷忽热 |
| ☑ 胸紧 / 胸痛 | ☑ 发抖 | □ 喘不过气 | □ 感到恶心 |
| □ 窒息感 | ☑ 脖子僵硬、肌肉紧张 | □ 与自我脱节 | |

选择一种最能概括你体验的情绪（单选）。

☑ 恐惧　□ 焦虑　□ 抑郁　□ 其他：_____

评估你感觉 / 感受的强烈程度（圈出符合你情况的数字）。

轻微　　　　　　　中等　　　　　　　　极其强烈

评估你有多愿意拥有这些感觉 / 感受，而不对它们采取任何行动（比如管控、摆脱、抑制、逃避）。如果答案只有"是"与"否"，你百分之百确定你的心意吗？

是————————————————————————————否

十分愿意　　　　　　　　　　　　　　毫不情愿

（双手迎接）　　　　　　　　　　　　（表示抗拒）

描述上述感觉出现时你在哪里：我在家中疯狂地跑来跑去，让孩子们准备好上学，让自己准备好会见来访者和其他要做的事，包括家长会。

描述上述感觉出现时你在做什么：我正在查阅日程表，规划一天的行程。

描述你对这些感觉 / 感受的想法：要做的事很多。我无法忍受现在工作的不确定性。我希望能有更多人帮我照顾孩子。会见新来访者时，我十分焦虑，怕错失良机。我需要集中精力。我十分疲惫。

描述你对这些想法、感觉 / 感受做了什么（如果有的话）：我试着做了几次深呼吸，并给了自己积极的心理暗示，其中一些积极的肯定是我从另一本书上读来的。我泡了一些草药茶，打开了收音机。

上述行为是否妨碍了你做你真正重视或关心的事？如果是，请在此描述：我无法从我的大脑中解脱出来。我在开车上班时，不得不把车停在路边，因为我觉得我就要晕倒了。早上与来访者见面时也迟到了。由于太过惶恐不安，我取消了下午的预约，然后差点儿没赶上家长会。我好像一整天都在惊慌失措中度过。

## 生活改善练习

你已有所突破，越来越清楚焦虑管理的成本，以及你的人生目标。本周，我们建议你：

□ 承诺把正心练习作为日常生活的一部分。

□ 估算你为处理忧虑、焦虑、恐惧、痛苦的记忆以及例行公事所付出的代价。

□ 不要匆匆读完这一章，花点时间厘清你为焦虑做过的所有事情及其成本。

□ 继续使用 LIFE 工作表，了解你与 WAFs 的斗争是如何阻碍你过你想要的
生活的。

## 核心观点

用以控制 WAFs 的每一种方法、每一次失败的尝试、每一个计划和每一分努
力都阻碍了你花时间和精力做你想做的事。你过的是焦虑管理墓志铭所描述的生
活，而不是人生价值墓志铭所描述的生活。你需要改变这一切，你可以把自己从
痛苦挣扎中解放出来。这个答案就隐藏在一个你从未注意过的地方。这样做很
难，你也许会觉得这是一种倒退，这需要你不再本能地选择回避。尽管如此，我
们保证你能做到。只要你愿意接受你的体验，而不是与之对抗，那么你从本书中
学到的东西就会奏效。这条新路会让你从挣扎、损失和失败中解脱出来。现在你
需要做的就是继续阅读并做好练习。

---

**重要的是过充实的生活**

**要点回顾：** 我的生活我做主。我可以在焦虑管理墓志铭和人生价值墓志铭
中做出选择。

**问题思考：** 我和其他人是否早已受够了管理焦虑的痛苦？我是否认为生活
远比摆脱 WAFs 更重要？我是否愿意放弃管理焦虑，另辟蹊径？

---

## 练习：充分体验生活

### LIFE 工作表：生活改善练习

日期：＿＿＿＿＿＿＿　　　　　时间：上午／下午＿＿＿＿＿＿

你现在有哪些感觉：

□ 头晕　　　　□ 上气不接下气　　□ 心跳过快　　□ 视线模糊

□ 刺痛感／发麻　□ 不真实感　　　　□ 出汗　　　　□ 忽冷忽热

□ 胸紧／胸痛　　□ 发抖　　　　　　□ 喘不过气　　□ 感到恶心

□ 窒息感　　　　□ 脖子僵硬、肌肉紧张　□ 与自我脱节

选择一种最能概括你体验的情绪（单选）。

□ 恐惧　　　□ 焦虑　　　□ 抑郁　　　□ 其他：＿＿＿＿＿＿

评估你感觉／感受的强烈程度（圈出符合你情况的数字）。

0———1———2———3———4———5———6———7———8

轻微　　　　　　　　中等　　　　　　　　　极其强烈

评估你有多愿意拥有这些感觉／感受，而不对它们采取任何行动（比如管控、摆脱、抑制、逃避）。如果答案只有"是"与"否"，你百分之百确定你的心意吗？

是————————————————————————————否

十分愿意　　　　　　　　　　　　　　　毫不情愿

（双手迎接）　　　　　　　　　　　　　（表示抗拒）

描述上述感觉出现时你在哪里：＿＿＿＿＿＿＿＿＿＿＿＿＿＿＿＿

＿＿＿＿＿＿＿＿＿＿＿＿＿＿＿＿＿＿＿＿＿＿＿＿＿＿＿＿＿＿

描述上述感觉出现时你在做什么：＿＿＿＿＿＿＿＿＿＿＿＿＿＿＿

＿＿＿＿＿＿＿＿＿＿＿＿＿＿＿＿＿＿＿＿＿＿＿＿＿＿＿＿＿＿

描述你对这些感觉／感受的想法：＿＿＿＿＿＿＿＿＿＿＿＿＿＿＿

＿＿＿＿＿＿＿＿＿＿＿＿＿＿＿＿＿＿＿＿＿＿＿＿＿＿＿＿＿＿

描述你对这些想法／感觉／感受做了什么（如果有的话）：＿＿＿＿

＿＿＿＿＿＿＿＿＿＿＿＿＿＿＿＿＿＿＿＿＿＿＿＿＿＿＿＿＿＿

上述行为是否妨碍了你做你真正重视或关心的事？如果是，请在此描述：

＿＿＿＿＿＿＿＿＿＿＿＿＿＿＿＿＿＿＿＿＿＿＿＿＿＿＿＿＿＿

＿＿＿＿＿＿＿＿＿＿＿＿＿＿＿＿＿＿＿＿＿＿＿＿＿＿＿＿＿＿

# 第8章

# 结束与焦虑的斗争才是解决之道

具有讽刺意味的是，经验表明，事实上，正是我们试图解决问题的努力，使问题持续存在。尝试运用的解决方案成了真正的问题。

——乔治·纳尔多内（Giorgio Nardone），
保罗·瓦兹拉威克（Paul Watzlawick）

当你把焦虑当成问题时，自然就需要解决方案。但如果你的解决方案才是真正的问题所在呢？

通过前两章的练习可知，你所有试图解决焦虑问题的策略并未解决任何问题。每个所谓的解决方案，每一次阻止你的 WAFs 侵袭的尝试，都让你又回到了原地。你的 WAFs 依然不受控制。

大多数方法都在教你控制焦虑，这样貌似能解决焦虑问题。还记得第 4 章中的迷思吗？你的大脑也在教导你控制好 WAFs——放慢呼吸、服药、看电视、早睡、不要紧张等。这个声音源于一种根深蒂固的信念：WAFs 是危险的，你的焦虑与生活无法共存，管控焦虑是摆脱痛苦、获得幸福的唯一途径。

那个声音在欺骗你。读完本章后你将明白，在生活中，控制焦虑与管控其他事务的方式不同；你还将了解在何时何地管理生活能起到良好的效果，学习如何放弃焦虑管理，继续管控生活。

## 结束与焦虑的拔河比赛

你已迈出理解斗争的第一步：核算成本。你已经接受了所有你曾试图管控的强烈的身体感觉、紧张、忧虑、冲动、不安，以及其他有害的想法和感受。

如果你还在坚持阅读本书，就不得不直面这个艰难的事实：不管你多努力，没有任何焦虑管理策略能长期有效。最重要的是，斗争的代价只会让你越陷越深。

那么你能做什么呢？你必须打一场漂亮的仗，与 WAFs 争个你死我活吗？其实还有另外一条出路：你可以主动放弃与焦虑的斗争——投降。

我们几乎可以保证，你的大脑现在正在给你提供各种各样的信息。我们刚刚建议的替代方案是，不要听从你的大脑告诉你的所有关于 WAFs 的事情——你需要做什么，应该做什么。所以，花点时间观察你的大脑在做什么，不要与之发生争执，然后继续阅读。

放下挣扎的意义就在于此。这意味着允许自己感受焦虑，如其所是地看待焦虑，而不是拼命回避。你可以允许那些令人不愉快的想法和感受存在，并与它们保持距离，继续做你想做的事——参加聚会、认识新朋友、在高速公路上行驶、乘电梯、看电影等。

也就是说，只要你放下挣扎并停止与你的体验作斗争，那么充满活力的生活是没有限制和边界的。也许当你放下武器时，你会有一种承认失败的感觉。但承认失败并不意味着你会失去什么。相反，为了得到你想要的生活，继续与一个不可能也不需要被击败的对手斗争才是没有意义的。对你来说，这是一个明智而又极其重要的举措。

通过投降，你实际上做了 4 件事。第一，你承认了斗争本身。第二，你会让自己体验到这场斗争是多么徒劳和疲惫。第三，你要面对这样一个事实，那就是斗争让你被困在同一个地方，无处可去。第四，也是最重要的，你正在重新获得自由。让我们仔细看看这个过程。

## 与 WAFs 怪物的让人精疲力竭的拔河比赛

你仿佛参加了一场拔河比赛，你的对手是 WAFs 怪物，它拉着绳子的一端，你拉着另一端。然而，无论你怎么努力，试图打败这个怪物，它总能给予你更强的反击。

比赛僵持住了，你无可奈何。你双手紧攥绳子，双脚待在原地，纹丝不动。

随着比赛的进行，你变得越来越紧张——胸口发紧、呼吸加速、咬紧牙关、面色绯红、汗流如瀑、指关节发白。你的手脚都僵硬了，无法动弹。你被困在一场无休止的、令人疲惫的生命之战中，至少看起来是这样。

此时你的选择仿佛十分有限，但你仍有其他出路。你还能做什么呢？花点时间，尽力写出所有你能想到的可能性。

---

---

也许你能想象到的选择寥寥无几。没关系。你可能会想更努力地拉，更努力地尝试，或者更深入地发掘你的潜力。你可能会觉得，有更好的药或新策略能帮你获胜。然而，它们不都大同小异、毫无新意吗？

其实你还有一个选择：你根本不需要赢得这场比赛。这像是个奇怪的主意，但它也是一个极为重要的主意。想一想：如果你这样做，会发生什么？

假设你只是决定放弃比赛，松开绳子。这样做时，你的手和脚感觉如何？它们获得了自由，对吗？而且你获得了更多的空间和选择，这是在比赛中得不到的。你的手、脚和大脑可以用来做更多的事，不再局限于与 WAFs 怪物比赛。

为了增强代入感，想象一下，你在乎的人或事物正在赛场边看着你，等你结束比赛。比如你的孩子正在等待一个拥抱，或者你最好的朋友想和你出去玩。也可能是一个项目、一段假期或其他振奋人心的事，想象一下，这些重要的人或事物正在等待……等你结束比赛。你会继续坚持比赛吗？或者，你会放下绳子，把时间和精力交给正在等你的人或事物，与之共度美好时光吗？

当你放下绳子时，会发生什么呢？ WAFs 怪物并没有因此消失。它仍在原地嘲弄你，引诱你上钩，开始新的赛局。你当然可以这么做，你有时甚至会出于习惯这样做。但你需要把握时机：什么时候拿起绳子，什么时候选择放下绳子，去把精力放在你真正关心的人或事物上——在赛场边等你的人。

放下绳子、结束比赛，你将在生活中开拓更大的空间，做更多的事。如果你不再忙于减少和控制焦虑、避免下一次恐慌发作、回避

> 我可以放下绳子，结束与自己的斗争。

痛苦的记忆或消除不安与忧虑，那么你就打开了一扇机会之窗。你创造了一个空间，向你等待已久的生活迈进。我们的一位读者把握住了这个机会，他说："当我放下绳子时，我就自由了。"

记住，你的墓志铭是由你花时间所做的行动决定的。如果需要的话，你可以回顾一下第 7 章，提醒自己你想要过怎样的生活。如果"人生价值墓志铭"能帮你放下绳子，你可以把它放在赛场边。

## 你在控制什么

人们为什么不愿意放下绳子？当攥紧绳子并没有真正发挥作用，并让我们付出了惨重的代价时，我们为什么一直在焦虑、伤害和痛苦中做无谓的挣扎？答案与我们所学到的争夺控制权有关。

下面是一个关于两只老鼠的短故事，它们都身处险境，但有着不同的避险方式。

---

### 两只老鼠的挣扎

有两只小老鼠，它们高兴地在厨房和储藏室里窜来窜去，以寻找美味的零食。第一只老鼠正在厨房的地板上嗅着剩饭，突然间，农场的汤姆猫进了厨房。猫一看到小老鼠就追了过去，小老鼠只得疯狂逃窜。它拼命在厨房的地板上窜来窜去，以寻求藏身之所，却找不到任何地方。猫无情地追赶着小老鼠，千钧一发之际，它终于发现了地板上的一个小洞，安全钻入了洞中。猫仍然试图用爪子去抓小老鼠，但它够不到，幸好这个洞足够小。这只小老鼠通过不懈努力，终于自救。

与此同时，另一只小老鼠正在储藏室高台上的密室里。它发现了柜台边缘有一块面包屑，于是它爬了过去。正当小老鼠靠近面包屑时，它突然脚底一滑，直接掉进了下面的奶油桶里。起初，它疯狂地挣扎着想要逃出来。它转来转去，只想寻找一条出路。小老鼠看起来十分绝望，它疲惫不堪，挣扎的每一分钟都在丧失能量。它知道如果继续如此，它最终会被淹死。于是，它做了一件反常而勇敢的事。它决定放慢脚步，仔细观察它所处的情景。这时它才发现：我在一个装满美味奶油的桶里。它开始喝了几口奶油，并继续漂在桶里，然后又喝了几口，如此循环往复，持续了相当长一段时间。小老鼠并不愿意一直待在桶里，但它发现，如果它不做无谓的挣扎，只是不停地喝着奶油，最终仍然会得救。因为它不会耗尽能量，奶油也会慢慢消失，它不再有淹死的危险。

---

我们与第一只小老鼠有许多相似之处。在遇到困境时我们学会了努力和挣扎。当人类和动物面临真正的危险时，确实会放手一搏。在这种情况下，你应该这样做，因为这有助于你免受伤害，甚至死里逃生。

此外，你也不需要真正经历磨难，就能领会到这点。自幼时起，你就知道天上不会掉馅饼，那些守株待兔、轻易屈服或一事无成的人永远不会收获幸福与成功，这是人们代代相传的理念。

大部分时候，挣扎与努力都能起作用且通常能达到预期效果。如果你做的事真的能让你免受痛苦和折磨，那你的行为就是有意义的。你对这一点应该有所体会。大量的心理学文献支持通过努力控制焦虑来获得更健康的身心。你据此采取了不少行动，这很令人欣慰。生活并不总是公平的，但我们可以且应该做些什么来纠正错误。

作为饱受焦虑折磨的人，也许你对与努力控制有关的格言十分熟悉："阳光总在风雨后""有志者事竟成""屡败屡战"。但之前的练习表明，这些格言在焦虑面前并不能起作用。

就像第二只老鼠的故事，你也困于桶中。桶里装的不是真正能伤害你或致命的东西，而是 WAFs，而你正拼命地游来游去，想要逃出去。简而言之，斗争与你同在。你的 WAFs 没有奶油的香甜，但如果你慢下来，仔细观察周围，你会发现，你可以和它们一起移动和游泳。如果你一直在其中挣扎，只会耗尽能量，最终沉没。如果你与 WAFs 为你提供的能量和谐共处，你甚至能够利用它们。

关键在于，你可能会为了保护自己免受外部世界的危险而付出同样的努力，但这种努力可能被过度延伸，并被应用于你内在的情感生活，然而，在那里它不但无效，甚至可能会伤害你。你最终只会觉得筋疲力尽。

回顾一下第 7 章中的焦虑管理的代价，看看你为摆脱焦虑所付出的所有努力与挣扎是否让你更安全，让你更接近你理想中的生活？答案很明显是"否"。

这里有一个想法：如果你决定心甘情愿地体验焦虑，放弃与焦虑的斗争，你可能会有焦虑但不会被它淹没。现在，不要太在意这个想法，因为我们将在接下来的章节中对此进行详细阐述。

你可能很想知道，为什么控制策略可以很好地应对外部世界的需求和压力，而对焦虑和其他形式的情绪痛苦却如此无效。答案是，焦虑在很多重要方面不同于生活中可以有效控制的其他问题。能够看到这种差异是至关重要的，这是一种你可以学习的技能。你将在本章和下一章中找到练习，帮助你发现控制何时起作用、何时不起作用，以及如何区分这二者之间的差异。

## 控制何时有效

行动（你亲自动手做的事情）是一个很好的试金石，可以用来测试控制何时起作用。你只需考虑你或其他人是否能看到你做的事，以及行为的结果。例如，如果你想打扫卫生，你可以拿起拖把，然后开始打扫。以下是有效控制的其他例子。

　　□ 如果你想改变家里某个房间的墙壁颜色，你可以出去买新的油漆，然后刷墙。

　　□ 如果你不想再穿某些衣服，你可以扔掉它们，或者捐出去，转让给喜欢或需要它们的人。

　　□ 如果你不喜欢现在这份工作，你可以辞职或跳槽。

　　□ 如果你想念一位老朋友，你可以打电话或发短信与他或她取得联系。

　　□ 如果你想做一件好事，你可以送某人一件礼物、一句赞美，或一个拥抱。

　　□ 如果你想保持身体健康，你可以定期锻炼身体，并注意饮食。

它们的共同点在于都涉及行为——你能用手、脚、嘴做的事情。这些事是可控的，因为它们往往只涉及外部世界里的物体或情况。大部分情况下，你能够改变周围世界里的事物，而且效果很好。

　　这种策略在许多生活领域都很有效，因此你自然会想用同样的方法管理内心世界的痛苦和身体上的疼痛。而且它们有时确实能被控制住。比如在头痛时吃药，在生病时看医生，花时间放松以让自己精力充沛，或定期锻炼以保持心理健康。

　　你还可以避免或管理可能导致人身伤害或死亡的情况，当它们发生时，你可以选择逃避。我们在第 2 章中讨论过这些极端情况，主要是在有创伤事件的情景下。在不那么极端的情况下，你也需要这种控制能力。

　　举个例子，假设你正在过马路，突然看到一辆汽车向你飞奔而来。此时你应该迅速做出反应，立即逃开。如果不采取行动，后果不堪设想。此时被恐惧激发的行为能帮助你远离真正的危险，通常对每个人都有好处。这种形式的控制十分正常。

　　问题在于，在外部世界行之有效的策略，并不能有效应用于你的内心。你可能想像处理不喜欢的衣服一样，摆脱你的想法和感受。现在，看看你的经历，你这样做时，发生过什

> 我可以控制我自己用双手双脚所做的事情。

么？你真的能抛下它们吗？这对你真的有用吗？你能用新的记忆取代痛苦的回忆吗？你曾经做到吗？

在第 4 章的练习中，我们要求你不要去想"那是什么"。这几乎是不可能的，因为"不要想粉红色的大象"本身就与粉红色的大象有关。你越想摆脱这个想法，它越根深蒂固。令人不愉快的想法、感受和身体感觉也是如此。

这里的核心信息是：你不可能赢得与自己的斗争。你的一部分总是会输。你再怎么想抛开你的 WAFs，也没有办法把它们丢到垃圾桶里。你的 WAFs 不能像被丢弃的废品一样被丢掉。它们会追随你到天涯海角，因为它们是你的一部分，是你自身的一部分。

如果你能接受这个基本事实，你将面临残酷又清醒的现实：再多的努力都帮不了你。如果你回顾一下第 6 章和第 7 章，你会发现，这一点显而易见。

接下来，我们将介绍控制何时无效及其背后的原因。

## 控制何时无效

焦虑在许多方面都是一种令人不愉快的情绪状态。所以，如果你说"我不喜欢焦虑"或"我想摆脱焦虑"，这是可以理解的。大多数没有焦虑问题的人也不喜欢焦虑。然而，你应该记得前文所说，不喜欢焦虑并不会让它成为一个问题。否则，这个星球上的大多数人都会患焦虑障碍。

当你既不喜欢焦虑又想控制它时，问题才出现了：控制策略逐渐走向极端，它们变得过于僵化，被过度应用于没必要的情况，基本无效。这些策略不能真的减少焦虑，暂时的缓解限制了你的生活。以下是罗杰的故事。

### 罗杰的故事

记忆中，罗杰一直被社交焦虑折磨。他的焦虑和恐慌大都集中在工作上。他通过努力工作来回避它们。他不得不在一群商业人士面前讲话，这种情况让他无力应对——严重焦虑、失眠，害怕自己做不好、出丑、被评判。罗杰永远摆脱不了他的焦虑，因此辞去了这份高薪且有趣的工作。他转行成了幕后人员，无须与任何人交流。罗杰的薪水变少了，并且时常感到孤单和无聊。

在类似的例子中，控制并没有让人们的生活变好，反而限制了人们的生活。你可能也有同感，甚至会因为无法控制 WAFs 而自责。你不是唯一这样做的人，大部分人从小就被教导：我应该控制它们。这个观念在我们的文化中代代相传。

控制的问题在于，它只能让你远离焦虑。每一次努力、挣扎、回避，都只能在短期内有作用，让你暂时摆脱痛苦，并不能长期发挥作用。

你为一时的解放付出了高昂的代价。而且，随着时间的推移，你会感到更加焦虑，期待并准备再次与 WAFs 斗争。和罗杰一样，一旦陷入斗争与控制的死循环，你的生活就会被它替代。

## 焦虑并非火炉：即使你远离它，仍会被它灼伤

你已经了解了控制的作用之大。幼时，你可能会避免触摸滚烫的火炉，或者听从父母或照料者的警告"不要碰__，否则会被烧伤"，因为碰它会疼。此后，你学会了不碰烫的东西，以免受伤。

明智的回避策略在你的生活中以明显或微妙的方式反复出现，因为它常常能保障你的生命与安全。你有过这样的经历吗？如果有，请把它们写在下面的横线上。

_____

_____

你一次又一次地了解到，控制可以帮助你避免和减少来自外部世界的痛苦和伤害。自然而然，你会认为将这些策略应用于内在的疼痛和伤害时，它们似乎也应该起作用。理解外部与内部的区别是非常重要的。

当人们采取行动避免情感上的痛苦和伤害（内部）时，他们就会陷入麻烦就像他们采取行动避免周围世界的真正伤害和危险一样。回顾一下你的经历，是否曾经也是如此。

你面对 WAFs 时的反应就像面对一个烧红的火炉。你试图拉开距离，转身离开，远走高飞，因为焦虑似乎和火炉一样危险。当 WAFs 出现时，你觉得必须采取行动。但最终却不断地被烧伤。

焦虑是一种情绪痛苦。当人们采取行动来摆脱情绪和心理上的痛苦时，到头

来，他们反而会遭受更多的痛苦。我们所知道的关于情绪痛苦的一切都可以归结为一个简单的事实：你无法像把手从火炉旁收回来那样阻止令人不愉快的想法和情绪伤害你。

为什么会这样呢？接下来的练习将帮助你理解其背后的一部分原因。

---

### 练习：想法与感觉没有"开关"

请你以一个舒适的姿势开始这个练习。当你准备好后，我们希望你这样做：努力让自己感到快乐。来，试试看。你只须努力感到快乐就好。你能做到吗？

如果你成功了，那么你可能会通过思考其他事情带来幸福感。例如，你可能会想起过去的美好经历、想象你喜欢的东西，或者想到你期待的事情。但这不是我们要求你去做的。我们希望你只是为了让自己快乐而打开"开关"，然后就变得超级快乐，而不是想一些能带来快乐的事情。

现在，试着让自己感到非常焦虑或害怕。不要去想真正可怕或令人痛苦的事情。我们希望你能努力尝试。只是打开开关。你能做到吗？

如果你的经历不能让你相信这是不可能的，那么你可以继续尝试以下其中一项：

- □ 让自己疯狂地爱上你见到的第一个陌生人，与其坠入爱河，无法自拔。
- □ 让你的左腿发麻，麻木到即使被针扎，也毫无感觉。

---

也许这个练习能帮助你明白，情绪没有"开关"。任何人都不可能随意操控自己的感觉。只有当我们与这个世界互动时，情绪才会发生。它们不是我们在现实世界之外能刻意促成的事情。

你也无法决定情绪的强烈程度。当你的想法与行为不一样时，你就会激活你神经系统的各个方面，让你感到焦虑和恐惧。你会做一些最终让你陷入困境和痛苦的事情。你会得到更多你不想要的感受与想法。

这是因为你的身体是一个内置反馈回路的系统，包含你的大脑和神经系统。当你对这个系统的某些部分采取行动时，比如回避、压抑或逃离，会引起整个系统的警觉。在这方面，身心联系就像一张敏感的蜘蛛网。一切都是相连的。试图逃避令人不愉快的体验（无论是感受、想法、记忆，还是身体感觉），会放大你的痛苦。你的生命似乎也在流逝。

接下来的练习（改编自 Hayes et al., 2012）将揭示，为什么抗拒令人不愉快的感觉和想法会让情况更糟。首先，找一个安静的地方，以一个舒服的姿势坐下。

---

### 练习：你和一台完美的多导生理记录仪连在一起，然后……

想象一下，你连上了一台最高级、最灵敏的多导生理记录仪。它在检测焦虑方面十分灵敏。因此你的焦虑或兴奋都会被它检测到。

你现在的任务很简单：你只需要保持放松与平静，慢慢回想最近一次让你感到焦虑的情景。只是回想让你感到焦虑的一段经历……没有出现焦虑情绪。一旦你产生一丝丝的焦虑，这台仪器就能检测到。

为了强调成功对你的重要性，我们会给你一个特别的奖励。如果你能在想象WAFs 的场景时保持完全放松，那么我们将给你 10 万美元奖金！（当然，这是想象中的钱，但你要假装你会得到这笔报酬。）

问题在于，如果你表现出了一丝丝的焦虑或兴奋，这台仪器就会给你致命的电击。只要你保持放松，就不会死。所以，放松就好了。

花点时间记下你认为在这种情况下会发生什么。

---

你是否能够全程保持冷静，并赢得奖金？或者你是否死了或失败了？我们认为你知道结果，我们也知道，没有人能幸免。在这种情况下，对你和任何其他人来说，哪怕是最微小的焦虑都是可怕的。

---

每天醒来时，你的生活都岌岌可危。你需要冷静，不要恐慌，避免思考和忧虑，因为你的生活似乎取决于此。当然，你很快就会自乱阵脚："我应该在此时保持冷静""不！我开始紧张和焦虑了"。你错失或者毁掉了你生活中另一个重要的方面。

当你与那台灵敏的仪器（你的神经系统）相连时，你没有办法保持冷静。它是世界上最灵敏的焦虑检测仪。当 WAFs 出现时，你会尽力远离它们，因为你的生活，你想要的一切都濒临失衡。这时，你的神经系统就会响起警报，随着四通八达的神经网络蔓延。你只会得到更多的焦虑和恐慌，以及致命的电击。

以安妮为例，她被诊断患有强迫症。

### 安妮的故事

安妮担心她会在公共场合讲脏话。她尤其害怕自己在教堂做礼拜时可能会大声讲脏话。所以她花了很多时间，试图预防这件事发生。她努力不去想自己担心的事。但最终，她被关于讲脏话的想法所吞噬，陷入焦虑，不再去教堂。

试图压制某种想法的行为本身带来了多余的想法和情绪。这导致安妮竭尽全力控制自己的焦虑，最终妨碍了她的正常生活。你的大脑和身体也是如此运作的，它们像一个巨大的互联网络，随着你的年龄和新体验的增加而不断增长。你对你的 WAFs 采取的行动越多，网的反应越剧烈，逐步扩散到生活的方方面面。

阻止传播的方法是，寻找驱使你试图控制和纠结于 WAFs 的根源、燃料。这个根源就是，你不愿意为你的经历和身份的每一个方面都留出空间。不愿意的燃料是你的评判性思维与你交谈，引诱你，并向你灌输这样的信息：你不可能在拥有 WAFs 的同时过上快乐又充实的生活。拥有"美好生活"意味着你必须摆脱WAFs。

只要你相信这一点，就会一直不愿意让 WAFs 进入你的生活。而你的不愿意就会火上浇油，挣扎和控制之火就会越烧越旺。你应该很清楚你花在挣扎上的时间给你带来了什么。我们几乎可以肯定，其中很少有至关重要的或者能促进生活不断扩展的。

好消息是，美好生活不需要良好的想法与感受。许多人生活在巨大的痛苦和困难中，有各种理由放弃和向生活屈服。但他们继续带着尊严、意义和使命感在生活中摸索前进，也许你想知道他们的秘诀。

秘诀在于不为 WAFs 所动。他们不会把宝贵的时间浪费在与身体、情绪和心理层面的痛苦作斗争上。他们和任何人一样，都会经历痛苦，但他们已经学会了如何不陷入其中。你正在向这一阶段迈进，我们将在下一章中向你展示如何做更多的事情。

教训很简单：你想要控制痛苦，但控制只会让你搬起石头砸自己的脚。为了跳出这种循环，你首先要知道：控制并非解决方案，它才是问题所在。

## 你可以逃避，但你无法逃避自己

你可以躲开或逃避危险的物体或情境，但你无法摆脱焦虑和恐惧。这个原因与 WAFs，以及情感上的痛苦的来源有关，它们正源自你自己。

想象一下，一条恶犬或一辆汽车正朝你飞奔而来。你可以采取快速而果断的逃避行动，真正避开可能的伤害和危险。逃离外部的危险能够保障你的生命安全。此时你能够采取行动控制自己，因为危险来源于外部。

现在想象另一个场景：你经历了一次创伤，比如性侵或可怕的车祸。无论你在哪里，在做什么，关于这件事的记忆可能在任何时候浮现在你的脑海中。如果你总是被一些想法干扰（强迫思维），比如"我被玷污了"，你的体验会告诉你，无论你正做什么或去哪里，这些想法都会出现。

如果你经历过惊恐发作，你会明白，它随时都可能发作。在某些情况下，惊恐发作的可能性更大，但许多经常惊恐发作的人都知道，惊恐可能随时随地发生，甚至是梦中。

根源在于，你的想法和感受，无论是好的、坏的还是令人厌恶的，会永远追随着你，直到天涯海角。你无法通过跑到别的地方来逃避或避免你的焦虑、恐惧和不安全感，原因只有一个，也很简单：它们是你的一部分。无论走到哪里，你都会带着它们，以及你的身心内部发生的一切。

如果这就是你的经历，那么逃避你的 WAFs 就相当于逃避你自己，你根本无路可逃。你的 WAFs 只是你独特个性的一部分。只要你还活着，你就永远无法逃避或躲开它们。反对它们就是反对你的存在，反对它们也意味着你将继续陷于困境，甚至更糟。

### 你无法与 WAFs 争辩

正如许多人一样，你可能已经试过通过改变对恐惧的看法来控制你的焦虑情绪。然而，就像大多数人一样，你的经验可能会告诉你，这样做并没有用。你的经验是对的。那么，为什么你不能仅仅靠说服自己来控制情绪呢？

主要原因在于大脑的进化方式。大脑中最古老的部分控制着恐惧和恐慌等情绪，这部分脑区无法对"不要害怕"或"冷静下来"之类的指令做出良好的反应。

事实上，那部分脑区的结构与更原始生物的大脑结构类似，比如蛇和鳄鱼等。你跟蛇或鳄鱼争辩过吗？应该没有。如果你有，你就不会坐在这里读书，那种争辩毫无意义，只会让你丧命。你无法说服蛇或鳄鱼做任何事，同理，你也无法说服自己摆脱不愉快的情绪。

另一个原因与思维的运作方式有关，你无法仅仅通过思考来摆脱焦虑或恐惧。因为你的每个想法都是网络的一部分。当你试图摆脱一个想法、一段记忆或一种感觉时，你必须接触到你不想拥有的这种想法或感觉。

即使你想要分散注意力，大脑也会自动地悄悄找出你不愿去想的东西（比如粉红色的大象……）。而且这将把你拉回到你不愿去想的事情上。思维正是这样运作的，如果不唤起你想摆脱的东西，就无法摆脱焦虑的想法或感觉。

## 你无法通过说服自己来控制焦虑

下面是一个来自我们的经历的故事，很好地说明了一点，试图通过说服来消除焦虑是不可能的。

故事发生在澳大利亚热带地区的一个小镇上。每年的雨季开始时，整个小镇到处都是青蛙。当人们妨碍到青蛙时，它们就会跳到居民身上。突如其来的"青蛙袭击"往往吓人一大跳，相当多人因此患上了强烈的青蛙恐惧症。许多人终日宅在家中，害怕出门会遇到这些"恶心"的生物。

有些人想要摆脱恐惧，他们不断告诉自己，这些绿色的小青蛙绝对无害，我不会受伤。但他们其实是在用一种想法（"青蛙并不危险，而且看起来很可爱"）取代另一种想法（"青蛙很恶心"）。这样做毫无用处，恐惧和厌恶仍然客观存在，青蛙也是如此。他们无法说服自己控制恐惧。

当地的居民可以逃避并远离青蛙，但要付出巨大的代价——失去人身自由。他们无法摆脱对青蛙的想法、感受和忧虑，无法逃离自己的焦虑与恐惧。

最终，这些人面临着一个选择，许多人最终选择不去任何地方，只好带着恐惧和忧虑待在家里。然而，人们往往是在极度沮丧和绝望的时候才最终寻求帮助。

## 体验即答案

大脑中最古老的那部分并不能对语言和理由做出良好的反应，但它可以从直接体验中学习。当你接触新事物时，那部分脑区就会学习新的知识，这就是我们大脑工作的方式——进去的东西就会留在里面。这意味着你可以改变这种混合。做一些新的事情就会增加一些新的东西。这是有可能发生的，如果你愿意放弃重复旧的策略，比如逃避你不喜欢的想法和感受，并且做一些新的事情，比如如其所是地体验你的 WAFs。

---

### 练习：轻轻地捧住焦虑

在本练习中，你会体验做新事情的感觉。找一个在大约五分钟内不会被打扰的地方，以舒服的姿势坐下。用几个深呼吸来帮助自己进入状态，吸气……呼气……吸气……呼气……

进入状态后，将你的双手弯曲成碗状，手掌朝上，缓缓放在腿上。注意双手的质感与它们的形状。它们准备好接纳新的事物了。随后，意识到你的手有许多用途。

它们可以用于工作，用于爱，用于触摸和被触摸，用于握住和放开，用于表达自己（在写作或与人交谈时），用于安慰，用于治愈，用于分享善意。让自己沉浸在手中捧着的所有美好中。

这一小片空间能够无限包容，你可不可以允许，哪怕只是一瞬间，哪怕只是一点点焦虑在那里安家。就像一片轻盈的羽毛缓缓落下，想象你的焦虑温和地落在你充满善良和爱意的手上。它很小，它是你的一部分，你或许愿意捧着它，让它在这里休息片刻。

慢慢来，放松你的情绪——小小一片焦虑正躺在你的手中。捧着你的一部分，捧着你的一小片焦虑是什么感觉？你只需要呼吸，感受手心的温暖与善意，不必多做任何事。

只要你愿意，你想在这种状态中保持多久都可以。当你准备好后，就释放你的焦虑，像放飞一只轻盈的蝴蝶一样。在继续阅读之前，先停一停，反思一下你在本练习中学到的东西。告诉自己，你可以以一种友善的方式轻捧你的焦虑，感受新的体验。

---

或许你觉得刚才的练习有点愚蠢或奇怪，你可以这么想，但不要因为你的想法而使你脱离刚才学到的东西。与其和你的感觉、想法争论，不如欣赏、观察它们并与它们和谐共处，胸怀开放，带着善意和爱意。你每次有意识地以这种方式拥抱你的 WAFs 时，都会有新的收获，真正开始改变你的生活。这是其中最重要的一步：使你的生活不再被 WAFs 所支配。

接下来，我们将为你介绍其他技能，帮你包容更多不愉快的想法和感受，不再与它们斗争。顺便说一句，这正是帮助澳大利亚热带地区的居民继续生活的原因，即使他们没有克服对青蛙的恐惧。你也可以试试。

## 生活改善练习

通过阅读本书、做练习，你将发生重要的转变。
本周，我们建议你：

□ 把正心练习作为日常生活的一部分。
□ 使用本书中的材料，主动做练习，反思所读所学。
□ 练习以善良与爱意拥抱你的焦虑，观察变化。
□ 寻求身边人的支持与鼓励，与他们分享你在生活中的改变，请他们关注你何时试图控制、回避你的 WAFs，或与它们纠缠。

## 核心观点

尽管你很想逃离、躲避或压制不想要的感觉、感受、想法、忧虑或画面，但是，你无法通过这样做来控制你的焦虑。这只会带给你更多焦虑、沮丧和无助感。当 WAFs 出现的时候，你只需要承认你的困顿，放弃斗争，为新事物留出空间。

史蒂夫·马拉波利（2014）说过，当你选择控制那些你实际上可以控制的东西，而不是那些你不能控制的东西时，会发生惊人的变化。别忘了这句话，可以把它贴在你家的冰箱门上。专注于你能控制的东西，继续朝着你关心的方向前进。当WAFs出现在你的日常生活中时，更要注意这一点。

---

**试图控制不可控的才是问题**

**要点回顾：**控制我的WAFs使我的生活变得更糟，而非更好。

**问题思考：**我是否愿意放弃控制我不可控的东西，让生活向前发展？

---

# 第9章

# 选择、行动和命运都由自己掌控

> 你是你命运的主宰。善用你的优势，这是通往命运与成功的钥匙。一旦你认识自己，做出行动追逐梦想，你就能开启通往自我潜能的大门。
>
> ——尼尔·萨默维尔（Neil Somerville）

尼尔·萨默维尔的话揭示了：事实上，我们都是自己命运的主人。你的生活由你自己创造。怪罪他人或抱怨正是你的焦虑使你陷入困境，这毫无帮助。你必须决定适可而止。你要设置界限。过去既无法挽回也不会消失，它已成过去。重点是，你需要问问自己，从这一刻起，你想如何生活。如果想获取成功，那么你先要清楚你能控制什么。

到目前为止，你已经了解到，有意识的、刻意的、有目的的控制在外部世界很有效，并且适用以下规则：如果你不喜欢你正在做的事情，想办法改变它或用你的嘴、手和脚摆脱它。然后就去做吧。你还了解到，当把这个规则应用于你身心内部正在发生的那些你不喜欢的事情时，它并不奏效。

但理解这种区别是不够的。大多数人很快就能理解它，然后又陷入了一个陷阱：试图通过努力控制他们完全无法控制的事情来引导他们的生活前进。这只会导致挫败和沮丧。你最好把你的注意力和精力重新集中在你能控制的三个方面：你的选择、行动和命运。让我们一起试试看。

## 你可以控制你所做的选择

生活时时刻刻需要做选择。我是吃还是不吃？我是刷牙还是不刷？我要不要和朋友聊天？要不要锻炼身体？要不要表白？你知道，选择的可能性无穷无尽。

你要对自己的选择负全责。了解这一点会唤醒和解放一个人。你深知自己无法选择是否感到恐慌、焦虑或担忧。如果焦虑是一种选择，我们可以保证没有人会选择去感受它。

你能选择什么呢？当情感和想法出现时，你可以决定应对它们的方式。你可以选择如何与情感生活相处。为便于理解，请你把焦虑想象成一个人。给它起个名字，想象它的外貌、穿着、声音、个性、性别，以及它与你说话的方式。

现在焦虑已具象化，想象他有一天不请自来地出现在你面前。当你慢慢打开门的时候，请扪心自问：我看到这个人会做何反应？我会选择像对朋友或家人那样以充满爱的方式问候他吗？还是选择像对待敌人或不受欢迎的人那样对待这个焦虑的客人？你或许会纠结。请注意，对焦虑又爱又恨或敌视并不是你所希望的应对方式，因为当你和生命中的另一个人拥有一段健康的关系时，你绝不会如此对待他。这就是需要改变之处。

一种更好的选择是尝试与你的焦虑建立一种更具吸引力、更舒适的关系。与其选择把它当作敌人，不如学着把它当作朋友。就像对待家人和朋友一样，你不需要喜欢焦虑的全部。重点是自由地选择如何回应，以及如何处理你的不安和痛苦。

你有很多选择，你既可以选择与 WAFs 待在一起，承认它们的存在，允许它们存在，并带着好奇心和善意的接纳观察它们，你也可以选择按照它们说的去做，拿起绳子，通过选择回避、逃避、压制屈服于冲动，或选择通过其他方式试图摆脱或控制 WAFs。

以下列情况为例，此时你有权选择 WAFs 出现时的行动。

□ 观察我的头脑说了什么且不回应 vs. 听从它的指挥。

□ 对 WAFs 怀有慈悲且允许它们存在 vs. 与它们纠缠或试图消灭它们。

□ 观察我的身体在做什么 vs. 听我的头脑诉说我的身体做了什么。

□ 对 WAFs 的感觉和想法袖手旁观 vs. 分散注意力、服用药物、远离它们。

□ 练习对自己的耐心 vs. 因 WAFs 而自责、推卸责任。

□ 带着 WAFs 迈向生活 vs. 与它们斗争并被困住。

## 你可以控制你的行动

你的行动是指当 WAFs 出现时，你的身体能做的事。你如何回应自己的身体和头脑所产生的不愉快的想法、记忆、身体感觉和情感，完全在你的掌控之内。学会以不同于过去的方式来回应是摆脱困境的关键。

假设你在商场里，感觉即将惊恐发作。然后你采取行动：也许你会服用随身携带的药物，然后离开这里。这些都是行动。或者，你可以不做任何事，只注意到它的存在，不去听头脑里的声音。你留在商场，继续按原计划做事，带上你的恐慌。如果你在发抖，你可以坐下来或靠在墙上，观察你的身体直到它不再发抖。然后站起来，给你女儿买你之前答应买给她的鞋子。在这两种情况下，你都付出了行动。而你对行动的选择能够帮助你认识你自己、认识你的生活。

回顾你的过去，你就会知道控制 WAFs 的感受部分（身体的感觉、紧张或恐惧感）有多么困难。同时，你的经验会告诉你，不屈服于 WAFs 的行动部分（做些什么来）消灭它们和让自己感觉更好的冲动也并不简单。

记住，焦虑的目的是促使我们行动。因此当 WAFs 出现时，你会产生强烈的冲动，想对它采取行动。我们知道，WAFs 引发的冲动会轻而易举地淹没你。

---

### 练习：找寻应对 WAFs 冲动的新方法

即使是行动的冲动，也是一种感受。但这一行动并非不可避免。每一个冲动和每一个行动之间都有一个间隙。在这个间隙中，你可以进行干预，以确定你将要做什么，以及你将如何应对。

为了便于理解，可以拿出几张你上周已经完成的 LIFE 工作表。选择一个情景，当时你对 WAFs 有强烈的行动冲动，这个行动让你未能完成对你来说很重要或可能很重要的事情。

请在下方横线上列举 WAFs 的感受部分、你的回应，以及行动的后果。

WAFs 的感受部分（我的想法、情绪和感觉）：

_____

WAFs 驱使的冲动（我的行动）：

_____

WAFs 导致的后果（我失去的或错过的）：

_____

你是如何看待你的 WAFs 的感受部分和冲动的？（比如将其视作敌人、陌生人、不受欢迎的客人。）

_____

最后，你与你的 WAFs 关系如何？（比如不在意、不关心、不友善、温和、友好、关心、支持、善良、慈悲。）

_____

退一步问问你自己，"真的有必要对这些感受或想法采取行动吗""你还可以做些什么"。集思广益，想出积极向上的替代行动，并把它们写在下面。

其他对 WAFs 的积极向上的回应：

_____

这些新反应的潜在结果（我在生活中会获得什么）：

_____

你是如何看待你的 WAFs 的感受部分和冲动的？（比如将其视作敌人、陌生人、不受欢迎的客人。）

_____

最后，你与你的 WAFs 关系如何？（比如不在意、不关心、不友善、温和、友好、关心、支持、善良、慈悲。）

_____

本次练习的重点是让你明白，此时此刻，无论焦虑的感觉和行动的冲动有多么强烈，你都确实可以控制和选择。

---

回顾第 6 章的材料，再次问问你自己，是什么让你付出了更多的代价：是你的焦虑本身，还是你回应焦虑的方式？

第 6 章中提到的成本是你采取行动的后果。对 WAFs 的不当回应会使你陷入困境，为此你需要学会控制并做出改变。

## 你能掌控你的命运

你的选择和行动将决定你生活的走向，也就是你的命运。这就是你真正在意的事！

而这并不意味着你的选择和行动的结果会永远如你所愿。生活中的许多事情，无论好坏，都会在你无法控制的情况下发生。没人能预测未来。大多数人都希望他们的选择和行动的累积效应将产生一种感觉，即他们会拥有美好的生活。从现在开始，你所做的每件事都是为了奔向美好生活。选择决定命运。

---

### 练习：选择与行动：我的生活与命运

想象你正在人生的漫漫长路上驾车驶向一座大山——你的"价值之山"。这座山代表着你在生活中所关心的一切，以及你想成为一个什么样的人。这是你的目的地。你远远地望着它，如下图所示。

　　你正兴高采烈地往前驶进，焦虑突然出现，挡住了道路。你放慢车速，尽量避开 WAFs。你迅速右转，然后发现自己正开在"情绪回避"绕行道路上。你还在原地打转，因为 WAFs 仍然堵在路上。于是你转了一圈又一圈，等待着，希望着，哪儿也去不了。你为自己的逃避而难过，为 WAFs 的阻碍而生气。你的生命在流逝。

　　当你与消极的想法和感受斗争时，就会发生这种情况。你觉得自己遇到了阻碍，兜着圈子，晕头转向。你不希望生活中的自己驶入"控制和回避"绕行道路上。但当 WAFs 出现时，你很容易卡住。

　　你并非孤身一人行驶在这条绕行道路上。上图没有表明它实际的拥挤程度，许多像你一样的人正在这条不归路上转圈，但你可以做出新的选择。

　　你可以带着 WAFs（所有不愉快的感受、感觉、想法、意象和忧虑）行驶在你的人生道路上，不对它们采取行动。你可以选择与它们一同前行，因为选择老方法的成本太过高昂。

　　第一项任务也是最重要的任务，就是当 WAFs 出现时，做出选择和前所未有的改变。第二项任务要求你愿意带上所有想法和感受继续前行。如果做不到这两点，你将依然感到停滞不前。

## 放弃争夺控制权

放弃争夺控制权其实很简单。做出决定即是开始，困难在于将决定付诸行动。

行动的主要障碍之一在于，你未能辨别自己在何时拥有控制权。如果你回到旧的应对模式中，想控制无法控制的事物，绝对会再次陷入困境。

想获得长久的解脱，就需要尽早发现生活中可能出现的可控情况——这需要你付出精力与时间。下一个练习将帮你这样做。你可以把它当成餐前甜点。

---

### 练习：区别可控的与不可控的

阅读下表中的每一条内容，然后不假思索地圈出你认为可控的情况前的数字。不要圈出你认为不可控的情况前的数字。

| 1. 别人的想法 | 9. 别人对我的选择、想法、感情和行动做出的反应 | 17. 别人的行动 |
|---|---|---|
| 2. 我做的选择 | 10. 我如何尊重他人的行为 | 18. 我是否遵循某些标准或规则 |
| 3. 我的紧张程度 | 11. 别人的选择 | 19. 别人是否喜欢我 |
| 4. 我回应别人的方式 | 12. 我感到焦虑时的行动 | 20. 我是否会为任务做好准备并拼尽全力 |
| 5. 别人重视和关心什么 | 13. 同样的想法或意象何时出现在我的脑海里 | 21. 我在任何时候的感受 |
| 6. 我在特定情境中可能会说什么、做什么 | 14. 我如何回应我的想法和感受（积极的或消极的） | 22. 我如何利用自己的宝贵时间 |
| 7. 我的忧虑 | 15. 别人是否会遵循标准或原则 | 23. 我经常会有的想法 |
| 8. 我向往的生活 | 16. 我是否会履行承诺 | 24. 我的价值和我在意的东西 |

现在回过头来看看你圈出来的数字。所有奇数项代表你完全无法控制的情况。你可能会有异议，但如果你再反思一下，你会发现这些情况你确实无法控制。

---

部分问题在于，当你不能控制的时候，你的头脑却告诉你你能够控制或应该能控制。记住，努力控制无法控制的东西只会加深你的焦虑和失望。WAFs 因你

的挣扎而变得更强大。当它们出现时，你只需如其所是地认识它们，停下来，然后寻找一个可以让你控制自己的选择和行动的地方，同时朝着你想要的生活前进。

偶数后的情况代表了可控的情况。它们有一个共同点：它们都是你的行动，你的一言一行。

## 关键问题：你做好改变的准备了吗

也许你的担心是焦虑最终会获胜，而你拼命避免的所有灾难最终会发生。所以你竭尽所能保证自己的安全，回避那些强烈的感受、可怕的想法和忧虑。你时刻保持着警惕、戒备和焦虑。

我们在本章和之前反复讨论过一个观点：如果所有的保护、回避和隐藏才是真正的问题所在呢？如果逃避不必要呢？如果只需让WAFs如其所是就是答案呢？因为它们只是生理感觉、情感、想法或意象，你无须对它们做任何事。

你已经按照旧的方法做了很多努力，但是毫无用处，反而制造了更多的问题。这种挣扎只会在你的生活中不断重演。现在你准备好改变了吗？如果你停止挣扎，放下绳子，会发生什么？

### 放下绳子：成为生活管理者的第一步

你也许想知道如何放下绳子，结束与WAFs的拉锯战。你需要做的第一件事就是在WAFs"反斗城"中辞去焦虑管理者一职，现在你愿意这样做吗？如果你愿意，请在下面签署辞职声明，使之成为一项承诺。

---

本人，＿＿＿＿＿＿＿（你的名字），已在WAFs"反斗城"担任焦虑管理者一职＿＿＿＿＿＿＿（数字）年/月（勾选单位）了。这个职位具有极大的挑战性。我不想继续担任。我已在生活中做好了迎接新事物的准备——为我生活中的某些方面留出时间，它们曾因这份工作被搁置。因此，我正式辞去我目前的职位，即刻生效。

真诚的，＿＿＿＿＿＿＿（你的名字）

---

一旦你承诺辞职，就可以跳槽成为一名"生活管理者"。本书就是你的入职培训手册之一。掌控自己的生活是一种你可以学习的技能，首先要学会如何不被你的偏好批判的思维所迷惑，不被想要捡起绳子和 WAFs 斗争的冲动所迷惑。

你还要做好更多准备。管理生活意味着体验生活的起起落落。有时你会回到老路上——训练自己的焦虑管理技能。你肯定会这样。焦虑很顽强，它会引诱你重蹈覆辙。

当你决定放下绳子时，WAFs 会疯狂引起你的注意，并在你眼前不断晃动那根绳子。WAFs 的燃料是你的纠结。与 WAFs 斗争不仅会耗尽你的精力，它们还会因此得到滋养并变得更加强大。所以你需要放下绳子、冷眼旁观，而不是与WAFs 纠缠。

到目前为止，你可能觉得除了更努力地使用旧方法，几乎别无选择，但所有的旧方法只会让你越陷越深。你可以不相信我们。反思你的经历并从中学习。所以你的选择是辞旧迎新。你的生活将因此变得更美好。

许多人通过学习观察自己的感觉、想法和情感，而非轻信头脑的判断，成功地放弃了挣扎。仅仅注意到你的感受意味着开始承认并允许这些感受的存在，并不意味着喜欢你的感受或认可某人对你所做的事。

这意味着你在觉察焦虑的存在，如其所是地承认它——一种想法、感觉、感受、记忆、意象，并不为所动。这也意味着你要认识到，只有你能够选择如何应对。

放下绳子说起来容易，做起来难。你可能从未做过这件事，因此接下来我们将为你提供简洁有效的练习，帮你放下绳子、重新分配时间和精力。你将成为焦虑观察者，而非管理者。你还会培养出新的能力，对自己心怀慈悲与善意。这就像与焦虑建立一种新的关系。当你更多地观察而不是抗争时，你能够更自由地做出选择、采取行动、重塑命运。

## 反应由你决定

责任（responsibility）这个词意味着你能够做出回应（response-able）。当你选择控制可控领域的时候，你会自然而然地评判自己，比如"你太弱了""没什么会改变""过去从未成功过，为什么现在要改变"。通过自责不断堆积负能量毫无用处，反驳也没用。自责和反驳自己只会滋生更多焦虑与烦恼。

所有这些想法都是诱饵，它们诱惑你维持原状。不上当的方法是不为所动，只须感谢头脑里出现的那些陈旧想法，不必回应，也不要赋予它们更重要的价值。只有这样，你才会放下绳子。你无须反驳。

相反，你不妨扪心自问：谁应该对 WAFs 出现与否负责？不是你！那些想法只是你的旧条件反射的产物。

现在好好想想：当 WAFs 把绳子扔给你时，谁能做出选择，并且真正能够做出与过去不同的反应？当评判性思维诱导你偏离航向时，谁有能力坚持改变生活？就像科尔·波特的歌里唱的那样："你！你！还是你！"

## 意愿关乎行动

意愿就是做出选择，如其所是地体验焦虑到底是什么：是一连串感觉、感受、想法和意象。它不是你心里告诉你的那种不可接纳的东西。这并非喜欢、想要、忍受或容忍的问题，也和用坚强的意志力忍受焦虑无关。

在这个意义上来说，意愿就像信仰之飞跃，像从高台跳入水池，水温未知，体验未知。这与在游泳池涉水、试水，探查水温与水质等完全不同。后者并非心甘情愿，它是渐进的、有条件的，你只能依靠感觉选择。

信仰之飞跃般的意愿与众不同，它与控制和回避相反。这意味着你要有所行动，并以开放的心态体验你的身心所能提供的一切，即使你不知道下一刻会发现或经历什么。表达意愿的姿势是张开双臂拥抱你的焦虑，而非与之战斗。

若你愿意，现在就可以开始行动。如果可以的话，请站起来，尽可能地张开你的双臂并保持一段时间。在站立时，感受你所有的感受，正视它们，真正地感受它们，让它们成为现实，不要试图改变。摆出这个姿势既是练习，也很有趣。这个表达意愿的姿势比任何手势或姿势都更能体现我们在本书中所做的：拥抱我们的感受，允许它们存在。

人们常把焦虑当作最大的敌人，但如果它并不是敌人呢？如果你能对你的经历、焦虑以及未来怀抱慈悲与善意呢？挣扎不再必要。WAFs 将失去动力，你能做出新的选择。这就是意愿的强大之处。

意愿既是一种生活态度，也是一种活动。它是一种行动，而且是朝向理想生活的行动。因此当我们鼓励你怀抱意愿时，我们是在要求你做好行动的准备。你应该对自己经历的每个方面都完全地、毫无防备地敞开心扉。

这样做可以让你真正付诸行动：当你愿意体验现有的事物，接纳无法改变的事物时，你就有能力改变可以改变的事物。

## 意愿有助于成长

你可能认为，在没有痛苦、没有强烈的感觉和想法的情况下，怀抱意愿会更容易。然而，并不是没有创伤、痛苦，以及强烈且不愉快的感觉和想法才能让人们保持健康。

健康与痛苦有别。许多国家的研究发现，二者之间的区别在于人们是否愿意去体验他们的心理和情感世界，并依然专注于对他们重要的事情。归根结底，意愿是指找到一种方法，在有意义和富有成效的生活中携带痛苦一起前行。当你愿意过这种生活，并且愿意包容个人的痛苦和欢乐时，你就能逐渐摆脱痛苦。

这并不容易。这种痛苦（一边拥抱焦虑一边继续生活）就像成长之痛。以第5 章中的皇蛾为例，不经历痛苦和挣扎，皇蛾无法飞翔。有时，你会快速自动开启与 WAFs 的拔河比赛，以至于你过了一段时间才意识到。发生这种事时，你只需要注意发生了什么，然后放开绳子。你刚刚陷入了挣扎的陷阱。给自己 3 秒钟的时间恢复。让自己振作起来，然后做好你接下来要做的事情。这是你在起飞和学会飞翔之前的一个过渡期。

记住，你可以通过怀抱意愿做出不同的选择：对焦虑的体验敞开怀抱并温和以待。如果你愿意拥抱你的焦虑体验，就能过上充满活力而有意义的生活。

---

### 练习：意愿开关

在你面前有两个开关，它们看起来像电灯开关。一个开关叫"焦虑"，另一个叫"意愿"。这两个开关貌似可以被打开或关闭。你可能在阅读本书时希望找到关闭焦虑的方法，但这不可能。焦虑的开关失灵了。这甚至会让你觉得自己是焦虑的受害者，觉得自己很无助。你感觉很糟糕，一次又一次面临失望。

告诉你一个秘密：意愿开关其实更为重要，因为它才能改变你的生活。与焦虑开关不同，你真正可以控制的是意愿开关。在意愿面前，你不是无助的受害者，因为这个开关由你的行动掌控。记住，你可以打开或关闭意愿开关，这是你的选择。

如果你打开意愿开关，我们也不确定焦虑会有何反应。但我们知道，你只要做出选择，就真的能开启意愿开关。然后，你的生活就会开始发生变化。你可以开始做你真正想做的事，开始朝着你的"人生价值墓志铭"前进。

在上述比喻中，我们并未忽视焦虑，只是鼓励你把注意力从不可控的事物转向可控的事物。你可能不知道放弃控制焦虑的结果，可能有自己的主观臆断。但你的经历揭示了什么？你曾试图拥抱过你的焦虑吗？如果这样做，你的生活将发生令你意想不到的变化。

## 意愿是付诸行动，而非尝试去做

当我们和他人谈论意愿时，我们听到的第一反应通常是"我会尝试""下次我焦虑的时候，我会尽量尝试打开意愿开关，而不做我通常做的事"。而当事情没有成功的时候，我们会听到："我曾尝试去工作，面对失败的恐惧。我已经很努力了，但就是做不到。因为我太焦虑了，所以出不了门。"

下面这个练习简短而有效，你将明白，意愿是全或无的行动：你要么做，要么不做，而非尝试去做。

### 练习：尝试捡起一支笔

为了帮助你理解我们的意思，请坐在桌前，在面前放一支笔。然后请你尝试拿起笔，尽你所能去尝试。来，试试看。如果你伸手拿起了笔，请停止！这不是此次练习的要求。你需要尝试把它捡起来。经过一番努力，你可能会明白你做不到这样。确实如此，你要么把它捡起来，要么不捡。没有人能在试图拿起笔的同时真正把它拿起来。

你试图拿起笔时可能会注意到，你的手正悬在它的上空。这就是尝试的结果：让你在生活上方犹豫，与你想做的事保持距离，比如试图减肥、试图多锻炼、试图跳槽、试图当个好伴侣、试图成为好家长、试图更有条理、试图做更好的倾听者，或试图减少焦虑。尝试只能让你徘徊犹豫，陷入困境。

其实尝试仍是"不做"。因此我们从不希望你尝试任何事，你必须先愿意做出选择。如果你心甘情愿，而不是有点儿愿意，那就放手去做。如果不愿意就不要做。记住，意愿是个开关，只有两个选项，而不是可以调控数值的表盘。就像一个女人不可能有点怀孕（她要么怀孕了，要么没有），你不可能有点儿愿意。

---

即使你怀抱 100% 的意愿，也未必能得偿所愿，所以要专注于行动而不是结果。行动无关胜负，比如你决定拿起笔，然后发现它从你的手中掉落到了地板上。大脑宣判了你的失败，但经验告诉你，如果你愿意，仍然可以弯腰捡起笔。生活中的某些事需要坚持，你需要不断付出努力才能达成目标。失败是大脑的一种主观评价，我们喜欢称头脑为想法机器，它源源不断地生产批评，你可以选择不受其干扰。

你是否愿意手脚并用，和你的焦虑一起迈向理想生活？记住，意愿既不是一种感觉，也不是一种想法。它只是一种选择和承诺——拥抱你拥有的一切。这将让你自由地去你想去的任何地方。

## 那么，你愿意吗

你现在应正视事实，为你的行动负责。即使你正被 WAFs 严重影响，你也能控制自己的行为，包括你与自己和情感生活之间的关系。这是件好事。

有时，你会找不到出路，求助于以前的回避与挣扎，你的头脑以各种借口劝你退缩。这时培养意愿很重要。

到目前为止，我们认为愿意拥抱你的 WAFs 这一点可能听起来很疯狂。事实上，当你翻开本书时，你很可能不愿意面对你的 WAFs。你可以回顾上周的"LIFE 工作表"，看看你对每一个 WAFs 情节的意愿评级，然后计算你回答"是"与"否"的次数。如果你上周没有遇到过 WAFs，那么请统计你遇到的意愿。

你回答"是"的次数是（例如，我 100% 愿意拥抱我的 WAFs，而不对它们

采取行动，管理、摆脱、压制或逃避它们）：＿＿＿＿＿＿＿＿＿＿＿＿＿

你回答"不"的次数是（例如，我 100% 不愿意拥抱我的 WAFs，而不对它们采取行动，管理、摆脱、压制或逃避它们）：＿＿＿＿＿＿＿＿＿＿＿

## 意愿不是感受

许多人把愿意或不愿意看作一种感受，但事实并非如此。因此，当我们鼓励你怀抱意愿时，并不是在要求你改变你的感受。你仍然可以认为你的 WAFs 是令人不快的，你也可以不喜欢它们。

有了意愿之后，我们要求你做出一个选择。那就是容忍 WAFs 的存在，与它们待在一起，并停止以伤害你和你的生活的方式消灭它们。

如果你愿意做出承诺，那就拿起笔在下面的横线上签下你的名字。如果现在你还做不到这一点，那就稍作休息，在继续读下去

> 你的承诺是尽力而为，它不是对成功的承诺。

之前，深入挖掘你在生活中的焦虑。想想你付出的成本和写下的两篇墓志铭，你是否真的愿意过上理想的生活，现在你真正的阻碍是什么。从翻开本书到读到这里，你已经迈出了大胆的一步。你拥有继续前进所需的必备条件。

---

### 意愿承诺书

我愿意和我的 WAFs 一起朝着我想要的生活方向前进。


签名：＿＿＿＿＿＿＿＿　　　日期：＿＿＿＿＿＿＿

---

## 生活改善练习

本周，我们建议你：

□ 把正心练习作为日常生活的一部分。

　　□ 继续使用 LIFE 工作表，关注你日常生活中的 WAFs。

　　□ 觉察你与 WAFs 的关系：是友好的还是敌对的？

　　□ 在真正不可控的领域注意你的行动，学着放下绳子，做你自己。

　　□ 记住，变化是一场旅程，而非目的地。

## 核心观点

　　与其选择与 WAFs 斗争，不如放下绳子，积极做出回应。回应能力（response-ability）是一个非常积极和自由的概念。你可以控制你的选择和行动、言谈举止，以及对 WAFs 的回应方式。接下来的所有章节都是关于培养你选择的意愿和能力，采取行动，在生活中向前迈进。它们将帮你发掘控制的最大潜力。这就是你掌握自己命运的方式。

---

**回应能力是控制我的选择、行动和命运**

**要点回顾：** 我可以选择如何回应 WAFs。做出全新的选择可以改善我的生活。我能做出回应。没有尝试，只有去做。

**问题思考：** 我愿意全力以赴地行动，带上焦虑一起奔向我理想中的生活吗？

---

# 第 10 章

# 以正念接纳的态度来生活

> 天下莫柔弱于水，而攻坚强者莫之能胜，以其无
> 以易之。弱之胜强，柔之胜刚，天下莫不知，莫能行。
>
> ——老子（公元前 6 世纪）

慢慢体会老子带给你的感悟。准备好后，在下列陈述后的横线上填写你想到的第一个名词。

我的 WAFs 就像＿＿＿＿＿＿＿＿。
我对 WAFs 的反应就像＿＿＿＿＿＿＿＿。

现在，停一下。看看你的大脑是如何描述你的 WAFs 以及你的反应的？你是否想到了用来描述柔软、温和、轻盈或易弯曲的事物的名词？恐怕不是。你更可能想到的是用来描述坚硬、不易变形的事物的名词。如果把描述你对 WAFs 的看法和反应的词放在一起，会给人一种硬碰硬的感觉。

你的评判性思维极易把想法、感受、感觉和记忆等灵动的东西，变得坚硬和沉重，让你远离生活并毁掉你的生活。你一旦这样想，自然会渴望摆脱 WAFs。但问题在于，抵抗和挣扎也是艰难和沉重的。因此，你不仅背负着 WAFs，还背负着斗争失败的负担。你需要停止这个恶性循环。

老子在《道德经》里揭示了一个简单的道理：以柔克刚。记住这句话，因为接下来的内容全部都基于此。这颗智慧的珍珠能最大限度地缓解人类的痛苦，化解之道就在于化百炼钢为绕指柔，想要防御时反而要拥抱，出现逃离的冲动时反而要奔向生活。最重要的是，你要学会培养温和、仁爱和慈悲的能力，这与你的心灵、身体和世界有关。这些更柔和、更流畅、更灵活，以及更富有活力的品质可以概括为两个词：正念接纳。

正念接纳是一种生活方式：观察你的挣扎而不作评判，感受痛苦而不沉溺其中，尊重伤害而不成为施害者。它不是一种感受或态度，也不是来自某种神秘的水晶或开悟。塔拉·布莱克（2004）说过，这种练习包括愿意如其所是地体验自我和生活。正念接纳也是一项技能，它能让你真正摆脱痛苦。但这项技能和其他技能一样，需要练习和努力学习。

在学习这项技能之前，请先回顾上方的填空题。针对最棘手的 WAFs 问题，我们希望你稍作调整，再做一次练习。

---

## 练习：重塑 WAFs

这个练习旨在帮助你了解温和地回应 WAFs 会给你带来什么。请找一个安静、舒适的地方，准备花点时间反思你的 WAFs。以最快的速度在下面的横线上写下你头脑里涌现的所有词语，不用特意加工。

马特长期受到恐慌症的困扰，以下是他对自己的 WAFs 的描述：我的 WAFs 是讨厌的、无能的、强烈的、压倒性的、揪心的、痛苦的、负担、一面墙、一把刀、糟糕的、令人疲惫的、可耻的、令人尴尬的。

现在轮到你了，我的 WAFs 是 ＿＿＿＿＿＿＿＿＿＿＿＿＿＿＿＿＿＿＿＿＿＿＿

＿＿＿＿＿＿＿＿＿＿＿＿＿＿＿＿＿＿＿＿＿＿＿＿＿＿＿＿＿＿＿＿＿＿。

写好后，我们希望你能将自己代入上述词语中，花一分钟时间进入这种状态。然后切换到下方的第一个词，读慢一点，闭上眼睛，进入状态。想象一下，当你的 WAFs 出现时，你正在做声明里所指的事情联结下列每个词语代表的品质。让这些品质触碰你。努力成为这样的人。这就是我们所追求的更加温和的回应。

我将以这些品质来柔化我坚硬的 WAFs。

**柔和—温和—仁慈—开放—怜悯**

**爱—耐心—幽默—关心—好奇心**

我们希望你重复这个练习，通过在你想出的关于 WAFs 的描述和我们给出的每个品质之间来回切换。想象你在温和地回应你僵硬的 WAFs。每次给自己至少一分钟的时间接纳一个新的词语。

你在做练习时有新发现吗？你在来回切换时对 WAFs 是否改变了看法，哪怕只是一点点？尽管你尚未发现。若是如此，请问自己：做完这个练习之后，你会用和之前一模一样的词描述你的 WAFs 吗？即使你选择使用同样的词语，你是否真的需要相信并服从它们？

---

如果你尚未发现任何显著变化，不必担心。这个练习只是为了揭示正念接纳给你带来的好处，哪怕只有一点点好处。它可以磨掉 WAFs 的棱角，也可以减少你抵抗的冲动。真正要做到这点还须不断锻炼正念接纳的技能。记住，水滴石穿：挣扎、斗争和拿起绳子的倾向需要慢慢被柔化。

你能做出更温和、更有技巧的回应。通过不断练习，你会发现，正念接纳不仅适用于减轻妨碍你生活中的令人痛苦的焦虑和伤害，还可以应用于生活中的很多方面。

## 接纳的定义与功能

许多和我们一起工作过的人都曾经告诉自己：我只需要接纳我的焦虑。事实上，这种说法很常见，你可能也曾这样告诫自己。但是，问题是大部分人都没有真正理解什么是接纳。

人们以为接纳就是忍受，因此会放弃或停止改变的努力。"接纳"一词也会引起许多负面联想，比如屈服于痛苦、放弃、退却、软弱或表现得像个废物，这些都属于被动的接受。这种看待接纳的方式有害无益，因为它会让你陷入困境：让你的 WAFs（你无法控制的）支配你的行动（很多时候是你可以控制的）。放弃并屈服于 WAFs，将使你更加自我贬低，最终导致更多的挣扎和痛苦。

这里有一个更重要的关于接纳的观点。"接纳"这个词的字面意思是"接受所提供的"。这是一种选择，无论发生什么，都要敞开心扉。有了这种接纳，你就是在积极地做一些不同的事情。你选择的是敞开心扉并如其所是地与其同在。

当你这么做的时候，你可以料想你的大脑可能无法愉快地接受。因为它曾告诉你：焦虑是你的敌人，与它相伴随的痛苦让你无法成为自己想成为的那种人、拥有理想的生活。

所以你似乎只能二选一：什么也不做，沉浸在情感的痛苦中；或挣扎着赶走痛苦，远离生活。第一种是消极接受，第二种是完全拒绝，二者都不是好的选择。你的经历表明了一切。

正念接纳是第三种选择，好处多多，我们一起来探寻。

## 正念接纳积极、柔和、至关重要

正念接纳是一种积极的、全神贯注的、柔和的生活态度，它将引导你接纳你的身心和你的生活经历。你只需要注意到你的想法和感受，并允许它们存在——这不意味着喜欢或认同它们。

接纳是指承认并体验过去与现在发生的一切，不做评判，不去纠结于其中。这将帮助你清醒地看到现实的本来面目——现实并不像你的评判性思维和过去的历史所告诉你的那样。

---

### 练习：啊！好一朵_____的玫瑰

为了更好地理解，可以试试这样做：闭上眼睛，想象一场蒙蒙细雨之后，一朵亭亭玉立的玫瑰刚刚被人剪下，呈现在你面前。请你仔细观察，注意所有的细节：花瓣的质地、气味、形状和颜色。观察玫瑰身上斑驳的光影、欲滴的露珠和带刺的花茎，有意注意玫瑰的品质和你的感受。

在练习中，你是否对玫瑰做出了评价？你可会想：好漂亮啊，或者它闻起来真香。你也可能做出更多的负面评价，比如"这是一朵丑陋的玫瑰""这个练习糟透了""这朵花真蠢"。你甚至可能会联想到某一段浪漫的关系或变味的关系。

请注意，你的评价丝毫不能改变玫瑰本身，无论你怎样想，玫瑰就是玫瑰。并且还要注意，你对玫瑰的评价并非玫瑰本身，它并不会被你这样或那样的想法左右。正念接纳是一种很有效的觉察方式它可以让你发现自己是在评估自己的体验，而不是沉浸在原始体验中。接纳召唤你向生活敞开心扉。

---

正念接纳也有一种热情和友善的品质。我们喜欢称它为行动中的同情。有了它，你就能培养自己柔软温和地面对顽固的评判性思维与情感上的伤痛的能力。当你这么做的时候，你也会削弱评判性思维的力量，免于被焦虑、恐惧、伤害、羞耻、愤怒或悔恨所吸引，所有这些负面能量都会把你从生活中拉出来，让你陷入困境。

设想一下，假如你被要求去一个可能引发 WAFs 的地方，你可能会一下子僵住。这是一种蜷缩、紧张或封闭的感觉，可以瞬间发生。

> 接纳意味着觉察并确认你的体验，而非喜欢你的体验。

当你变得更麻木时，你的大脑一片空白。你想逃跑，想撤退，想远走高飞。评判性思维会让你脱离当下，然后你可能又开始寻求舒适区，这会让你陷入困境，捡起绳子开始自我挣扎。

## 正念接纳帮助你摆脱困境

正念接纳效果强大，可以让你挣脱束缚，向前迈进。其始于培养意愿，愿意与内在冲动同在，而不付诸行动去摆脱不愉快的感受，不被头脑与经验驱使着去做一些只能图一时安慰的事情。然后你会对自己正在经历的事情感到好奇，并选择看清实相，弱化想要远离 WAFs 的冲动。认清实相、更温和回应为做出重要选择创造了空间。

这个过程平平无奇。你决定做出行动。你选择放下与过去伤痛的斗争，无论它们是忧虑、焦虑、恐惧，还是愤怒、恶意或悲伤。你通过对 WAFs 的想法和感受给予善意和温和的关注，允许它们存在，来释放它们。我们的同事杰弗里·布兰特利（2003）将这个过程描述为和自己及 WAFs 做朋友。

我们很容易无意识地生活，就像自动驾驶仪一样。我们的头脑常常沉浸在过去或者未来的某个地方。但是，你知道你只能活在当下，因为你身处于当下。当下是你能改变生活的最佳时机。

很多时候，你会被评判性思维吸引，陷入困境。头脑常为我们增添负担，营造与事实不符的幻象。如前所述，小鸭子就是鸭子，不管你怎么想，丑小鸭和可爱的小鸭子都是鸭子。

正念接纳正是这样起作用的。它帮你认识到头脑游戏的本质：替代的现实并非现实本身。正念接纳将使你不再认同挣扎，把对 WAFs 采取行动的冲动仅视为冲动。你将学会与它们共处，无须改变它们或任其摆布。当你开始温和地回应你的心灵、身体和世界时，事情自会改变。你的心胸豁然开朗。在稍后的中国指套练习中，你将了解这一过程。

## 正念接纳是一种技能和基于价值的选择

人们常把正念冥想与宗教联想起来，如佛教。二者虽然相似，但你无须通过信仰宗教来练习正念。正念是一种善意地观察你的经历的技能，日复一日如其所是地观察你的经历——也就是你身体内外发生的事情。

问题是，我们大部分时间都在解释、评估和判断我们自身、他人、过去和未来，以及我们的世界。这样做时，我们并未专注于当下。正念接纳将使你更充分、更诚实和更开放地接触你所经历的一切。你会更加清楚地看待事物，获得一种观察的视角，见山是山，见水是水。

这可能很困难，因为当我们敞开心扉并面对自己不太喜欢的事情时，我们都有逃跑的本能反应。但接纳无须你喜欢这些令人不愉快的事物，你只要承认它们的存在，不再斗争或否认。这样会帮助你释放潜能，创造自己想要的生活。

我们只追求趣味与诚实，你可以更充分地注意到不愉快、不安、不舒服、伤害甚至是快乐、善良和美好。我们旨在将其与关怀、怜悯和爱意等柔和的品质关联。因此当你练习正念接纳时，需要记住，这绝非减弱 WAFs 痛苦的另一种巧妙的解决方法，否则你将错失良机，并可能对结果感到失望。

当你应用正念接纳时，你将会看到头脑里的想法就是想法、意象就是意象、感觉就是感觉、感受就是感受，你的 WAFs 只是它们的集合，仅此而已。你将能识别评判、负面评价和恼人的冲动，并赋予它们温和的好奇心、仁慈、慈悲、关爱和完整等品质。这并非易事。如果不学习对体验怀着慈悲的观察，几乎不可能做到这点。因此实践对于正念接纳至关重要。

起步时，最好是在家中，或在舒适、安全的环境中练习正念接纳。当你在这面越来越熟练时，你可以逐步扩展到有更多压力、更易引发情绪波动的情况，包括那些涉及 WAFs 的情况。大量研究表明，这将在很大程度上帮助你不被评判性思维吸引。

## 正念接纳开启新的解决之道

因为与 WAFs 斗争毫无作用，接纳为新的开始、回应方式开拓了空间，所以我们专注于接纳。它是挣扎的解药、能够扩展生命、允许你控制你的所作所为。接纳就是做一些崭新的事情。

我们不是说你的头脑是你的敌人。你的头脑不是问题，甚至爱挑剔的评判性思维也不是问题所在，尽管它会导致你产生一连串循环的可怕想法和意象。

当你被那些想法和意象钩走，强烈地相信甚至认同它们，任凭其将你带离生活正轨时，问题就出现了。此时你完全陷入头脑之中。正念接纳会帮助你打破幻想，觉察当下。让你明白头脑何时有利何时有弊。这样理解才是关键所在。

你无法靠想象和感觉去生活，你需要通过用手、脚和嘴做出实际行动来创造生活。每当你的头脑对你有益时（有时确实如此），就倾听它，按照它说的去做。但如果倾听它使你陷入困境，就需要重新盘算：在你的头脑所说的有效且重要的事情和你的经验所说的有效且重要的事情之间留出一些温和的空间。重新开始采取行动，这是唯一重要的事情。正念接纳将帮你做到这点，创造需要的空间。

---

### 练习：中国指套陷阱

为了理解创造空间的含义，想象你小时候可能玩过的中国指套陷阱，即一个编织的稻草管，大概 14 厘米长、1.3 厘米宽。也许你可以去道具店或小卖部买一个中国指套，真正完成练习。如果没有找到，可以在想象中完成练习。

拿起指套，将食指插入管子的两端。在你完全插入手指后，试着把它们拔出来。如果你这样做，管子会夹住你的手指并不断收紧，减少血液循环，此时你会感到一些不适。

你或许会困惑。拔出手指是显而易见的解决方案。但这并不奏效。你越想挣脱，就越受束缚。WAFs 陷阱也是如此。

指套陷阱表明，我们之前依据本能选择的解决方案往往不能解决情感和心理上的伤痛问题。这些所谓的解决方案带来了更大的问题。从焦虑和恐惧中抽身而出貌似自然合理，能够逃离陷阱，实则带来了更多的不适与问题，这点你早有体会。你落入陷阱了！

好消息是，有一种有效的替代方法，并且得到了我们研究的支持。为了达到目标，你必须做一些与传统相悖的事情。与其把手指拉出来，不如推进去。这个动作会给你更多的空间与回旋余地。这就是接纳所带来的。

接纳是反直觉的事。当你练习拥抱痛苦和焦虑，而不是与之拉开距离时，你将学会与你的体验共处。你承认这种不适，为它留出空间，允许它存在，而不采取任何行动，不去想着消灭它。这将给你足够的空间来活动和生活。

## 正念接纳的四个品质

正念和接纳对很多人来说是很难弄明白的概念。尽管如此，人们还是对正念接纳的四个品质达成了普遍共识。乔恩·卡巴金（Jon Kabat-Zinn，1994）是美国知名正念学者与治疗师，他将正念的基本品质归纳为以下定义："一种有目的的、当下的、非评判的特殊专注方式。"做练习之前，让我们一起来逐个解读。

## 专注

专注于此时此地十分困难，因为我们不断受到来自外界和头脑的干扰。它们都能使你瞬间与现实脱节。如果你遭受过创伤，那你应该非常了解这点。

最重要的是，你那挑剔的评判性思维也常常使你与当下脱节。你可能会花时间思考生活、回忆过去、展望未来，并且倾向于按照旧有的习惯性想法、感觉、关系和行为反应模式为人处世。这些行为反应模式可能已经伤害了你和你身边的人。所有这些活动都将使你远离当下，并把你引向你不想去的方向。

学会全然专注、尽可能减少防御可以帮你逃出陷阱，帮你与自己和世界更加全面地接触，活在当下。专注就是与你自己和你的生活环境有更多的接触。更多的接触意味着有更多潜在的活力。更多的活力意味着你会得到更加良好的感觉，不断成长。如果你无法专注，就没有办法学习和成长。

## 抱有目的

要想专注，你必须有意识地选择去做，并且随时随地反复去做。仅这一点就很难实现。但这是前所未有的做法，你带着温和的好奇心观察正在发生的一切。当你越做越熟练时，你不再产生那些陈旧的、无用的、困扰你的想法。你并非从体验中抽身而出，而是有意地投入其中。

有时你会陷入让你停滞不前的旧的自动化模式。诀窍是意识到这种情况何时发生，重新下定决心有目的地行动，然后重新注意到真正发生了什么。当旧习惯不时冒出头来，你只需注意到它们。不要因"失败"而沮丧，相反，要为意识到这些死胡同而心存感激。你可以对它们说：我的旧事又来了。然后，在感谢你的头脑和身体的提醒之后，你可以温和地、有目的地回到你真正想要注意和想做的事情中。

## 活在当下

我们都活在当下，但都会被头脑带到别处。你肯定也有过这种经历，它随时随地都会发生，而且发生的次数比不发生的多。一边洗澡一边想穿什么或接下来做什么，就是一个很好的例子。你的身体在洗澡，思绪却不在这里。你可能有这种经历：读了一页书或报纸，视线滑向书的底部时，你却忘了刚刚读过的内容。

或者你可能一边开车一边想东想西，最后才意识到你已经开了八公里了，却不记得路上的风景，甚至可能错过了出口。

重点在于我们很容易与当下脱节。当这种情况发生时，你可能且经常会错过此时此地的体验——这是唯一真实的地方。

## 非评判

这是正念接纳中最难习得的品质，并且绝对需要循序渐进。正如我们在前面的章节中看到的，所有人都有评价和判断自己所有行为的倾向：好或坏、对或错、酸或甜、应该或不应该等。

你知道自己评判情况、他人和自己的想法、感受和行为的方式通常会引发连锁反应，使评价和痛苦不断增加："这太可怕了""真是个白痴""我怎么能那样做""我再也受不了了""为什么我不能成为正常人""我怎么又这样"——这就是你与 WAFs 斗争的燃料。并且这些评判于你毫无用处。

积极的评判也可能存在问题："我需要……""我想要……""我本应该……""我应得到……"所有这些评判都来自你认为你错过了一些东西，或者你必须拥有一些东西。当你固守这些想法时，尤其当它们自动且强烈地涌现时，你会很快失去焦点，忘记重点，并陷入挣扎和自责的循环。

问题在于你对评判太过依恋，太过认真。我们不是要求你停止评判和评价。这绝不可能，因为没有一种健康的方法能阻止你的大脑这样做。解决办法是：注意到评判而不服从它的命令。

所有的评判都创造了一种关于现实的幻觉，但事实并非如此。当你把想法与现实混为一谈时，你就会与当下的体验脱节，最后挣扎着消除不悦，买一些你没有的东西。也许你追求的是心灵的平静、放松甚至是幸福。你的大脑让这些品质看起来像是能被你拥有、获取和保存的东西，你的评价似乎也是真实的。

在这里停一下，看看你的经验，是否真的如此：你能像得到一罐苏打水一样得到幸福，拥有它并尽可能久地保存它吗？又或者幸福感正如想法和情感一样，会随着时间的推移而起伏？情感可以像物体一样被获取并保存吗？若你觉得你可以抓住它们，并听从你的评判性思维，最终你会很痛苦。

将接纳的品质（意愿、开放、慈悲、仁慈和有趣）付诸行动，是冲淡你的

WAFs痛苦的唯一最有效的方法。当你把这些温和的品质与专注、抱有目的、活在当下、非评判结合在一起时，你将不需要挣扎，并且你可以自由地做对你重要的事情。

你可能很难想象把这些非评判的品质注入你的体验会发生什么，特别是当不愉快的想法、记忆或感受出现的时候。我们几乎可以肯定，你的大脑会继续评判你的体验。你只需认识到这些评判是思维的产物，一旦它们出现，你就可以为它们贴上"想法"的标签。慢慢学会减少评判，这并不神秘。你能做出选择。

你可以选择继续和不愉快的体验硬碰硬。或者选择对自己更友好、更温和，在你与头脑告诉你的事情（陈旧的故事）之间创造空间。这是你能为自己做的最具善意的事情。这一选择完全取决于你。如果你愿意以柔克刚，那么你将做一些崭新的事。这个过程需要循序渐进。路上还会有很多挫折。重点在于朝着崭新的方向继续前进。

## 正念接纳练习

正念练习是一种学习方式，我们将了解自己无法选择进入头脑的想法和感受。我们只能选择自己专注的对象、专注的方式以及行动。以下练习能帮你做到这点，它需要大约15分钟的时间。

这个练习的重点仍是呼吸，因为你的头脑和身体在不断变化，就像你的呼吸一样。你将专注于呼吸，同时允许想法、情感或感觉来来去去，不与它们纠缠。如果你在专注的同时保持开放与仁慈，就会注意到这些内部活动确实每时每刻都在变化，无须你付出任何努力。你也会逐渐意识到，无论它们看起来有多糟糕，它们都既不会永远存在，也不会造成任何伤害。

记住，这个练习并非为了让你感觉不同、更好、放松或平静。它可能会有这种效果，也可能没有。你只需对所有感觉、想法或忧虑，怀有仁慈与善意的觉察就好。学会保持对WAFs的爱心，尽量带给它们温暖和慈悲，这是拥抱焦虑的具体做法。

记住，正念接纳是一项技能，坚持练习才能为你所用。我们的目标是培养这项技能，让你能随时随地地在生活中应用它。练习方式没有对错之分。重要的是，在成为一个更好的观察者和生活的参与者的道路上，你承诺坚持练习。

我们建议你选择一个安静的地方，在那里不易分心，并且感到舒适，让我们称它为宁静之地。如果你已经了解这个练习，并决定把它记在脑子里，就慢慢做。

## 练习：接纳想法与感受

找一个舒服的地方坐下，腰背挺直，双脚平放在地板上，不要交叉双臂，也不要跷二郎腿，双手放在膝盖上。轻轻闭上你的双眼。

慢慢融入你的呼吸和你的身体感觉。当你这样做的时候，慢慢地把你的注意力转移到胸部和腹部，它们随着呼吸起伏。就像海浪起起落落，你的呼吸也总是在那里。注意它的节奏……感觉的变化模式……空气进出鼻孔时的温度……胸部和腹部的运动。仔细感受空气进出身体时的感觉。

不需要控制你的呼吸，让呼吸自然地发生。尽你所能，慷慨地允许、温和地接纳你的体验，如其所是。

你的注意力迟早会从呼吸转移到其他事情、想法、忧虑、意象、感觉、计划或白日梦上，或者，它可能只是随波逐流。它总是这样。当你发现自己走神时，只需要承认这一点。然后，轻轻地，怀着善意，重新将注意力移到呼吸上来。

如果你觉察到了其他紧张或强烈的身体感觉，只需留意它们，承认它们的存在，看看能否为它们创造空间。想象每一次吸气，你都在为身心创造更多的空间，看看你是否能在回到呼吸时接纳它们。

你或许会注意到身体里的感觉，以及它们如何在每时每刻发生变化。有时候，它们变得更强烈，有时候没什么变化，有时候变得更微弱，变化的强度大小不一，但这不重要。你只需平静地呼吸，想象呼吸进入身体里那个让你感到不适的区域，然后从那里呼出。当你这样做时，提醒你自己，你正在更好地感受你的一切，与之相处，如其所是。

伴随着身体的感觉，你也可能注意到对感觉的想法和对想法的想法，注意到头脑又产生了评价，比如"危险"或"更糟"或"无聊"。若是如此，注意到这些评价，然后将注意力移到呼吸和当下上来。评价只是评价，想法只是想法，身体感觉只是身体感觉，感受只是感受，不多不少。

若你愿意，可以给这些想法和感受贴上标签。例如，如果你发现自己沉湎于过去，就给它贴上"回忆"的标签，然后将注意力移到呼吸上来；如果你发现自己在担心未来，就给它贴上"忧虑"的标签，然后再次回到当下，此时此地，与呼吸同在。如果你发现自己在评判……注意到这一点，然后回到当下的呼吸上来，怀着善良与仁慈拥抱你的体验。

想法和感受在你的头脑和身体中来来往往。呼吸停留在这一刻。你是体验的观察者，并非想法和感受所说的那样，不管它们有多么持久或强烈。你就是体验发生的地点和空间。让这个空间成为一个亲切的空间、一个温和的空间、一个充满爱的空间、一个温馨的家园。

本次正念练习结束时，你承诺将活在当下的有意觉察带到一天剩余的时光中。当你准备好之后，慢慢拓展你的注意力，倾听你周围的声音，缓缓睁开你的眼睛。

---

万事开头难，提醒自己你正在学习一项新技能。但不要让困难和评判阻碍你在本周和未来几周内重复这个练习。评判通常会在你试图达成特定目标时浮现，比如平静、平和，或者减少焦虑、恐惧或抑郁。如果目标尚未达成，你很容易走神，有挫败感，但这并非现实。

记住你的目标是体验当下，不是其他地方。允许多种结果的可能性，在练习中善待自己。

完成本章末尾的工作表，在未来数周记录这个练习的体验，这会很有帮助。这会使你的练习结构分明，并给你一个地方来记录你的进步。我们在工作表中呈现了示例。你也可以在本章章末找到此表。如有需要，可以多复印几份。你可以在日常生活中练习正念接纳，不需要闭上眼睛。以"正念行走"练习为例，你可以睁着眼睛。这一技能在于学会回归当下与生活，如其所是。正念觉察你的体验将帮你学会这一技能。如果你尚未熟练掌握这项技能，可以复习正念行走，在生活中寻找更多的正念练习机会，比如洗碗等。

## 生活改善练习

正心练习是培养觉察的绝妙方法。我们新增了"接纳想法与感受"这个相对简单的练习。你已通过正念练习学习了专注于呼吸的技能，这项技能将用于之后的练习。大多数人都会走路，正念行走将帮你带着存在感移动，好处在于你可以随时随地进行练习。

关键是不要被这本书的练习压垮，而要在生活中开始做崭新的事情，滴水成涓，汇流成河。

因此本周，请在你的待办事项清单上写下以下活动：

- □ 每天练习接纳想法与感受。
- □ 在生活中练习正念行走。
- □ 若你愿意，继续做之前的任意练习，专注于这些练习可以帮助你拓展心灵空间和转换视角。
- □ 注意你是否在抵触我们的方法。若是如此，稍作暂停，看看你可能会喜欢什么。比如，如果你不再被焦虑和恐惧束缚，生活会有什么变化？也许变化十分可怕：你不清楚自己是谁，也不知道没有 WAFs 时能做什么。
- □ 最重要的是，抱有耐心。你正在处理的问题并不是一夜之间形成的。使用本书中的材料是一种自我关爱的行为，也是一趟拥有新道路和新方向的人生旅程。

## 核心观点

你的所作所为皆在当下：思考发生于当下、回忆发生于当下、感受于此刻展开，冲动也是如此。你活在当下，也在此体验代价。当下是你唯一能采取行动改变生活的地方。

但是我们必须学会活在当下。确实，正如伊丽莎白·莱瑟（Elizabeth Lesser，2008：97）所言："就像学习钢琴音阶、篮球训练、交际舞课程……随着练习的增加，你会更加熟悉这种艺术形式本身。你做练习不是为了成为音阶演奏者或操练冠军，而是梦想成为音乐家或运动员。同样地，练习冥想也不是为了成为冥想者。我们冥想是为了觉醒与生活，成为生活的艺术家。"。

学习任何新技能都需要实践和承诺，正念接纳也不例外。你必须用心、怀抱意愿，反复练习，才能变得熟练，练习的重要性就在于此。但练习不是最终目的。学习正念接纳是你走出痛苦、回归生活的一部分。你做得越多，就会变得越好。

注意：借正念接纳逃离 WAFs，只会重蹈覆辙、陷入困境。若你一直期待得偿所愿，你将无法正念。若你希望永远保持愉快，这绝无可能，因此你必须选择放弃这些想法。你也可以选择放下过去那种认为痛苦永远存在的想法（因为事实并非如此）。你必须对所有可能出现的东西保持开放态度。

请你自忖，你的内心是否足够广阔以包容你的一切与存在？若非如此，阻碍是什么？你是否能为新事物留出空间——不是喜欢或宽恕它，只是承认它的存在。通过练习正念接纳，以慈悲拥抱 WAFs 的想法和感受，它们将失去燃料。你不再战斗。助长 WAFs 的火焰因此熄灭，并且你将获得自由，向更有活力的新生活前进。这是你可以控制的事。

---

**正念接纳将我从 WAFs 中拉回到生活**

**要点回顾：** 接纳是一种重要而勇敢的行为。我可以选择承认 WAFs，不与它们纠缠，然后专注于我真正想要的生活。

**问题思考：** 我是否愿意以更多的仁慈和慈悲拥抱我的 WAFs？

# 练习：接纳想法与感受

## 生活改善练习工作表

在最左边的一列，记录你是否许下承诺在当天练习"接纳想法与感受"，并注明日期。在第二列，记录你是否完成练习，练习开始和持续的时间。在第三列，记录你在练习过程中遇到的任何情况。

**接纳想法与感受**
**生活改善练习工作表**

| 承诺：是 / 否<br>日期： | 练习：是 / 否<br>时间：上午 / 下午<br>时长：分钟 | 备注 |
|---|---|---|
| 承诺：㊐ / 否<br>日期：2014 年 5 月 30 日<br>星期六 | 练习：㊐ / 否<br>时间：上午 /⟨下午⟩<br>时长：20 分钟 | 难以保持注意力；易被消极想法干扰；害怕开放；我做对了吗？我将继续努力 |
| 承诺：是 / 否<br>日期： | 练习：是 / 否<br>时间：上午 / 下午<br>时长： | |
| 承诺：是 / 否<br>日期： | 练习：是 / 否<br>时间：上午 / 下午<br>时长： | |
| 承诺：是 / 否<br>日期： | 练习：是 / 否<br>时间：上午 / 下午<br>时长： | |
| 承诺：是 / 否<br>日期： | 练习：是 / 否<br>时间：上午 / 下午<br>时长： | |
| 承诺：是 / 否<br>日期： | 练习：是 / 否<br>时间：上午 / 下午<br>时长： | |
| 承诺：是 / 否<br>日期： | 练习：是 / 否<br>时间：上午 / 下午<br>时长： | |
| 承诺：是 / 否<br>日期： | 练习：是 / 否<br>时间：上午 / 下午<br>时长： | |

# 第 11 章

# 从观察者的角度来看：你比你的问题更重要

    "我在"（I exist）是每个人不证自明的恒久体验，
没有什么比"我"（I am）更不证自明的了。然而，人们
所说的不证自明的体验，即通过感官获得的体验，远
不是不证自明的。只有自我（Self）才是这样的。所以
自我探询很重要，"我"便是唯一答案。"我"即现实，
而"我是这个或那个"并不是真实的。"我"即真理，
是自我的别称。

——拉玛那·马哈希（Sri Ramana Maharshi）

    焦虑症患者常把自己当作 WAFs 本身。

    托尼亚是一位强迫症患者，她常将"我的强迫症"挂
在嘴边，仿佛那是她真正拥有的东西。或者以菲尔为例，
他常被"他的惊恐发作"所占据，他几乎变成了它。

    我们易被像"我很害羞"（I am shy）或"我抑郁了"（I
am depressed）这样的想法困住，甚至意识不到它们的产

生。每当你说"我（I am）……"时，你就成了你的感觉，比如上述的害羞或抑郁。你简直就是"它"了，你成了你最害怕的东西，这很伤人。

若你读到这里很不自在，这很正常。你应祝贺自己，因为你头脑中健康和有益的部分在反抗被贴上精神病或精神障碍的标签。

## 你远比你的 WAFs 更重要

回顾你的想法和感受，它们都属于你，但并不是你本人，这是重要区分。但你难以理性地理解这点，因此本章中的练习将帮你通过体验指导直觉。

焦虑和恐惧并非永恒存在，它们会爆发或消失。你只是体验与观察生活，而非焦虑、惊慌或恐惧本身。正如所有想法或情绪，焦虑会登台也会退场。你自己才是你生活永恒不变的观众。

想要了解这一点，可以想象一下你出生的那一刻。每个人都以同样的方式来到这个世界。我们虽然来到了这个世界上，但是对这个世界知之甚少，也没办法理解它。但我们拥有两只眼睛同时观察世界：有一个你出生于此，另一个你毫无经验地观察着这个世界。生命伊始，我们如同一只空瓶子。

然后很快，我们都开始积累经验，我们品尝、触摸、感受。我们开始说话，谈论我们的过去、自己、未来。我们收集甜蜜、痛苦和平淡的经验。我们不断经历，我们的生活不再空空如也，它变得丰富多彩。只要我们活着，生活就会不断充实。

你也有一只瓶子，里面装着你目前为止的所有经历。你可能花了很长时间收集瓶中之物。你认同某些事物，想摆脱某些事物，掩盖不喜欢的东西，或重整行囊，轻装上阵。

但是，在这里，我们想问你：到现在为止，一直伴随你的是什么？是你收集到的经历吗？或者，是那只空瓶子，是原本的那个你吗？在你刚出生的那一秒，当你尚未经历困难和痛苦、损失和欢乐、创伤和焦虑之时，你已存在。那只瓶子就是你：生活的容器和观察者，也是你的容身之所，它一直在那里。通过练习，你能更清楚地感知它，让它帮助和指导你。

事实胜于雄辩，让我们来看一些例子。让你体验一下我们所说的你生活的公正沉默的观察者是什么意思——它存在于你的内心，见证了你内心发生的一切。

当你在听音乐时，究竟是谁在听？虽然你的耳朵和大脑正在感知和处理各个音符，但又是谁将它们连成音乐呢？据迪帕克·乔普拉（2003）所言，是你内心沉默的观察者，它始终存在于你的内心，见证了你所有的经历。

你随时都能以观察者的视角看待你的任何经历，特别是焦虑的体验。例如，当你下次感受到心跳时，请观察是谁在倾听你的心跳：它也是沉默的观察者——安静地存在于你的体内。它的安静或沉默源于不评判你的经历，只以一种公正的方式见证它们。

学会观察你的体验可能会帮你不再那么重视 WAFs。毕竟，它们只是时间长河里的一个瞬间，是存在之海中的一朵浪花。你不必斗争，也没必要与它们战斗。你的任务是注意到你的 WAFs，并将自己与它们分开。就让 WAFs 随波逐流，来来去去，你只需站在安全的岸边默默观察。

还有另一种理解方式：你所有的感受和想法都是投射。你是一块电影屏幕，它们在上面播放。屏幕从未改变，意象却不断变化。一生中可能会有几百万个场景上演。不愉快的想法或感受出现在屏幕以后，很快就会演变成别的东西。屏幕并不对抗或抵制投射，它只为电影的播放提供空间，等待电影结束。你就是那块屏幕，生活在你身上显现。

我们并不要求你成为一台没有感情的机器人，就像热播电视剧《星际迷航》中的斯波克。观点采择和正念接纳不是要让你变得麻木或脱离你的体验。事实上，它们会帮你在情感和精神上更充分地投入生活，而不是习惯性地逃避和回避。作为一个观察者，它会给你提供空间来选择投入什么，放弃什么，以及如何利用你的时间和精力。

扣心自问，你的内心是否有足够的空间容纳一切——正如现在这样。如果没有，是什么阻碍了你？你能否为出现的事物留出空间，无须喜欢它或纵容它，只需怀有最大的善意承认其存在，而不要试图修理它。

## 学会采取一个公正的观察者的视角

如果你想真正观察生活，就必须专注于当下。想法常驻足于过去和未来，你必须放弃这些、选择此刻。记住：你只能生活在当下。

活在当下的第一个方法是，倾听你的身体。你可以有意觉察你的呼吸、心跳、姿态和紧张或僵硬。观察身体各部位出现的任何明显的感觉——疼痛或发热、沉重或颤抖的区域。这并非易事，因此你每天都需要练习。若你想在强烈的WAFs 中应用这些技能，最好先在其他情况下练习。这些练习可以帮到你。

活在当下的第二个方法是，有意注意并追踪你的意识：想法、情绪和动机。在任何 WAFs 中，你需要不断问自己以下关键问题。

□ 除了焦虑、恐慌、恐惧或紧张，我还有哪些感觉？

□ 我在对自己说什么？我在经历哪些"好与坏"或"对与错"的想法？

□ 我的行动动机是什么？避免不适的冲动将把我领向何方？

□ 我现在想做什么？我向往怎样的生活？

保持当下的一个有用策略是用简单的押韵短句来提醒你作为观察者的角色。我们喜欢推荐孩子们在学习校车安全知识教育时的提醒：观察、检查和听话，看看有无东西被落下。当你发现自己在评判时，不要抵抗，不要因此自责，只需观察它们。归根结底，判断只是种想法。不要被它迷惑。对于观察者来说，无对错之分，只有注意、体验和学习。

## 从观察者的视角来看是什么感觉

许多人很难想象从观察者的视角看待生活和我们的经历会是什么样子。尽管我们沉默的观察者一直存在于我们的心中，但我们仍不习惯这个视角。因此我们的澳大利亚同事路斯·哈里斯（2008）想到了以天气来隐喻观察者的视角。

生活就像天空，想法和感受就像天气。天气变幻莫测，但即使是最糟糕的雷暴、最疯狂的旋风、最冷的暴风雪，无论是何种情况，天空都不会受伤。尽管天气再糟糕，天空都有足够的空间容纳一切。如果我们愿意坚持，总能见证天气变好。有时我们忘记了天空就在那里，因为我们不能透过所有那些乌云看到它。但如果我们飞得足够高，即使是最黑暗、最厚重的雨云也不能阻止我们最终到达万里晴空。辽阔的天空通达四方，无边无际、无始无终。通过冥想，你可以逐渐接触体内的某个开放包容的安全空间，你可以在那里为最困难的想法和感受腾出空间，观察生活。

## 公正观察的好处

你可能会想知道为什么作为一个观察者如此重要，从这个角度来看，你的体验到底是什么感觉。采用公正的观察者的视角最大的优势在于，你可以观察发生了什么（你的体验）而不必偏袒任何一方。这样能使你结束与评判之间的拔河比赛，放下绳子。

到现在为止，你可能会觉得焦虑的想法和感受支配着你，因为它们是如此强大。在最焦灼的时刻，它们似乎在掌控着你，以至于你会迷失在那些想法和感受之中。这时任何人都难以发觉想法、忧虑或感受只是我们的一部分。它们不是我们本身，我们也并不拥有它们。它们就像天空中来去自如的云，我们无法控制其出现与消失。

我们也像一幢房子。房子为人们提供居住空间，我们为体验提供空间。无论房间里发生什么，房子都是一样的。它不关心谁住在里面，在做什么，想什么，感觉如何，或者放了什么家具。房子只为生活提供了一处场所。

### 练习：国际象棋教你如何从观察者的角度看待问题

国际象棋能教你公正地观察（Hayes, et al., 2012）。这个游戏需要两名玩家，每个人都有一组棋子。为了赢得比赛，玩家们绞尽脑汁。当一名玩家走了一步时，另一名玩家拿起一枚棋子，准备进行反击。双方都在努力以智胜对方。

现在想象你就是国际象棋这个游戏的一部分。黑棋是你的 WAFs 及其诱因，

白棋则是你的反击。因此，当黑棋进攻时，比如你产生了即将落败的想法，你就操纵白棋，试图战胜黑棋：呼吸……分散注意力……自我安慰，你能做到。回顾你的经历和前几章的练习，你可以再问一次自己，这个方法是否有效吗。还是WAFs 团队总是设法回来，并采取另一个行动来战胜你？

问题的棘手之处在于，与真正的国际象棋不同，这不是不同对手之间的游戏。在这场特殊的比赛中，两个对立方实际上是一个人：你自己。棋盘上两方的想法、感受和行动都属于你自己的想法、感受和行动，它们都属于你——两个对立方其实就是你自己。

所以这个游戏并不公平，它被操纵了。双方都知道对方的举动。无论哪一方赢了，你的某个部分都将永远是输家。当你自己的想法和情感相互竞争时，你怎么能赢呢？这是一场针对你自己的战争。这就是为什么这是一场你赢不了的战争。多年来，战斗每天都在进行。你感到绝望，你感觉到你不能赢，但又不能停止战斗。

让我们退后一步，从一个不同的角度来看待这个情况。如果那些棋子根本就不是你呢？你能想到你还可能是什么吗？

让我们设想一下，假如你是棋盘。棋盘的角色至关重要，没有它就没有游戏。作为棋盘，你默默观察所有棋子，无须站队。如果你是一名棋手，游戏的结果非常重要。你必须克服这些 WAFs，就好像你的生活依赖于它一样。

但棋盘不在乎输赢，不偏袒任何一方，也不参与战斗，它只为游戏提供空间。若你与最终结果无关，那将多么轻松？作为棋盘，你只须为游戏提供空间，公正地观察你的体验。

---

若你很难从棋盘的角度来看待你的体验，你可能会更容易联想到另一种体育运动的隐喻——排球比赛。在排球比赛中，焦虑队（A）和挣扎队（S）努力传球，活跃于球场上，不让球落地。每当一队将球发过去时，对方前排的队员就会跳起来徒手挡球。

比赛僵持不下，焦虑队刚刚打出一个令人不安的想法，挣扎队就会回应、与它争论。由忧虑、侵入性想法和感受组成的"排球"在你头脑里传来传去，难分胜负。而你还有一个选择。

与其选择成为队员，不如选择作为球场，公正地观察，无需上场参赛。就像棋盘一样，球场不需要做任何事情，只要观察所有的球员、球网和球，掌握局势。球场不在乎输赢与结果。比赛结束后，新球员不断更替，球场却长期存在。

我们从经验中得知，把自己想成棋盘、球场甚至是经历的容器最开始会很奇怪。然而，随着时间的推移，当你做完这些练习和本章中的其他练习时，从这种角度看问题会变得更容易，也会减轻你的负担。这不是回避时会出现的简单的、短暂的缓解。这种缓解基于更深的体验和理解，在某种程度上，你真的把自己当作棋盘、球场和容器。

想法和感受来来往往，转瞬即逝，并不真正属于你。它们只是暂时充当你的一部分，然后就转身离开了，有点像观光客。但棋盘与球场永存于此，不受干扰，只是待在那里。

这种感受、想法、行动与自我的融合只是我们的大脑创造的幻觉。现在是时候把每个元素分开了，这样你的观察自我就可以如其所是地观察（正念接纳）你的 WAFs 体验。

## 练习：沉默的观察者自我

为了更清楚地了解如何将你的各部分体验与作为观察者的你分开，我们来一起看看埃伦的案例。埃伦是一名当地广告公司的经理。大约 6 个月前，她遭遇了一场可怕的车祸，很幸运地只受了轻伤。但那件事给她留下了深深的创伤。

从那时起，埃伦不能开车或坐车，不断做噩梦和回忆痛苦的事故，并与惊恐发作斗争。她暂时离开了工作岗位，并担心失去工作。

第一次被要求解释恐惧时，埃伦没有看到她自己和她的任何想法、感受或行动之间的分离。以下是它在图表中的样子，所有的圆圈叠在一起。

埃伦的治疗师要求她做"沉默的观察者"练习，鼓励她慢慢集中注意力，然后画一个圆圈，写上"沉默的观察者"。在它下面，他又画了三个圆。第一个圆代表"想法"，第二个代表"感受"，第三个代表"行动"。

"想想棋盘练习"，他说，"想象自己是棋盘。这就是沉默的观察者，它并不真实存在，但你可以从这个角度来看待你的经历，观察真正发生的事情，不需要评论或干涉。现在，从沉默的观察者的角度，填写其他的圆。"

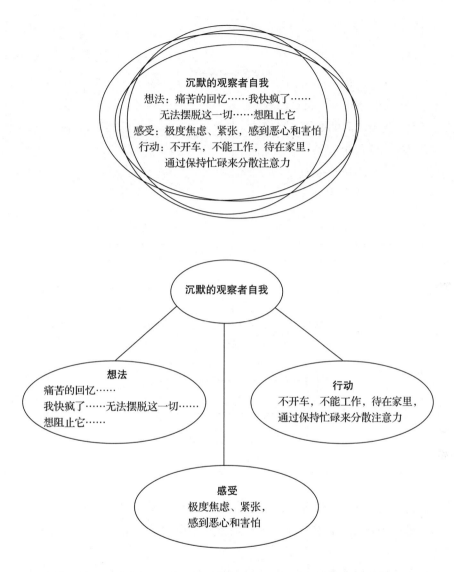

这是埃伦完成的练习。想法、感受和行动是独立的，但又与观察者存在联系，它们不再重叠。现在请你根据最近的一次 WAFs 的经历来做沉默的观察者练习。拿出上周的 LIFE 工作表，选取其中一个情况，简要回顾你的记录。

准备好后，慢慢将注意力放在呼吸时胸部和腹部的起伏上。留意即可。等待片刻，直到你全神贯注。现在回顾 LIFE 工作表中 WAFs 的情景。从沉默的观察者的角度，观察你的体验，分离想法、感受和行动。记录你的观察结果。

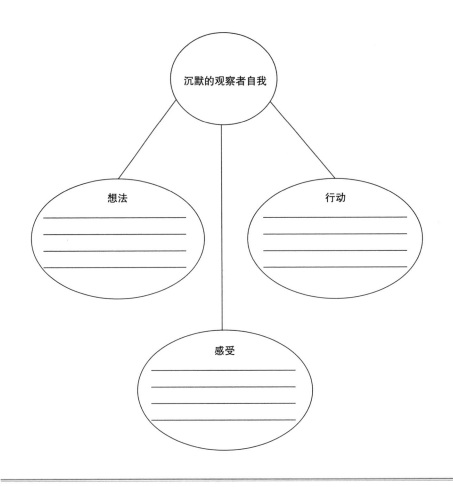

通过完成本练习，你将了解，行动与想法和感受是分开的。你可以被焦虑的想法和感受所淹没，但依然选择我行我素。采取行动的是你，而非你的想法和感受。

记住：你可以选择你的行动。你可以包装、埋藏你的痛苦，也可以听从经历和想法，处理伤口。

活在当下的第三个方法是：观察头脑和身体的不适，并以慈悲、仁慈、温和的好奇心和开放的心态迎接它，从沉默的观察者的角度看待它，不必偏袒或评判。你会空出更大的空间扩展生活。每当你忘记自己可以选择行动时，你就很难做到这点。你会重蹈覆辙，被想法和感受操控行动。

培养沉默的观察者视角，让你内心发生的所有活动都处于合适的位置。你将学会区别这种活动、你的行动和你本身。这一温和的方法会扩展你的空间，唤醒你选择做什么的力量。记住：你可以选择与内心世界斗争，或与之和平共处，一起行动。

你可以用 LIFE 工作表之前记录的 WAFs 的经历，进行沉默的观察者练习。从最简单的情节开始上手较为轻松，重要的是，你要进行练习。

调整自己的节奏，承诺每天至少做一次沉默的观察者练习。熟练注意和观察想法与感受，然后以温和的善意和慈悲的心态将它们各归其位。

## "我"是谁

如果你问人们："你是谁？"大多数人都会疑惑。他们可能会说："我叫……"同时指向自己的身体，或提到生活中的某个角色，比如母亲、教练、医生、建筑工人、律师、接待员、艺术家……但我们的身体或角色就是真正的我们吗？

如果我们只是身体，我们会问："你是问什么时候的身体？ 1960 年的、1975 年的、1989 年的、2003 年的，还是 2015 年的？"我们一直使用出生时父母起的同一个名字，但 2015 年和 1970 年时的身体完全不同。现代科学说明，人身体里的大部分细胞在不到一年的时间里就会更新换代，年年如此。

因此，如果我们体内的许多细胞已经被多次替换，那么我们的身体早已不是出生时的那副肉体。但我们还是出生时的那个人，人的延续感如此不可思议。在内心深处，我们能直观地感觉到，无论年龄、场所、想法、感受、行动如何变化，我都是"我"，有些事物从未改变。我们都知道并感受到了，但没有人能够真正地以文字描述它，使其跃然纸上。在我习得语言之前，"我"早已存在。

如果你刨根问底"你是谁"，人们会开始描述自己，比如"我是一个焦虑的人""我是一个善良的人""我不擅长数学""我是一个＿＿＿＿＿＿的人"（用描述你自己的词语填空）。有时，答案不只是一句话，而是一则故事，讲述他们为什么成为今天的自己。这些是我们眼中自己的故事，你可以把故事讲给任何人听，只要你牢记它们只是故事。尽管它们貌似真实可靠，但它们，只是故事而已。如前所述，真正的问题不在于故事的真实性，而在于它们的作用。

如果你一起床就暗示自己，你是个焦虑的人，并给出了 10 个理由，最终因为恐慌而待在家里，这个故事有何作用？这些故事可以从思维陷阱变成完全自我挫败的生活陷阱，它们会让你真的被困在原地，如果你真的相信它们，并按照它们说的去做。

在这本书中，我们鼓励你意识到任何无用的故事和自我描述，这些都会出现在你的脑海中，而你不需要对它们采取行动。从观察者的视角来看，可以极大地帮助你与无益的故事和自我描述保持距离，并观察它们，而不是继续听从它们行动和对它们采取行动。

此时，许多人都会问我们："若我不是我的身体、想法、感受、行动或我眼中的我，那我还能是谁？"这个问题很重要，我们很想告诉你答案。但任何答案背后都有另一个故事，纠缠着你的想法。相反，我们想邀请你针对这个问题提出一个观点，它不仅仅与你的WAFs和你可能坚持的自我描述有关。要做到这一点，首先看看你对"我是谁"这个问题的答案是有帮助的。

---

### 练习：除去WAFs，"我"是谁？

在多年与WAFs作斗争的过程中，你可能过分在意你的问题了，以至于忽略了你自己和你生活的其他重要方面。在本练习中，请你思考你自己和你生活的重要方面，它们与WAFs无关。你将如何描述自己？你喜欢和不喜欢什么？你可以迅速填好空，若你遇到难以回答的问题，闭上眼睛，回想你尚未被WAFs困扰之时，然后完成练习。

我（I am）_____、_____、_____、_____。

我是一个_____的人。

我不是一个_____的人

我喜欢：_____。

我不喜欢：_____。

我最重要的关系是：_____。

我还会这样描述自己：_____
_____。

---

如果你有时间并愿意，你可以慢慢完成练习。但即使是最详细的描述，依然

不够完整和充分。关键是，如果你有足够长的时间，你穷尽所有词语也无法完整描述你自己。这就是重点。

真相是，问题不在于我们的辞藻是否充足或恰切，而在于语言永远无法完整描述我们自己。因为我们的自我，我们的核心和本质超越了语言。记住，在你习得语言之前，"你"早已存在。这可以被体验为一个无边无际的安全避难所。这是一种超越了定义、词语与文本的体验。本章练习的目的就是帮你体验自己完全安全的一面。

ACT 有很多要求：它要求我们面对自己根本不愿拥有或不想长期体验的某些方面。为了超越恐惧和其他情绪障碍，体验安全避难所大有帮助，它就像一个超级开放空间。要抵达那里，你不需要特意去一个美丽的海滩或爬到某个高高的山顶。它就在你胸腔之内，就在你心脏的位置。

任何故事和描述都无法刻画你的这种安全、完整和原始的一面。让我们通过练习来体验。下面的练习是自我认同练习的变体，本体由罗伯托·阿萨吉奥里（Roberto Assagioli，1973）开发，本练习经海斯等人（Hayes，2012）修改。请你在练习中运用想象力，试着去体验那个空间，在那里，你不再是你的故事。

## 练习：不变的观察者

请你闭上眼睛，在椅子上坐好，遵从指示。如果你发现自己的思绪飘忽不定，就轻轻地回到引导语上来。

开始之前，做几次轻柔的呼吸：吸气……呼气……吸气……呼气……注意你呼吸的声音和感觉。现在把注意力转移到你现在的位置，这间房间里的椅子上。

想象你在镜子里看着自己。镜中的眼睛是你第一天上学时的那双眼睛。你还记得那一天吗？你当时用眼睛看到了什么？那一天你的内心发生了什么？你有没有注意到当时的情绪或任何想法？现在请你注意，当你注意这些内容时，你的一部分也在注意着，那些感觉……声音……想法……和感受。我们将这部分你称为"作为观察者的你"。在那双眼睛后面的人，正在阅读本书，见证你的生活。这位作为观察者的你就是你，被你称为"你"。

请回忆你遇见初恋的那天，如果你的记忆太模糊，那就回忆一下遇到现在的爱人的日子……镜中回望着你的眼睛正是那天的你的眼睛，注意正在发生的一切。

回想当时发生的所有事……那些景象……声音……气味……感受……想法……你能否注意到你所注意的东西、你的存在。你能否抓住那个在你眼睛后面的人，他在看、听、闻、感受、思考……你当时在那里，现在在这里。请你注意觉察的体验，检查并且看看在某种深层意义上，现在在这里的你，当时是否也在那里……觉察到你现在觉察到的东西的那个人现在就在这里，而当时那个人也在那里。

镜中的那双眼睛，是你小时候和家人一起度假时，后来读高中、上大学、就业时与你在一起的那个你……也是你今早出门时，看手机、去购物、和朋友一起吃饭时与你在一起的那个你。

重要的是，在这些时刻，你看到不同的事物，产生不同的想法，并经历了不同的感受。你的外貌也在随时间发生变化，唯一不变的是：在所有这些不同的经历中，一直是同一双眼睛观察着一切。眼睛后的观察者当时在那里，现在也在这里，他一直是同一个人……我们不求你相信这点，你只需要注意到观察的连续性——从深层的经历看，而非信仰。观察者从未改变，你就是你。

你的角色也在不断变化——朋友、父母、同事、商业伙伴、恋人……但无论你在何时何地，是何身份，你眼睛之后的观察者不会变，他一直在默默观察你如何在生活中扮演各种不同的角色。

最后，观察你的情绪。你会感到快乐、悲伤、紧张、无聊、兴奋、放松……虽然情绪飘忽不定，但注意，观察所有情绪变化的你并没有改变。想法也是如此，它们来来去去，似乎不知从何而来，往何处去……你有时在想别人，有时在想自己，有些想法有意义，有些没有。

出于经历而非信仰，你能感觉到，你不仅仅是身体、角色、情绪、想法。它们是你的生活，而你是舞台、场所，为它们展开空间。一直在挣扎、试图改变的WAFs并不是你，无论这场战争持续多久，你都在这里，不为所动、安全无虞。你能否因此稍微放下WAFs，明白你自始至终都很安全，不需要投身于情绪，感受生活。你只需注意生命中的所有经历，注意你仍然在这里，觉察你所觉察到的东西……这一点儿不会改变。

慢慢来，待在这场沉默不变的持续见证中……准备好后，想象自己坐在你房间的椅子上。一两分钟后，回到房间中，睁开眼睛。

"不变的观察者"练习十分有效，它不仅让你以观察者的视角观察生活与经历，还让你看到内心的安全角，无论如何它都不会改变，不会受伤。请在接下来的几周里，每周做几次这个练习，充分熟悉沉默的观察者，也就是真实的你。头脑并不总是你最好的朋友，但你自己是。

## "我"唱诵冥想：简答"我是谁"

成为一个好的观察者很重要，因为对于那些与 WAFs 作斗争的人来说很有帮助，能提供视角与经验。为了说明为什么会这样，请阅读下方前四句话，观察你的内心变化。然后用你的大脑提供给你的令人不安的自我描述补充最后四个陈述。

 □ 我是一个焦虑的人。
 □ 我太害羞了。
 □ 我不够好。
 □ 我永远也不会成功。
 □ 我是_____。
 □ 我是_____。
 □ 我是_____。
 □ 我不是_____。

你的头脑会立即开始"处理"这些陈述：同意或否定，改述或确认，增强或削弱它们的力量，等等。你习惯于被各种各样的定义吸引，花费大量的时间和精力来据理力争、采取行动，你早已熟悉拉锯战。正如拉玛那·马哈希在本章开篇所说的，"我是这个或那个"并不是真实的，是大脑编造的，"我"才是唯一的真理和现实。

这些不仅是抽象的哲学想法，更是非常实用有效的技能。在做过拔河练习之后，许多人问我们："如何在日常生活中放下绳子？当大脑不断抛出评价性的陈述时，如何放下绳子？"

答案既简单又复杂：我就是我，仅此而已。你可以用最简易的方法随时随地放下绳子：简单平和地回答"我究竟是谁"，可以让你放弃所有评价性自我陈述，不再争论、解释、辩白等。我就是我，仅此而已。

我们已经开始向你介绍了一些练习，以帮助你在那些陈述和自我之间创造一些距离。之后的"我"唱诵冥想（mantra meditation）将帮你把所有无益的自我描述抛在脑后，或正如一位禅师所描述的那样：它们会帮你抛开故事。将唱诵冥想与专注于自己的价值结合起来，是创造美好生活的秘籍。

## "我"唱诵冥想

梵语是印度的一种古老的语言，许多祷文都是梵语单词或短语，但它们也可以是英语单词或短语。祷文的表面意思是"带走想法的语句"。虽然它们并不能真正带走你的想法，但它们确实能自然而然、潜移默化地沉淀想法。当你默念祷文时，你会自动潜入被想法、记忆和欲望所占据的气泡之下，进入纯粹的意识——你内心深处的宁静，它正等待着与你接触。

祷文存续了几千年，"Om"可能是最著名的一句。它们带你超越评判性思维，让你瞥见沉默和纯粹觉知的体验——你的真我。起初你只能匆匆一瞥，但经过练习，只要闭上眼睛、轻念祷文你的心就会平静下来。如果能定期练习，唱诵冥想将成为一种非常强大和具有转化意义的习惯。

"我"唱诵冥想并非哲学或语言技巧。戴尔（Dyer，2012）指出，在《旧约》、古印度及其他传统中均有提及"我"唱诵冥想。"I Am"（我）只是梵文 aham 和 so hum 的英译。

因此这种冥想完全适用于你：它能让你放弃那些你编造的关于"我"的故事与描述。还有什么比这样做更简单、更优雅的方式吗？

请不要使用诸如和平、爱或慈悲之类的祷文，因为它们都有多种含义。唱诵冥想的目的是超越语言，暂时把理智抛在脑后，即使再动心也不去思考概念。

许多人希望通过冥想静心。但无论练习何种冥想，都无法强迫自己静下心来。我们的头脑每天都充满了想法、感情、感觉、忧虑、白日梦和幻想。即使在冥想期间，这也完全正常。区别在于：在冥想期间，我们不会让头脑参与任何这些心理游戏，也不会以任何方式引导它。

所以不要试图把你的注意力集中在任何事上或停止思考。反而应该顺其自然，为你的想法留出空间。不与之纠缠或争论。

　　唱诵冥想相对简单，只需遵循少数基本规则和指示。只要你在练习的第一周听几遍音频，就可以自己完成练习。那时，将之后的整个指导语读两遍，你就能记住该怎么做。读完指导语后，闭上眼睛，开始冥想。练习时长为 15 分钟，若你愿意，可以把冥想时间延长至 20 分钟。

## 练习："我"唱诵冥想

　　找一个舒服的地方坐下，腰背挺直，双手放在膝盖上。你的双腿可以不交叉，也可以交叉，以更舒适的姿势为准。轻轻闭上双眼。停顿约 15 秒。

□ 让你的呼吸自然流动，不要干扰它。停顿约 20 秒。

□ 稍后，请开始非常温和地思考关于"我"的祷文，不必努力或紧张。开始时，默默地重复祷文，不要在乎它的节奏、韵律或声音。如果唱诵在此期间变得更微弱、更模糊、更不明显也没关系。唱诵也可能变快或变慢，或完全消失。

□ 过了一会儿，你会注意到一些想法或意象，或许还有一些身体感觉。允许它们存在。此时，以一种非常柔和的方式轻念祷文：我……我……我……最重要的是，接纳它们。无论何时你默念祷文，都要如此轻柔。

□ 不专注于任何事，不去控制你的头脑。当你注意到你的头脑在思考或发生了任何其他转移时，轻轻地回到唱诵上来，继续以一种非常微弱和细微的方式思考你的祷文，我……我……我……我……

□ 现在开始按照指示默念祷文，本次冥想持续 15 分钟，直到你听到一声轻响：我……我……我……

□ 现在停止思考祷文，在冥想的静止和寂静中稍作休息。在接下来的两到三分钟内，继续闭眼静坐。时间一到，睁开眼睛，继续生活。

　　请你每天练习两次"我"唱诵冥想。承诺每天定期练习冥想是迈向治愈和转变的重要一步。你在家里独自练习时，务必在开始冥想前再读一遍上述指导语。

　　记住，在冥想时不要集中精力或专注于任何事。你不需要控制想法，也不要试图消灭想法。和之前的正念练习一样，允许想法存在。当你意识到你走神时，静静地、轻轻地继续默念祷文。轻轻地、淡淡地默念祷文，如果你觉得它正在溜走，不要一直重复它。

你只需在心中重复祷文，不必咬字清晰，它只是一个模糊的想法。唱诵也可以变快或变慢，声音变大或变小，变清晰或变模糊。它的发音和音色也许会变，延长或缩短甚至扭曲，或一成不变。不要在意唱诵的节奏，或使其与你的呼吸一致。有时你会完全忘记思考祷文，想法会出现。没问题，这很正常。当你注意到想法时，只需以非常温和的方式继续默念祷文。任何情况下都要顺其自然，不期待也不抵抗变化，轻松地练习。

## 我的冥想正确吗

起初，人们常怀疑自己的冥想方式是否正确。最简单的判断方法是扪心自问，你的冥想是否轻松、毫不费力。如果祷文消失后，你仍保持轻松、开放的心态，并能回到唱诵中，那就是正确的。产生许多想法并不意味着冥想方式不正确。你的大脑需要游离、分心、失焦，以使觉知从表层潜入更深层、更广阔的意识体验。顺其自然，不要试图影响任何事情。不要过分期待，不要试图用祷文消灭想法。请你一直温和地、毫不费力地思考祷文。

最后请你定期练习，冥想的效果不只体现在冥想中，也体现在日常生活中。你在冥想时的感觉并不重要，不要因为你没有放松或平静就认为自己做错了。

记住，没有任何事应该发生，一切顺应自然。你只需接纳一切，相信过程。要相信这样一个事实：随着时间推移，你的大脑对你的控制似乎会减弱，因为你变得更善于放弃关于"我"的故事，只学习做真我。

# 生活改善练习

以下是我们认为对你有帮助的活动，请把它们放入每天照顾自己的待办事项清单。只有你能决定付出行动。一旦你下定决心，就要百分之百地承诺完成。现实一点，只承诺你能做到的事。例如，如果你知道每天做两次"我"唱诵冥想太多，那就只承诺每天做一次。少做承诺并坚持下去，总好过三天打鱼两天晒网。若你无法做出任何承诺，那就停止。回顾之前的内容，反思阻碍。或许是你的进展太快了。在继续前进之前，复习一段时间之前的内容可能有所帮助。

改变也许很可怕。但一想到故技重施不起作用，就更可怕。若你想收获不同的生活，就要做全新的、不同的事。保持耐心，付出行动将带来改变。你的经历将向你证明这一点。

本周，我们的建议如下。

□ 每天练习至少一次"我"唱诵冥想，最好每天两次，每次持续 15～20 分钟。在开始冥想之前，请务必阅读指导语。

□ 在日常活动中练习做一个有觉察的沉默的观察者（棋盘），这很有趣。

□ 在不安或害怕时，练习采用你内心沉默的观察者的视角。

□ 在日常生活中更多地练习正念。

□ 评估并注意经历的启示。即使注意到走神也是好事，这表明你正在建立观察体验的能力，而非盲从你的大脑。

□ 复盘本周你可能仍会因为焦虑而放弃的东西。

## 核心观点

你可以学会以耐心拥抱 WAFs 及其他不适。重获解放，专注于你想要的生活。学会做一个更能接纳和同情你的体验的观察者会让你更灵活——对自己、他人、生活、世界更柔软、仁慈、温和。这样一来，你就切断和减少了 WAFs 的养料，不再陷入困境。你将焕发新生。

---

**学会换位思考，成为沉默的观察者**

**要点回顾：** 观察想法、情感和行为是否与真我分离，是一次重要且勇敢的进步。通过从一个安全的、沉默的观察者的角度观察我的 WAFs，我能学会更容易地接纳自己，并在通往更好的生活之路上，友善对待我的 WAFs。

**问题思考：** 我是否愿意作为沉默的观察者，而不是参与者，观察我所有的缺点、软弱和脆弱？我是否愿意定期练习唱诵冥想，学会将自我与想法、情感和行为分开，继续迈步前进、重获生活？

---

# 第三部分

# 找回你的生活，好好生活

摭弃将自己与过去、错误捆绑起来的习惯。远离那些一次次故意伤害你的人。反对那些贬低你价值的想法和观点。它们无法同你一道前行。你不会让它们阻挠你开始新生活。你做出承诺之时，它们就已被终结成了过去式，你足够优雅，充满力量，不要再被繁杂琐事困扰。找回你的生活！

——多丁斯基（Dodinsky）

# 第 12 章

# 掌控你的生活

人生是一种选择，而焦虑不是选择。无论选择哪一条人生之路，途中都会遇到困难，遭遇痛苦。因此你的选择不是是否焦虑，而是是否过上一种有意义的生活。

——史蒂文·C. 海斯（Steven C.Hayes）

正如海斯告诉我们的，没有谁必须选择焦虑。他说得很对！试图控制焦虑让你无法过上有意义的生活。这就是为什么我们在本书中谈到了很多你无法控制的东西。你必须决定你是否愿意放下绳子，放弃与焦虑斗争，这样你就可以自由地过好自己的生活。我们希望你直面自己为控制焦虑所付出的精力、丢失的机会，以及因此带来的遗憾，从而促使自己艰难而努力地看完这些练习。这些练习的目的并不是要使你痛苦，而是要引导你去做一些与以往截然不同的事情——在你真正有选择的情况下，腾出空间去练习如何控制。

在前面几章里，你都朝着这个方向迈出了一步——选择以不同的方式观察你的 WAFs，更温和、更少判断、更善良。从现在开始，继续培养这些技能，它们能把你从 WAFs 中解救出来，让你能带着 WAFs 继续做其他更重要的事。在继续阅读本书或是培养技能的时候，记住一点：放弃与焦虑斗争，我将获得成长的自由。

早些时候，我们讨论了一个你可以控制的重要领域——你的行动，或者你如何利用自己宝贵的时间和精力。其中一组行动与你和自己内心世界的关系有关——你的想法、记忆、感受、身体感觉，也许还有关于你是谁和你希望成为什么样的人的感觉。这是一个很重要的工作，你已经开始了。但另一组行动也同样重要。这与你在这一生中想要成为什么样的人有关，也与你将用嘴、手和脚做什么有关。或者，大胆地说，对你来说真正重要的是什么？

本章你将发现或重新发现对你而言重要的东西。这是一个反思的新时刻。先仔细看看四周，深入寻找那些可能激发旧的虚假希望的地

> 放弃与焦虑斗争，我将获得成长的自由。

方。你也许仍然坚持这一观点：你可以通过关注和安抚 WAFs 怪物来把它们赶走。

你还可能认为，如果自己在生活中能表现得稍微灵活一点，焦虑怪物最后就会离你而去。但是，这种事曾经发生过或是将要发生吗？如果你发现自己仍然被困于此，那么请你在继续阅读之前，先花一些时间来阅读下面这个故事。

---

### 停止喂养焦虑之虎

可以把你的 WAFs 想象成一只饥饿的小老虎。这只小老虎住在你的家里。虽然它只是处在幼年阶段，但是已经非常令人害怕，你觉得它可能会咬伤你。因此你从冰箱里拿出一些肉来喂养它，希望它不会咬你。可以肯定的是，给它肉吃可以让它闭上嘴，在短期内不会攻击你。但是小老虎在长大。等到它下次饥饿的时候，它只长大了一点，却让你更加害怕，因此你从冰箱里拿出更多的肉来喂它。在很长一段时间里，相同的情景重复上演。问题在于，你给它喂的食物越多，它就长得越大，也就越令你害怕。

最终，小老虎长成了大老虎，令你感到空前的害怕。你继续从冰箱里取出
更多的肉，不停地喂它，希望某一天它会离开你，永远地离开你。但是老
虎并没有离开——它的吼声越发响亮，更加令人害怕，同时胃口也变得更
大。最终有一天，你打开冰箱，发现冰箱空了。这时，已经没有食物来喂
养老虎了……什么都没有了……除了你自己！

每一次，在你积极地与烦恼、焦虑、害怕、惊恐或其他形式的情绪伤害和痛
苦斗争的时候，你就是在喂养 WAFs 之虎，它在一点点地长大。记住：困难只会
带来更多的困难。在短期内，你可能没有这种感觉。但是从长期来看，对 WAFs
采取行动的后果就是：你喂养了焦虑，并使你的生活受到影响。

换一种方式来看待你曾经填写的 LIFE 工作表和早期的墓志铭，并问问自己
（大声或轻声地说出来）："我是在基于自己真正重视和关心的东西做选择吗？我
做的是那些对我来说真正重要并且使生命有价值的事情吗？或者我的选择和行为
一直都更多地受到回避或减轻痛苦（令人痛苦的 WAFs）的控制吗？"在继续阅读
之前，请你停下来想一想这些问题。

现在是时候面对一些关键问题了：谁在掌控你的生活？谁在控制？是你还是
WAFs 之虎？你没有必要用自己的一生去喂养这只老虎。每当你练习正念接纳、
培养对你的体验的同情时，你就可以停止喂养它。这个方法将阻止这只老虎继续
占据你生活的空间。只有在这个时候，你才能看到自己确实有能力选择一个不同
的方向。

## 练习：不对 WAFs 采取行动

你是否想知道，如果不与 WAFs 抗争，你的生活会变成什么样子。考虑一
下：如果不再去处理那些令自己痛苦的人、地点与情境，你会把时间和精力都
花在哪些事情上？你会以哪些不同的方式度过这一天？你的人际关系会有怎样的
变化？

休息一下，闭上眼睛，花一两分钟来憧憬一下你的新生活。想象——"这就
是我想过的生活"。在下面的空白处，写下你能想到的一切。

_____

_____

_____

_____

　　我们有一种预感，你脑海中出现的一些画面与你生活中非常重要的方面有关，但是你因 WAFs 而错过了它们，放弃了它们。我们希望你能重新考虑一下你生活中的这些重要部分，因为我们知道你能找回这一切。不需要赢得与 WAFs 的战争，你也可以找回这一切！我们把这些称作人生价值的重要组成部分。让我们来看看。

## 我的价值是什么

　　你可能很难回答"我的价值是什么"这个问题。但在你纠结于这个问题之前，我们想弄清楚我们所说的价值是什么意思。我们并不是在问你的道德、信仰或哲学——你认为什么是对的或错的，公正的或真实的。所以，如果这些想法出现了，请轻轻地把它们放在一边。

　　当我们谈论价值时，我们谈的是两件事。第一，什么对你重要而且只对你重要！第二，你在生活中是如何表达它们的。第二点至关重要，因为你的价值可以体现在你的行动中——你所做的事情中。

　　所以，你可能认为你应该成为一个好父母，但如果没有任何行动，你的信念就只是一堆在你的脑海中盘旋的想法。如果你想把这种信念转化为价值，那么你需要看看你作为父母的行动。你甚至可能会问，我怎么做才能表达我作为一个好父母的价值？那看起来像什么？同样地，如果你相信自己是一个助人的人，你需要以有益的方式行动。如果你不用行动来表达你的价值，它们就只是空洞的信念。没有行动的信仰或道德就是空洞的口号。

　　因此，要回答上面的问题，你需要花时间仔细思考生命中哪些方面对你非常重要，以及你想成为什么样的人。正是这些东西，让生命变得有价值，它们需要被珍惜和培育，而且在必要的时候，你需要用行动来维护它们。通过完成本章以及下一章的练习，你就能非常清楚地知道什么才是自己看重的东西。

## 价值就像是 WAFs 暴风雨中的灯塔

你可以把价值想象成在人生之海上航行时为你指明方向的灯塔。价值就像灯塔，为你指明方向，指引你走向对你而言最重要的东西。如果没有价值，你就会像下图中的那个人一样，以悲惨的方式结束自己的生活。

那个人被困在了船上，在 WAFs 暴风雨中，在无情翻腾的大海上颠簸不止。他失去了掌控感和方向感。他所有的注意力都集中在暴风雨上，根本没有注意到不远处那道闪耀的光。

可能你的感觉也是一样——毫无方向感，在担忧、焦虑、沮丧和绝望的大海上漂荡。似乎没有希望、没有出路、没有地方可去，除非你注意到灯塔发出的光。

那道奇妙的光正在等待你——向你大喊："这里才是通向你生命中重要的东西的道路！"你需要找到它，看到它。你需要专注于这条通往灯塔的道路，而不是被困在颠簸的船上，等待暴风雨过去。问问你自己：到目前为止，在船上干等对你有什么好处？你是否觉得自己停滞不前？。

价值就是灯塔，它可以引导你走出暴风雨，进入你的生活。你无须坐等暴风雨结束。不管有没有暴风雨，你都可以朝着重要的方向继续前行。你知道 WAFs 就像天气一样善变——时强时弱，有时使人吃惊，而有时又完全可以预测。其他想法和感受也是如此。但你的价值并不会像心理和情绪那样善变。关键就是要开始寻找这些价值并培育它们。

当你这么做的时候，你可能会想做更多的事情，不管有无 WAFs 暴风雨。一旦这些价值导向的方向对你来说更加清晰，你就可以开始集中精力朝着这些方向前进。这就是你创造生活的方式。

## 价值帮你保持专注

专注于好好生活，而不是减少焦虑的想法与情感，这才是重中之重。专注于价值和生活将有助于激励你继续去做本书中的练习。反过来，做这些练习会给你的生活创造更多空间。我们知道，坚持练习并不容易，需要投入很多精力。我们也知道，生活中有价值的事情都不容易。事实上，好好生活也并不容易。

当你开始花更多的时间有意识地、始终如一地和你珍视的东西一起生活，正念地带着慈悲之心投入实践时，你的生活以及你想要的一切都会变得更清晰。有价值的生活加上正念接纳就等于行动中的慈悲！

生命有一种能量，这种能量是生命给予你的一份珍贵礼物。此刻，你正通过学习正念接纳这一技能来增加这种能量。这些技能（继续读下去会了解到更多技能）将帮助你把注意力和能量从与 WAFs 的斗争中转移至另一个地方，那里有你值得专注的活动。记住，你可以选择自己支配能量的方式。

你可以把能量想象成一把铁锤。你可以用铁锤来建造或破坏某样东西。这意味着你可以建设性地或是破坏性地使用能量。你可以选择能量浪费在与 WAFs 斗争上，或者你可以专注于成为一个受人欢迎的搭档、一个好朋友、一名运动员，或者专注于做其他重要的事情。在探索自己的价值的时候，要记住这个问题："我该如何明智地利用时间和能量？"

### 专注于价值比与 WAFs 纠缠更明智和重要

价值是判别标尺，可以决定哪些行动有用，哪些行动无用。在感到焦虑、烦恼、惊恐或是想知道做什么的时候，价值尤其重要。你可以从你的经验中得知：大脑会迫使你拼命工作，并提出各种各样没有实际作用的"解决方案"。但即使知道这一事实，你仍然会选择继续被动地接受大脑的指令。即使是现在，你可能还能感觉到你的过去经验的牵引："听我们的……再给我们一次机会……也许这次能成功。"在这种情况下，把注意力集中在价值上是非常关键的。因为价值能够指引你朝着你想要的生活前进。

当你处于 WAFs 的控制之下时，如果你想知道自己要做什么与不要做什么，请回答一个重要的问题："我想采取的这个行动会让我靠近

> 价值提问：我想采取的这个行动会让我靠近还是背离我的价值？

还是背离我的价值？"经验告诉我们，大部分情况下，要正确回答这个问题并不难。思考这个问题并回答它能够帮助你继续前进，而不是去采用那些没用的方法。为了帮助你记住这个问题，我们将它放在了上面的方框中。

你可能会担心，你的价值会巧妙地把你的注意力从 WAFs 上转移开来。事实上，你可以用你做的任何事情来巧妙地转移你对痛苦和困难的注意力。但这里真正重要的是你的意图和目的。一个重视工作的人可能会花大量的时间工作，因为这给他带来了一种使命感，让他能够创造、分享、扩展自己的边界、表达自己的才能、养活自己和家庭。这个人仍然可能遇到重大的障碍、问题和痛苦，但工作不是用来转移注意力的。相反，它可以帮助人们按照自己的价值观生活。另一个人可能全力投入工作，并把这当作一种聪明的逃避生活的需求、担忧和其他形式的痛苦和困难的方式。所以，虽然这两个人都是完全投入工作，但只有一个人把工作当作一种选择，而不是为了转移对 WAFs 及其他生活挑战的注意力。

这里的关键信息是，价值并不会转移人们对 WAFs 的注意力。相反，它们会给你的生活指明方向、注入动力。它们会帮助你决定什么是重要的，以及你应该把精力放在哪里：赢得与 WAFs 的战斗（或者至少消灭它们），还是生活得更好。

当你觉察到自己的价值时，就会出现需要你自己做选择的情况。这里确实只有两个选择。一个选择是继续用你的一生来控制焦虑。正如你已经学会的，这个选择会让你远离对你重要的东西。

另一个选择是，带着你的焦虑朝着你想要的生活前进。这是一个朝向你的价值的转变，你在本书中学到的所有新技能都是为了让你朝着你的价值前进，即使焦虑出现了。

## 关于寻找价值的问题

我们已经发现，那些与焦虑斗争的人都难以确定自己的价值。有时候，他们将目标和价值混为一谈，并且很难将价值从感受中分离出来。如果不仔细观察，形形色色的焦虑就会困住你。为了避免出现这种情况，我们将对它们做简要的讨论。

### 我没有任何价值

有时候，我们会听到有人说自己没有任何价值。这并不是真的，他们并不是没有价值，而是他们感到太无助、太害怕了，以至于不敢朝着有价值的方向前进。WAFs 障碍压垮了他们。

请看看道格的例子。在他一生的大部分时间里，他都饱受强迫症和极度忧虑的折磨。他告诉我们："我已经不再关注友情与爱情这一类事情了。每当我试图和自己喜欢的人靠近一点的时候，他们似乎都想推开我。在和新的对象约会一段时间后，我发现她们都不希望再见到我——可能是因为她们注意到了我的一些古怪习惯。"

从表面上看，道格似乎并不关心他的社交生活和亲密关系。然而，如果你更仔细地观察，就会发现他的价值就潜伏在他的痛苦之中。事实上，他所分享的痛苦表明，他确实想拥有有意义的社会关系。否则，他就没有理由因为生活中失去了社会关系而感到痛苦。

你可能也是如此。也许你在生活中所经历的痛苦提醒你，你非常关心那些在你生活中缺失、减少或被延后的东西。为了帮助道格跳出这个明显的困境，我们要求他重新定义他认同自己价值的方式。与其问"我能做到这个吗"，我们建议他问自己"我关心这个吗"。你也可以问问自己这个问题。

道格曾经从目标和成就的角度来思考他的价值。他很失望，因为他没有实现结交多个朋友的目标，以及和他关心的女性建立亲密关系的目标。然而，他当然想拥有有意义的人际关系。所以我们用他可能会做的事情来支持他的社会价值。我们也承认，建立充满爱和深刻的社会关系需要时间。

## 专注于活出价值的过程，而不是结果

道格一直认为，价值与在未来取得成果或成功有关：如果我这样做或者那样做，那么我将来就会得到这样或那样的结果。然而，这是一个陷阱。

事实上，你无从知晓，为了实现自己的价值，现在所采取的行动是否会在日后得到你想要的结果。你根本不知道。但是人们却很容易卡在想要获得的结果上。在某种程度上，我们总是在展望未来，错过了在当下践行价值的过程和甜蜜。

聚焦价值的生活，和平时的生活一样，它更像是一段旅程，而不是一个目的地。目的地是创造生活这条道路上的必要步骤，但是在你到达目的地之前，你是不会知道到达某个目的地的结果（好的、坏的，有时甚至是可怕的）的。这并不会削减指引你朝着你所在意的方向前进的价值。价值的关键在于做自己该做的事情，做自己认为最重要的事情。你这么做是因为这么做很重要。这与结果无关。

把养育子女看作一种价值。大多数父母都希望给予孩子最好的养育，尽自己所能使孩子的未来更美好。但是致力于实现养育子女的价值并不能保证你的孩子健康、安全、成为良好的公民或有用的人才。然而，孩子未来的不确定性并不妨碍父母实现养育子女的价值，他们仍然可以尽其所能做父母该做的事情。对于其他价值也一样——它们涉及那些可能有风险的行动或是在很大程度无法确定的结果，例如，职业、财务稳定、健康、爱情、友谊或娱乐。

重点在于价值使你聚焦于此时此地，深入生活。如果仅仅是根据成果和结果选择价值，你就要等很长时间才能与价值相遇。如果事情没有按既定方向发展，你还可能会感到失望。

当你坚持的时候，要相信只要你走的每一步都是朝向对你重要的东西，你最终就会取得进步。每天，你可以合理使用或浪费的时间有 86400 秒。时间是一种不可再生的资源，我们不可能把它节省下来或储存起来明天再用。因此要合理使用你每天的时间，一旦这样做了，你就可以在一天结束时对自己说："今天我好好利用了这 86400 秒。"长期坚持，结果有可能就是你正在寻找的东西。

## 与你的心联结，选择对你重要的价值

在考虑价值和目标时，要倾听自己的心声，不要只是盲目地跟随固定的想法。有时，当我们询问患者什么事情对他们来说比较重要时，他们这样回答："对我来说，为社区服务是很重要的（价值）"我想成为好父母（价值）""我想一周至少花两个晚上的时间给孩子讲故事（目标）"。实际上，讨论有关价值和目标的时候，他们并没有投入很大的热情。当你面对有关价值和目标的问题时，要问自己：这个对我来说真的重要吗？或者我做这个是因为我应该这样做吗？

我们发现一些人不能自由选择那些他们真正倾心渴求的价值。他们之所以选择一个价值，是因为这个听起来是社会可接受的，能够使他们看起来不错，或是因为这是他们所爱的人希望的。这里要强调的是：你应该听从内心的召唤，而不是遵从外部压力去评估不同事物的价值。因此要确信你选择的价值是你自己的价值，而不是社会、朋友、家庭施加给你的。要问问自己："为什么我要做这个？我做这个是为了我自己还是为了别人，抑或是为了避免他人受到伤害，还是为了避免他人对我的选择失望？"记住，追求价值就是发现或重新发现你生命中真正重要的东西，你希望自己拥有什么，而不是别人想要从你这儿得到什么或是施加于你什么。

## 活力和活力感是你的基准

目标能够帮助你朝着有价值的方向前进，但是为了重新提升生活品质，你需要根据你的价值来判断每个活动的质量和活力。我们的两位同事，乔安妮·达尔和托拜厄斯·伦德格伦与我们分享了这个合理的建议。我们认为这是正确的。

生命力是你的基准。朝着重要的价值方向前进应该使你感到充满活力。有时你迈出一步就会体验到这种活力，但有时你体验不到。有些行动可能不会带来"良好的感觉"。但是，你只需要想想生命中自己在乎的事情，以及为重要价值做过的重要事情。在这一过程中，你可能已经历了很多次"当时感觉并不好"的情况。尽管如此，你可能会有更大的目标感，或者内心知道你正在做对你和你的生活有好处的事情。

事实上，阅读本书，努力让你的生活变得更好（一种健康和幸福的价值）并不都是美好的。但是，你坚持了，当你回头看到你朝着价值付出的努力时，你可以说："是的，我的行动是更宏大的事物的一部分……它们使我在每天结束的时候都觉得更有活力。"当你能这样说时，你已经寻找到了触动心弦的价值和目标。

如果你发现一个看起来很有价值的目标并不能提升你的活力感，那么就重新审视这个目标并调整你的路线。这样做是明智的。不断调整是你在实现价值的过程中的正常步骤。只要你时刻关注自己的价值，它们就会指引你走向正确的方向。

没有看清楚想要前进的方向，没有一个关于如何前进的计划，你哪儿都去不了。这就是目标如此重要的原因。设立目标可以帮助你建立一个行动方案。遵循这一方案，你就可以确定自己在生活中表达价值的方式。在第 19 章中，我们将帮助你根据自己的价值来设置目标。现在，你只要理解目标和价值之间的区别，以及选择真正属于自己的价值就够了。

## 这是目标还是价值

我们很容易把目标和价值混为一谈。下面我们来讨论一下这二者之间的区别。目标是引导你走向有价值的生活途中的垫脚石。它包括你写进日程表里，做完后再划掉的系列行动。一旦你完成了一个目标，工作就完成了，你就可以短暂休息一下了。

清理垃圾是一个很好的例子。如果你把它设为目标，就可以把它排上日程，做完了就划掉它。其他目标可能包括减重 10 斤、外出度假、拿到学位或者修剪草坪。甚至结婚也符合我们对目标的定义。一旦戴上了戒指，你的目标也就达到了。因此要识别一件事是不是一个目标，你可以通过能否在做完后将它划掉来加以识别。

和目标不同，价值是一场终身的旅行。对于价值，你无法回答这样的问题："我已经完成了吗？"价值没有终点，相反，它们将指导我们一生。如果说价值是给你指引方向的地图或指南针，那么目标就是地图上的路标，是你朝着自己的价值前进时计划去的地方。

举个例子，达成一个特定的目标（结婚），仅仅是有价值的生活道路上（成为一个有爱心的伴侣）的众多步骤之一。成为一个有爱心的、忠诚的伴侣这一价值并没有在你说"我愿意"的时候完成。成为一个忠诚的伴侣，需要你不断努力——你永远有成长的空间。当我们分享丹尼的经历时，你会更好地理解这一点。

同样地，我们也可以说养育子女是一种价值。实现每个周末花两个小时陪孩子的目标并不能完成做个好父母的价值。诸如成为忠诚的伴侣或是成为好父母这类价值是持续的承诺，体现在每时每刻的行动中。你永远不能"完成"一个价值。

虽然价值和目标不同，但是它们之间还有一定联系。想一想你为自己设立的一到两个目标。对这些看似平凡的事情也持开放的态度，比如清理垃圾。要确定目标背后潜在的价值，你可以简单地问自己："为什么我在做这个？""带着这个目标，我想完成生命中的什么事情？""带着这个目标，我将前往何处？"

这些问题的答案会为你指出价值的方向，它们也会改变你看待事物的方式。你会发现清理垃圾这样的简单行动反映了一种助人为乐、保护环境以及成为一个有爱心的配偶的价值。它不再是一件让人难受的"我必须得做"的任务了。从价值的角度去看清理垃圾，改变了清理垃圾这一行动。下一次清理垃圾的时候，看看自己是否注意到了这一差别。

> 你永远不能完成一个价值。

## 价值判断涉及行动，而非感受

许多人认为价值判断是指他们对生活中某一特殊领域的感受。但这是一个潜在的误区。理由如下：不管做事情时的感受如何，在生活中你都会做很多事情。呼吸就是其中之一。如果要等到感觉好或高兴的时候才进行下一次呼吸，那你将陷入巨大的困境。很多其他的事情也是一样。我们做很多事情，但做时并未考虑自己的想法或感受。

不管你感到焦虑、悲伤、恼怒、忧虑还是高兴，你早上都要去上班。或者你很不喜欢伊迪丝阿姨，你还是得去探望她。让我们对此做进一步讨论。

假设你看重社会交往，但是对和一群陌生人交谈感到焦虑。在这种情况下，你不必等到焦虑减轻，也就是说，不管你的内心感受如何，你还是可以和他们交谈。或者如果你在和儿子观看球赛时感到快要惊恐发作，即使想冲向最近的出口，你也可以待在体育场里。

简单地说，价值就是你花费时间所做事情的累积，而不是你对所做事情的想法和情感的累积。许多研究表明，如果你关注自己的行为，你的感受最终会随之而来并照顾好自己。

这就是为什么我们强调，重视价值的一切就是做事情。事实上，你是用自己的手、脚和嘴（通过你所说的内容）来实现价值的。因此，重视你的事业意味着你要付诸行动：为事业打拼。如果你没有为事业打拼，就说明你并不重视它，不管你对它的感受如何。价值体现在行动中。

## 情绪结果和特质不是价值

当我们问人们哪些事情对他们很重要时，他们经常这样说：

□ "我希望自己能更冷静一些，多数时候能更平和一些。"
□ "对我来说，快乐很重要。"
□ "我希望自己能更自信一些。"
□ "我希望自己能少一点焦虑，更容易和别人相处。"
□ "我希望人们喜欢我。"
□ "我希望人们接纳我，这样我就能够接纳自己。"

这些陈述听起来都像是价值，但它们却是冒充价值的目标。事实上，它们是情绪目标，更冷静和更快乐是情绪结果。当它们出现的时候，你甚至可以把它们划掉。在你开始朝着自己的价值前进后，这些状态可能出现，也可能不出现。记住，你不能真正控制自己的情感和想法，以及他人对你的想法和感受。你唯一能控制的就是自己的行动。

如果你让自己感觉更好、更快乐、更自信，或者更接纳自己行动的理由，你就会让自己感到失望。一旦你开始朝着有价值的方

> 价值犹如天上的明星。

向前进，你有时很可能会自我感觉更好，通常也会更满足。但如果仅仅是为了感觉更好而做事情，你就会如履薄冰。因为不管你做什么，你都不能总是感觉良好、保持冷静、自信或是易于被接纳。感觉是变幻无常的，它们来去匆匆。这就是为什么它们不能成为行动的坚实基础。

如果你深入审视自己的内心，你就能够与生活中那些值得珍视的事物建立联结。它们之所以珍贵，就在于始终保持原貌。你不必证明它们，它们始终在那里，不管你的情绪如何。你知道星星就在那里，即使你有时看不到它们。你知道

它们会回到你的视野中。即使是乌云也不会永远停留，但星星肯定会。你的价值在某种程度上就像星星，它们不会在一夜之间改变，也不会消失。这就是价值比短暂的情绪更能为行动提供坚实基础的原因。

## 你正处在一个十字路口

现在，你正处于人生中一个关键的十字路口。你可以选择以一种坚持你内心深处最珍视的愿望的方式来生活，也可以选择仍然按照老样子生活，继续和WAFs斗争或是回避之。这全都取决于你。

让我们看看丹尼是如何在生活中做出这一重要选择的。

### 丹尼的故事

丹尼来找我们的时候，正在遭受惊恐障碍的折磨。恐慌让他付出了很大的代价，扼杀了所有对他重要的事情。丹尼的价值之一是做一个体贴的丈夫。他面临着一个艰难的选择：是与他的惊恐障碍纠缠，还是经营好婚姻关系。

丹尼和妻子很喜欢古典音乐，但他们已经很久都没有去看现场演出了。因为这样做意味着丹尼必须在音乐会大厅里和数百人一起坐上两个小时。然后，发生了一件意料之外的事情。

丹尼的妻子带来了一条令人激动的消息，她的朋友以优惠价卖给了她两张交响乐的门票。这个消息让丹尼的大脑陷入了混乱，并迫使他直面惯有的忧虑和假想情节："如果惊恐发作了怎么办？肯定很难离开。如果试图在演出中途退场，每个人都会盯着我看。"

要是在过去，丹尼不参加的反应就是很直接地说"不去"。他很清楚，回避能让他感到安全，但也让他难过。他的妻子也会不高兴。一旦他的选择是控制恐慌，事情就会像这样发展下去。但这一次，情况有点儿不一样。

他要求妻子给点儿时间让他考虑。他知道，妻子很想打扮得漂漂亮亮地和他一起去参加音乐会。同时他知道，自己很爱妻子（和音乐）。因此他要花费多一点的时间来思考并做出选择。这并不容易。他想参加音乐会，想告诉妻子："好的，我们走吧。"但是他的大脑却充斥着不幸和忧郁——他被音乐会上可能发生的一连串可怕的情景淹没了。过去的经验起了很大的作用，这也让他得出了同样烦人的结论：不要去——待在家里。

他的脑袋都要裂了，但就是不知道该怎么办。就在这个紧要关头，丹尼想起我们曾经讨论过的价值问题，对这个问题的关注帮助丹尼解决了他的两难抉择。他知道听从想法并待在家中并不能让他更靠近做一个好丈夫的价值，因此，他做出了一个大胆的决定：和妻子去听音乐会。

和丹尼一样，你也要做一个重要的选择：准备开始新生活，还是继续过原来那种试图回避或继续和WAFs斗争的生活？

你可以这样来考虑这些选择。把生活想象成一条长廊，长廊两侧有很多扇门。你有能力选择打开一扇门，然后走进去。其中的一扇门上贴着"不再焦虑"的标签。你已经选择"不再焦虑"这扇门太长时间了，以至于你可能已经看不到其他的门了。现在是冒险打开其他门的时候了。不妨试试这样做！

你想怎么选？回到那扇"不再焦虑"的门听起来的确很诱人。可以向自己的经验咨询：这个行动让你离你的价值更近了还是更远了？现在，你知道了答案。如果还不知道答案，那么请你温习第6章中的练习"控制焦虑的代价"。

是时候鼓起勇气去探索生活中的其他门了。想一想，在生活中，除了"不再焦虑"这扇门，你想打开哪一扇门。也许有贴着"爱"的门，或贴着"身体健康"的门。也许有通往专业发展的门，或通往政治实践主义的门。也许还有贴着"内心平静"的门。这是一条有着很多扇门的长廊。

## 生活改善练习

在第11章中，你制作了一个待办事项清单，上面列出了每天照顾自己的各种方式。继续做上一章的练习。记住，你正在学习新的技能，要对自己有点儿耐心。把练习作为日常生活的一个重要部分。

☐ 每天练习一次"我"唱诵冥想，从观察者的角度观察你的想法、感受、感觉和你周围的世界。变得好奇和专注，通过在家里和其他地方的日常活动中练习"沉默的观察者"视角（棋盘隐喻）来发展你的观察者技能，并从中享受乐趣。

□ 每天暂停一下，问问自己：我现在所做的事情是在远离还是靠近我所关心的？

□ 复盘一下这周你仍然可能因为焦虑而放弃的事情。

## 核心观点

你可以通过聚焦于能控制的事情来掌控你的生活：你在用你的手、脚和嘴做什么。你可以找到生活中真正重要的东西，然后把精力集中在追求能让你朝这些方向前进的目标上，而不是与 WAFs 斗争。

你所选择的价值是一张路线图，指引着你从焦虑中重获新生。它们帮助你专注于重要的事情。当 WAFs 对你吼叫，吸引你的注意力时，你可以停下来，观察自己的想法和感受，然后听从你的价值，按照它们说的去做。它们会帮助你选择一条行动路线，让你更接近自己的梦想。

---

**专注于我的价值**

**要点回顾：** 我的价值是指引行动的灯塔。我的行动创造我的生活。别人看到的是我的行动。

**问题思考：** 我愿意让我的行动受价值而不是受 WAFs 指引吗？我愿意将有价值的生活放在优先考虑的位置上吗？

---

# 第13章

# 找到你的价值

追随你的天赐之福!

如果你真的追随自己的天赐之福,

请把自己安放在一条一直在等待你的轨道上,你应该过的生活就是你当下的生活。

当你明白这一点时,你就会遇见那些在你赐福之地的人,他们会为你打开幸福之门。

所以我说,追随你的天赐之福,不要害怕,幸福之门会在你意想不到的地方打开。

——约瑟夫·坎贝尔(Joseph Campbell)

我们中的许多人都曾追求过幸福,但幸福就像一只蝴蝶一样躲着我们。这不是什么你能抓住或一直拥有的东西。当你感到幸福的时候,这种感觉就会伴随着你当时做的事情而出现。它不会飘浮在"外面",等着你去发现它。

约瑟夫·坎贝尔告诉我们,幸福源于倾听自己的内心,然后去做自己认为重要的事情。就像一条河,真正的幸福(我们指的是对生活的持久满足感)是有源之水。这个源头就是要在生活中有一个明确的目标,并以各种方式坚持行动。我们只是想帮助你联结心中那个清晰的目标,然后追随它的召唤——追随你的天赐之福。

要为生活中真正的幸福创造条件,你首先需要知道什么是最重要的(你的幸福或激情是什么),然后找到方法去做你日常生活中重要的事情。除了通过坚持做自己真正关心的事情来获得回报,这也有其他很多的好处。希尔和图里亚诺的一项研究(2014)显示,培养价值导向目标感的人比那些没有目标感的人活得更久。所以,通过明确自己的价值,你不仅能为更有意义、更幸福的生活创造条件,也能为更长久的生活创造条件。

人生的目标可以归结为知道什么对你重要。在本章中,我们将帮助你做到这一点。确定自己的价值是过你想要过的生活这条道路上最重要的第一步。这似乎也是一项相当艰巨的任务。你甚至可能认为你没有任何价值。问自己一些简单的问题就能为你指明正确的方向。

□ 我希望自己的生活是什么样子的?
□ 对我来说什么才是真正重要的东西?

你在第 7 章中完成的墓志铭已经让你能够思考这些问题了。

## 我的重要价值是什么

在本节中,我们将指导你更加深入地探索自己的价值。我们将通过一个使用"有价值的方向工作表"的练习来使这个过程结构化。这个工作表将帮助你确定你生活中现在对你最重要的方面。

你会看到,这张工作表涵盖了 10 个常见的生活领域:工作/事业、亲密关系、养育子女、个人成长/教育/学习、朋友/社交生活、健康/身体自我关怀、原生家庭、精神性、社区生活/环境/自然、娱乐/休闲。很多人在这些领域的投入程度并不相同。你可能会发现,这些生活领域中有很多对你现在的生活很重要,或者只是个别领域。不管怎样都好。

　　你认为重要的每个领域构成了你当前生活的结构——你现在投入这些领域，在某种意义上，正是因为它们对你很重要。虽然你花时间和精力的地方可能会随着时间的推移而改变，但这是很自然的。退休以后，工作或事业可能会让位，你可以把更多的时间和精力花在休闲活动上。或者，如果你有孩子，你知道他们最终会长大并离开。所以，你可能会把你的精力从曾经对你重要的领域转向个人成长或志愿者工作。

　　我们的观点是，这张工作表涵盖了可以表达你的价值的生活领域。但是工作表中所涵盖的 10 个领域并不是价值本身。它们仅仅是表达你价值的生活领域。当你做这个练习时，你可能还会发现，你的生活缺少某些领域。你想投入其中，但不管出于什么原因，你感到这样做很困难。这也没关系。稍后，我们来看看是什么阻碍了你。

　　现在，第一步是让你确定生活中对你很重要的领域——你想要表达你的价值的生活领域。要注意，你可能不会认为其中很多或全部领域都对你现在的生活很重要。也要注意，生活中你认为重要的领域，可能其他人并不认为重要。这正是它应该有的样子。

　　一旦你确定了生活中那些重要的领域，你将会继续思考你的价值——在你每个重要的生活领域中对你真正重要的东西。为了帮助你，我们创建了"常见的核心价值指南"，它只不过是一个体现常见价值的单词列表。我们根据乔安妮·施泰因瓦克斯（Joanne Steinwachs）创建的生活指南针练习卡片改编了这个列表。列表内容本身只是更深入的反思的起点。如果你在列表中没有看到你最重要的价值，也没关系。你可以用自己的语言，描述你所关心的和希望被他人知道的东西的本质。

　　但是，仅仅了解重要的生活领域，以及确认表达价值的词语，仍然是不够的。接下来，你需要做的是，考虑你的重要意图。

　　你的重要意图反映了你的行动，或者你希望如何在各个生活领域中表达你的重要价值。意图其实都是关于行动的，或者你想做什么或做得更多。所以如果你在工作或事业中重视正直，你需要问自己这些重要的问题：我如何通过行动来展示或表达这种价值？如何坚持这种价值？其他人怎么知道我重视正直呢？他们会看到我用嘴、手和脚在做什么？你想出的答案将反映你的重要意图。我们强调意图，是因为如果没有清晰的意图，你就不会知道该怎么做。意图使你的价值变得具体、个性化和可行。

而且，当你继续阅读本书时，你会打算按照价值采取行动，以帮助你把它们变成习惯和生活中的优先事项。所以，关于你的重要意图，我们在每个生活领域都会问你："你想如何表达你的价值？"我们每个人都有不同的重要意图。你表达正直的方式将不同于其他人的表达方式。这不分对错。

值得注意的是，这个练习需要一段时间才能完成，而且也应该如此。这是本书和你生活中最重要的练习之一。我们会为你提供指导。你会发现，花这段时间很值得。

## 练习：有价值的方向工作表

请按顺序遵循这三个步骤来完成工作表。

### 步骤 1：评估重要性和满意度

现在从思考你的生活开始。然后根据你自己对每个领域的重要性的感觉，在重要性维度上圈出"是"或"否"，以评估每个领域的重要性。不管你认为重要的领域有多少个。重要的是，当你思考现在的生活时，你能审视自己的内心并且诚实地评估什么对你是真正重要的。你要明白：现在对你相当重要的领域可能会随着时间的推移而改变。

如果你评定一个领域为"否"或不重要，就继续评估下一个领域。继续下去，直到你评估完了所有生活领域的重要性。

现在，再回到前面，评估你认为重要的生活领域的满意度。当你给予满意度评价时，要听从你的直觉。满意度低可能是一个线索，说明某事出了问题——有些东西正在阻碍你在生活中的重要领域实现你的价值。觉察令你不太满意的生活领域可以帮助你以后使用"生活指南针"来识别你和你的价值之间的障碍。

以下步骤仅适用于那些被你评估为重要的生活领域。

### 步骤 2：明确你的价值

此时重要的是，思考你认为重要的生活领域的价值。对于每一个生活领域，你可以列出 3 个你非常在意的价值。

现在需要慢下来，深入反思一下：什么对你最重要？你希望成为一个什么样的人？如果你发现自己被困在了这里，那么请随时参考工作表末尾的"常见的核心价值指南"。然后，在你认为重要的每个领域中，列出能真正反映你在这个重要领域的核心价值的词语。当你做这项重要的工作时，需要注意，价值不是目标。

你可能会注意到，我们在每个生活领域下列出的价值的数量限制为 3。这是为了帮助你专注于对你最重要的东西。你可以为每个重要的生活领域想出 3 个价值，或者你可能只有一两个。现在还不是问题。尽你所能。如果你想到了其他更好的词语来形容对你重要的东西，那么请使用它们。现在，你最好能用一两个词语来表达你的价值。

尽量不要选择与现有领域名称几乎相同的价值（例如，不要选择原生家庭作为生活领域"家庭"下的价值）。如果你发现自己在这样做，更深入地思考原生家庭的哪些方面对你来说很重要。从那里，你可能会找到其他的词语来表达对你重要的东西的本质（比如爱、支持、联结、分享）。你可能还会发现，家庭在工作/事业这一生活领域中也是一种价值，因为你会通过工作来养活和照顾家庭。对于每个重要的生活领域，尽量最多只用 3 个不同的词语。

你也可能会发现，自己在用相同的词语反映不同生活领域的价值。这一点很值得注意，因为这些常见的词语就像金线，抓住了对你重要的东西的真正本质，无论你在哪里。

### 步骤 3：写下你的意图

要完成工作表，请返回到你认为重要的每个生活领域，并查看你写下的价值。对于每一个价值，想出一个重要意图——一个让你的价值变得个人化和有意义的陈述。它们应该反映出你希望在特定的重要生活领域中所主张的价值。你可以把你的意图看作你想要如何过你的生活。它们应该揭示出，在每个生活领域中，对你来说最重要的价值是什么。

这些陈述应该是真实的，因为它们真实地反映了你的愿望。而且，它们反映了你如何表达你的价值——你想成为什么样的人，或者你想向世界展示什么。所以，倾听并追随你的内心和天赐之福。真的要很努力地想出基于你的经历的陈述。当你的 WAFs 有可能把你拉离你想去的地方时，这会让你的价值对你的行动产生更大的影响。

现在，把你的重要意图写在每个价值旁边的横线上。对于所有你认为重要性为 1 或 2 的领域，都可以这样补充每个价值对应的意图。

# 有价值的方向工作表

## 1. 工作 / 事业

这个生活领域在我现在的生活中很重要吗（单选）？

是 ＝ 这对我很重要　　　　　否 ＝ 这对我并不重要

你现在对这个生活领域有多满意（单选）？

0＝ 一点儿也不满意　　　　1＝ 较为满意　　　　　2＝ 非常满意

### 反思你的价值和意图

工作可能包括有偿工作、无偿的志愿者工作或家务。工作中，对你来说重要的是什么，有一份工作对你意味着什么？对某些人来说，这意味着财务安全、经济独立或有声望；对另一些人来说，它涉及智力挑战或与他人互动或帮助他人。

你是否因为情感或认知障碍而搁置了一份有价值的职业或志愿服务？也许是因为对失败的恐惧或不安感，因为你考虑这份职业可能意味着放弃你当前相对舒适或奢侈的生活。或者你认为追求你梦想中的工作是不负责任的。

不要让这些想法和情绪阻止你探索这个领域。毕竟，我们大多数人醒着的大部分时间都花在了工作上。有很多方法可以让你做的任何事情都有回报。当你想象你梦想的工作或你想如何有效地利用你的精力、才能和技能时，请记住这一点。那会是什么样子呢？如果你能做任何事，你会做什么？描述一份你认为最适合你的工作或努力意味着什么。

你希望你的工作或事业能代表什么？你的工作有什么重要意义（例如，财务安全、智力挑战、独立、声望、人际互动或帮助人们）？

我在这个领域的核心价值　　　　我对每个价值的重要意图

1.＿＿＿＿＿＿＿＿＿＿　　　1.＿＿＿＿＿＿＿＿＿＿＿

2.＿＿＿＿＿＿＿＿＿＿　　　2.＿＿＿＿＿＿＿＿＿＿＿

3.＿＿＿＿＿＿＿＿＿＿　　　3.＿＿＿＿＿＿＿＿＿＿＿

## 2. 亲密关系（例如，婚姻、夫妻、伴侣关系）

这个生活领域在我现在的生活中很重要吗（单选）？

是 ＝ 这对我很重要　　　　　否 ＝ 这对我不重要

你现在对这个生活领域有多满意（单选）？

0＝ 一点儿也不满意　　　　1＝ 较为满意　　　　　2＝ 非常满意

### 反思你的价值和意图

这个领域在关注与伴侣或配偶的亲密关系。在这里，我们想看看你给这种关系带来什么。你会在一段亲密的关系中成为什么样的伴侣？你想在你的角色中表达什么价值——你想要建立怎样的关系（而不是别人会给你带来什么）？为了与亲密的伴侣或配偶表现出更亲密的关系，你会做些什么？你想拥有什么类型的婚姻或夫妻关系？你想如何对待你的配偶，或者一个与你有特殊承诺和联系的人？

我在这个领域的核心价值　　　　　　我对每个价值的重要意图

1. _____　　　　1. _____

2. _____　　　　2. _____

3. _____　　　　3. _____

## 3. 养育子女

这个生活领域在我现在的生活中很重要吗（单选）？

是 = 这对我很重要　　　　　　否 = 这对我不重要

你现在对这个生活领域有多满意（单选）？

0= 一点儿也不满意　　　　　1= 较为满意　　　　　　2= 非常满意

### 反思你的价值和意图

你可以是一个孩子的父亲、母亲或看护人。或者，你可能计划有一天时间做父母。在这里，看看你想在这个领域做些什么。你想成为什么类型的父母？你希望如何采取行动来支持你作为父母的角色？你想如何与你的孩子互动？在你的孩子眼里，你会通过做什么来支持你的价值？别人会看到你在做什么？对你来说做父母重要的是什么？

我在这个领域的核心价值　　　　　　我对每个价值的重要意图

1. _____　　　　1. _____

2. _____　　　　2. _____

3. _____　　　　3. _____

## 4. 个人成长 / 教育 / 学习

这个生活领域在我现在的生活中很重要吗（单选）？

是 = 这对我很重要　　　　　　否 = 这对我不重要

你现在对这个生活领域有多满意（单选）？

0= 一点儿也不满意　　　　　1= 较为满意　　　　　　2= 非常满意

**反思你的价值和意图**

当你把自己作为人类一员在情感、智力、身体、精神和行为等各个方面探索和发展自己时，你就培养了自己的个人成长。这通常意味着在更深的层次上了解你是谁。事实上，你已经读过的许多领域都与你作为一个人的个人成长息息相关。

个人成长通常与学习有关。传统教育当然很重要，但成长和学习几乎可以在任何地方发生。你不需要在教室里就能成长。例如，业余运动员可能会从参与一项运动中获得健康或社会效益，但这些活动也可以提供一种被挑战的感觉，以及学习或精进某项技能的乐趣。

所以，看看你自己的内心，看看你是否能找到任何对个人成长和学习很重要的东西。你是想提高你已经拥有的技能，还是开发新的技能？是否有你想要探索的能力领域？你喜欢学习新东西吗？你喜欢与他人分享自己学到的东西吗？为什么学习对你很重要？你希望学到哪些技能，得到哪些培训或是能胜任哪一领域的工作？你真正渴望学习哪些方面的知识？

| 我在这个领域的核心价值 | 我对每个价值的重要意图 |
| --- | --- |
| 1. _____ | 1. _____ |
| 2. _____ | 2. _____ |
| 3. _____ | 3. _____ |

**5. 朋友 / 社交生活**

这个生活领域在我现在的生活中很重要吗（单选）？

是 = 这对我很重要　　　　　　否 = 这对我不重要

你现在对这个生活领域有多满意（单选）？

0= 一点儿也不满意　　　　1= 较为满意　　　　2= 非常满意

**反思你的价值和意图**

虽然我们都是社会性生物，但在社会关系领域及其深度和广度上，我们所看重的东西有很多不同。有些人重视广泛交友，即使并不特别了解这些朋友。而另一些人则重视交友的质量，看重为数不多的挚友。还有一些人喜欢结交各种朋友，因而他们有深度交往的朋友，也有交情浅的。还有一些人更喜欢独处。

友谊深度与亲密程度有关，无论是情感上的、精神上的还是智力上的。所以不妨思考一下你社交生活的重要性和质量。社会关系对你重要吗？你想要拥有什么样的人际关系？通过这些关系你希望培养哪些个人品质？如果你是朋友们的

"理想人选"，你会怎么和他们互动呢？

考虑一下你的才能和激情，以及目前在这个领域可能缺少的东西。想想作为一个人，你的独一无二之处是什么？你能为一段友谊带来什么呢？你想要成为哪种类型的朋友？成为一个好朋友意味着什么？你如何对待你最好的朋友？为什么友谊对你来说很重要？

| 我在这个领域的核心价值 | 我对每个价值的重要意图 |
| --- | --- |
| 1. ＿＿＿＿＿＿＿＿＿＿ | 1. ＿＿＿＿＿＿＿＿＿＿ |
| 2. ＿＿＿＿＿＿＿＿＿＿ | 2. ＿＿＿＿＿＿＿＿＿＿ |
| 3. ＿＿＿＿＿＿＿＿＿＿ | 3. ＿＿＿＿＿＿＿＿＿＿ |

### 6. 健康 / 身体自我关怀

这个生活领域在我现在的生活中很重要吗（单选）？

是 = 这对我很重要　　　　　否 = 这对我不重要

你现在对这个生活领域有多满意（单选）？

0= 一点儿也不满意　　　　1= 较为满意　　　　2= 非常满意

### 反思你的价值和意图

我如何以及为什么要照顾好自己？为什么我想通过饮食、锻炼来照顾我的身体和健康呢？身体健康对我有多重要？锻炼和健康饮食在我的生活中扮演什么角色？

人们有各种各样试图保持健康的动机。有些人这样做纯粹出于享受；其他人这样做是为了在一项要求体力劳动的工作中取得成功；还有一些人认为健康的生活方式是一种照顾自己的方式，也许这样他们就有更好的机会活到暮年，并陪伴他们所爱的人。

我们中的许多人因为丧失或遭受不公正待遇而留下旧伤，可悲的是，还有些人也曾遭受虐待和创伤。这些经历可以使我们变得更好或生病。我们常常只能看到黑暗的一面，其实这也让我们变得更加坚强。我们责备自己或他人，远离这个世界和它所提供的一切，这最终反而深深地伤害了我们。

解药是练习友善和关爱的行动——从你自己开始，然后扩展到你生活中的其他人。这可以帮助你停止与自己开战，也可以摆脱你所经历过的或者现在还在继续经历的心理痛苦和不幸。即使你的生活中没有太多的痛苦，你仍然可以重视友善和慈悲。

学会对自己更友善有多重要？如果你对自己的感受、记忆和创伤有更多的接纳和慈悲，你的生活会有何不同？你在寻找并践行善待自己的方法吗？如果那样做，看起来会怎么样？你做了什么？如果你现在不这样做，它会以什么形式出现？即使自我关怀看起来很难，但你开始朝着这个方向前进不是更加重要吗？

想想是什么促使你保持身心健康。积极追求健康的原因可能有很多，而且这些都是有效的。是什么让关心自己的身心健康对你有吸引力？按照这个价值行事对你有多重要？

我在这个领域的核心价值　　　　　我对每个价值的重要意图

1. ＿＿＿＿＿＿＿＿＿　　　　　1. ＿＿＿＿＿＿＿＿＿
2. ＿＿＿＿＿＿＿＿＿　　　　　2. ＿＿＿＿＿＿＿＿＿
3. ＿＿＿＿＿＿＿＿＿　　　　　3. ＿＿＿＿＿＿＿＿＿

**7. 原生家庭**（父母、照料者／与你一起长大的兄弟姐妹）

这个生活领域在我现在的生活中很重要吗（单选）？

是＝这对我很重要　　　　　　否＝这对我不重要

你现在对这个生活领域有多满意（单选）？

0＝一点儿也不满意　　　　1＝较为满意　　　　　2＝非常满意

**反思你的价值和意图**

现在花点时间考虑一下你和你原生家庭的家庭成员之间的关系。这也可能包括你的重组家庭的成员。你的家庭关系对你重要吗？它们能给你意义感和目标吗？你想和你的父母、照料者或兄弟姐妹有什么样的关系？这些角色和关系对你很重要吗？如果重要，它们是如何影响你的？

也要注意你在这方面的激情和才能。你给这个领域带来了什么？你对这个领域有什么强烈的感觉？想想你的生活是否缺少了什么。你想如何与你的家人互动？如果你有兄弟姐妹或同父异母的兄弟姐妹，你想成为什么类型的兄弟姐妹？如果父母还活着，你想成为什么类型的儿女？

我在这个领域的核心价值　　　　　我对每个价值的重要意图

1. ＿＿＿＿＿＿＿＿＿　　　　　1. ＿＿＿＿＿＿＿＿＿
2. ＿＿＿＿＿＿＿＿＿　　　　　2. ＿＿＿＿＿＿＿＿＿
3. ＿＿＿＿＿＿＿＿＿　　　　　3. ＿＿＿＿＿＿＿＿＿

**8. 精神性**

这个生活领域在我现在的生活中很重要吗（单选）？

是＝这对我很重要　　　　　否＝这对我不重要

你现在对这个生活领域有多满意（单选）？

0＝一点儿也不满意　　　　　1＝较为满意　　　　　2＝非常满意

**反思你的价值和意图**

从某种意义上说，我们都需要发展自己的精神性。不管你是否有信仰，是否祈祷，是否冥想，是否思考生命的意义或者寻找方法来提高对自己的觉察能力，以及增强你与自己、他人及周围世界的联结。对许多人来说，精神性超越了宗教、礼拜场所或对更高力量的信仰。

花点时间反思一下你的精神性。根据你自己的意愿去做，不要局限于文化或社会的期望。什么看起来最适合你？有没有比你自己的生活更重要的东西激励着你？你所敬畏的生命的奥秘是什么？如果有信仰的话，你信仰什么？描述一下你希望看到精神性在你的生活中扮演的角色，以及它将如何体现出来。如果你的生活中有这样的东西，它能为你带来什么样的品质呢？

我在这个领域的核心价值　　　　　我对每个价值的重要意图

1. ＿＿＿＿＿＿＿＿＿＿　　　　　1. ＿＿＿＿＿＿＿＿＿＿

2. ＿＿＿＿＿＿＿＿＿＿　　　　　2. ＿＿＿＿＿＿＿＿＿＿

3. ＿＿＿＿＿＿＿＿＿＿　　　　　3. ＿＿＿＿＿＿＿＿＿＿

## 9. 社区生活 / 环境 / 自然

这个生活领域在我现在的生活中很重要吗（单选）？

是＝这对我很重要　　　　　否＝这对我不重要

你现在对这个生活领域有多满意（单选）？

0＝一点儿也不满意　　　　　1＝较为满意　　　　　2＝非常满意

**反思你的价值和意图**

我们都属于某个社区。你可以从广义或狭义的角度来考虑这个领域，从作为一个国家或某个州的公民，到参与一个你所在的城镇或社区，再到你在一个社会团体、工作场所、宗教或世俗团体或组织中扮演特定的角色。你可能会在其中一个或多个层级上感觉到与社区的联系。这也有可能对你的时间、才能和资源给予不同程度的回报。

考虑到这一切，成为一个社区（一个比你自己更大的东西）的一部分，对你来说很重要吗？你关心回馈社会或影响你社区里的他人吗？无论你的参与程度如何，你想成为什么样的人？你想如何在你的社区中分享你的才能和激情？是这里的什么吸引了你的心？

保护环境是许多人的想法，有许多方法可以做到这一点。但你也可以更广泛地看待环境，比如你可能在的任何地方：学校、工作场所、家、购物场所，等等。所以，当你以自己的视角来思考环境和自然时，考虑一下这些问题。

为我们的地球服务对你而言很重要吗？例如，你喜欢照顾好你周围的环境吗？除了像再利用或节约能源或水，这可能还包括景观美化、种树，或照料花园，或者可能意味着照顾你的家或工作场所。享受大自然可以有多种形式：徒步旅行、野营、打猎、钓鱼、攀岩、航海、在海滩上放松等，清单可以很长。也许你只是喜欢以一种沉思的方式与大自然交流。

看看分享、助人或伸出援手对你来说是否重要，如果是的话，你应该如何表达。也要考虑一下，你是否觉得在你的这个生活领域里，有什么东西正在消失。你能做什么来使世界变得更好？为什么社区活动（比如志愿活动、选举、回收利用）对你来说很重要？当你考虑环境或自然时，你所关心的是什么？

我在这个领域的核心价值　　　　　我对每个价值的重要意图

1. ＿＿＿＿＿＿＿＿＿＿＿　　　1. ＿＿＿＿＿＿＿＿＿＿＿

2. ＿＿＿＿＿＿＿＿＿＿＿　　　2. ＿＿＿＿＿＿＿＿＿＿＿

3. ＿＿＿＿＿＿＿＿＿＿＿　　　3. ＿＿＿＿＿＿＿＿＿＿＿

### 10. 娱乐 / 休闲

这个生活领域在我现在的生活中很重要吗（单选）？

是 = 这对我很重要　　　否 = 这对我不重要

你现在对这个生活领域有多满意（单选）？

0= 一点儿也不满意　　　　　　1= 较为满意　　　　　　2= 非常满意

### 反思你的价值和意图

你度过闲暇的方式会深刻影响你的生活质量，所以你需要仔细考虑。这个领域可以包括任何东西。无论是在工作之外还是在工作中，你都可以有一种游戏精神。

当孩子们为了好玩而玩时，他们所做的不仅仅是玩得开心。孩子们喜欢玩耍，因为这能让他们完全投入到所有感官的感觉中。孩子们也会用玩耍来表达自己——他们的感情、情绪和梦想。但是，玩耍并不只是孩子的专利！成年人也可以完全专注于一个有趣的活动，这和孩子们经常想玩的原因是一样的。这让他们能够表现出自己有趣和富有创造性的一面。

在这个领域中，寻找你在表达这种有趣精神方面的价值。你是否珍惜有时间放松、玩得开心、再次成为一个孩子、挑战自己、培养新的兴趣或技能，比如演奏乐器？任何有游戏性质的活动在这里都算。

如果这是你想要的生活方式，你会如何描述这部分生活的质量呢？考虑到这一点，如果可能的话，你愿意培养和探索什么样的活动、兴趣或爱好呢？你如何通过业余爱好、运动或游戏来滋养自己？为什么你会喜欢这些事情？

我在这个领域的核心价值　　　　　我对每个价值的重要意图

1. _____　　　1. _____

2. _____　　　2. _____

3. _____　　　3. _____

---

## 常见的核心价值指南

这里列出的是人们认为对他们很重要的常见价值。这绝不详尽，所以请随意添加你自己的价值。这是一个指南，可以帮助你识别和描述那些对你很重要的东西。

| | | | | |
|---|---|---|---|---|
| 共情 | 安静 | 善良 | 冒险 | 欣赏 |
| 养育子女 | 钦佩 | 顺从 | 行动 | 卓越 |
| 灵感 | 美丽 | 和平 | 控制 | 挑战 |
| 信念 | 滋养 | 希望 | 感激 | 自我表达 |
| 神圣 | 平静 | 改变 | 学习 | 成就 |
| 自然 | 社区 | 公平 | 合作 | 忠诚 |
| 探险 | 贡献 | 真理 | 快乐 | 安全 |
| 服务 | 幸福 | 权利 | 宁静 | 启蒙 |
| 玩耍 | 关系 | 内在力量 | 发明 | 鼓励 |
| 乐趣 | 平等 | 可信 | 荣誉 | 工作 |
| 秩序 | 联结 | 结构 | 力量 | 智力 |

| | | | | |
|---|---|---|---|---|
| 精神性 | 激情 | 自尊 | 想象 | 规划 |
| 幽默 | 耐心 | 友谊 | 欢乐 | 诚实 |
| 完整 | 体贴 | 直觉力 | 规则 | 尊严 |
| 亲情 | 爱情 | 家庭 | 领导力 | 可靠 |
| 稳定性 | 优雅 | 掌握 | 欢笑 | 正直 |
| 支持 | 胜利 | 成长 | 创造性 | 忠诚 |
| 健康 | 传统 | 慈悲 | 性 | 尊重 |
| 安全 | 关注 | 无为 | 勇气 | 善解人意 |
| 骄傲 | 礼仪 | 财富 | 感官享受 | 正义 |
| 信任 | 探索 | 活力 | 情感 | 自控 |
| 自由 | 慷慨 | 独立 | 开放 | 好奇 |

请在下面的空白处填写你自己的价值。

_____　_____　_____　_____　_____

_____　_____　_____　_____　_____

## 创建你的人生指南针

　　"有价值的方向工作表"是创建"人生指南针"的基础（改编自 Dahl & Lundgren，2006）。我们称之为人生指南针，是因为它为你的人生指明了方向——有了它，你就会知道从哪里开始。接下来的练习将帮助你创建你的人生指南针。

---

### 练习：创建你的人生指南针

　　我们把这个练习分为四个简单的步骤。回顾你的"有价值的方向工作表"将会使创建你的人生指南针变得容易。人生指南针会出现在练习的最后部分。

　　**步骤 1：专注于你认为重要的生活领域**

　　你会注意到，在下面的人生指南针中，每个生活领域都有两个小的空白框。这些方框以两种不同的方式来评定每个领域（"i"代表"重要性"），以及在过去两周内你花了多长时间朝着这个领域的价值和意图努力（"a"代表"行动"）。

让我们从重要性评级开始。回到有价值的方向练习里。识别每个评为"是"的生活领域，这很重要。然后切换到人生指南针，在每个"i"框中写一个"X"，与你认为对你很重要的生活领域相连。

**步骤2：你的意图是什么**

在那些你认为重要的价值框中写一份简短的意图陈述。你可以从有价值的方向工作表上的意图陈述开始。我们建议你把这些总结成一个更短的陈述，刚好能放进人生指南针的价值框里，这样当出现WAFs时，你就能更容易地记住你的意图。对于所有你现在认为重要的生活领域，都要像这样写一份意图陈述。记住，意图是反映你的核心价值的陈述，应该抓住你想要如何在这个领域生活的本质——什么对你来说是最重要的。现在，把你的意图写进每个框里。

**步骤3：你正在做那些对你而言重要的事情吗**

在你写下你的意图后，请考虑一下你在过去两周的活动，你的行动与你在每个领域的重要意图一致吗？我们称这些活动为"你的足迹"。

你所做的事情符合你刚才写下的意图吗？对于每一个意图，评估你在过去的两周里为你的重要价值采取了多少行动。

使用以下量表对你的行动进行评级：

- Y=是的。这里的"Y"意味着，没有什么能妨碍你在这方面实现你的重要意图。

- S=有时。这意味着有时你可以表达你的价值，但有时你不能。你会感觉到一种不一致，也许是由于相互竞争的需求、优先事项、生活挑战，或者是因为你受到了情绪的影响。

- N=没有。当你反思并想出一个"N"的评级时，你感觉到你被困住了，停滞不前，没有采取任何行动来实现你在你的重要领域的价值。你甚至可能觉得自己的心情时好时坏，或者对自己的生活感到不安。这意味着你在此领域的意图没有实现，有什么东西在阻碍你。

将你的评级（Y、S或N）写在方框"i"（连接每一个重要的生活领域中的每一种重要意图）旁边的方框"a"中。还要注意，我们不是在问你在每个领域的理想生活，也不是在问别人对你的看法。评估一下你在过去两周里是如何积极实现你的意图的。

现在再回去看看你的意图和行动。它们和每个你认为重要的价值领域的匹配程度如何？在这里复盘一下。寻找方框 i 中有"X"和方框 a 中有"S"或"N"的领域。这种不匹配告诉你，你的生活中显然有一个重要的领域，但你并没有实现你的价值（一个"N"），如果你在采取行动实现价值，那么就是你不能自由地和定期地采取行动（一个"S"）。这些不一致是你想要摆脱的，因为它们意味着你没有过上你想要过的生活。

例如，如果你认为家庭很重要（比如，方框 i 内有一个"X"），而你的行动评级很低（"S"）或不存在（"N"），那么你现在过的生活与你想要的完全不同。如果你像大多数有焦虑问题的人一样，你可能会发现你的重要性和行动评级之间存在差异。

### 步骤 4：是什么阻碍了你

你的行动和意图之间的差异往往与内部障碍有关。任何阻碍你实现价值的就是你的障碍。回到每一个对你重要的价值领域，检查到底是什么在阻碍你。

在这里，可以帮助你将这些障碍划分为以下类别。

□ 想法和意象：阻碍你实现重要意图的想法或意象是什么？

□ 情感：阻碍你为自己的意图采取行动的情绪是什么？

□ 身体感觉：挡在你和你的价值之间的身体感觉方面的障碍是什么？

□ 欲望冲动：是哪些欲望或冲动阻碍了你？（比如，情感封闭、回避、愤怒的反应，或使用和滥用酒精或其他物质。）

---

现在停下来，回顾你的人生指南针。仔细看一看，你会发现大多数障碍与你的 WAFs 有关——想法、负面的评价、判断、情绪和你不喜欢的身体感觉。这些障碍发生在你的内心。

对焦虑和可能出现的问题的忧虑，肯定会使你偏离价值意图并追随它们而去。这并不是你捶胸顿足就能解决的问题——很多有焦虑问题的人面临着和你一样的问题。

你可以做的是：选择接纳那些在价值探索中学到的知识，并把它作为一种动力，促使自己坚持阅读本书，并且通过学习如何把你的生活与价值保持一致来追随你的天赐之福。如果你发现 WAFs 迫使你远离有价值的生活，接下来的章节将会向你展示如何走出回避绕行道路，回到朝价值山巅前进的道路。这是本书为你提供的机会：学习如何过上你想要的生活，而不受到与 WAFs 障碍斗争的阻碍。

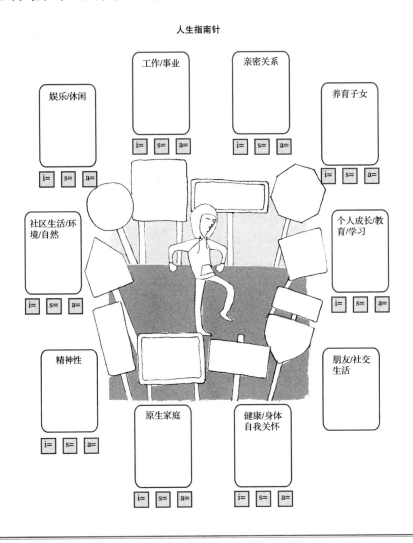

人生指南针

你也许已经清楚地了解了自己的内部障碍。如果是的话，那太棒了。但如果此时你正在挣扎，那么下面的练习会帮助你更清楚地认识到挡在你和你想要过的生活之间的障碍。如果这对你有用，你可以阅读下面这个练习。这个练习大约需要 10 分钟，会让你更好地了解你的障碍。

## 练习：识别内部障碍

闭上眼睛待一会儿，让自己正心关注你所处的地方。然后，当你准备好时，想象一下，你站在窗户前，试图看看自己的生活。但是你注意到，窗户上的玻璃被雾化了，你的视野是模糊的。你知道在你之外还有一些珍贵的东西，但你还完全看不清它们。

在你的脑海里，想象一下，每呼吸一次，你的生活之窗就变得越来越清晰，慢慢地，注意到随着每次呼吸，当你基于价值的意图出现时，雾气会慢慢消散。当你看见了你想要过的生活时，沉浸在这一刻的甜蜜和美好中。如果这很难做到，再次回到呼吸中，当你只是向外注视着你渴望成为的人和你渴望拥有的生活时，注意到雾在慢慢消散。

当你继续凝视的时候，想象一下，你在看着自己的意图。当你决定按照你的意图采取行动时，专注于最初的一两步。注意你在哪里，注意你在说什么，注意你手脚在做什么。如果其他人参与其中，看看他们会如何回应你。现在，复盘一下你内在呈现出的是什么。如果你生活的窗户又开始起雾，只要专注于呼吸，就能让雾消散。

观察你的大脑在告诉你什么？你对你，或情景，或其他人有评判吗？你有没有注意到阻碍你的想法，就像"这太……我无法做……"？或者有无令人沮丧的想法，就像"没什么大不了的……所以不用费心"？或者，也许你的脑海里浮现出灾难、旧伤痛、厄运和黑暗的画面，或者它在告诉你一些其他事情，比如"我没有足够的时间"。你只需要觉察有什么，然后复盘一下。

现在我们来看看你的身体发生了什么。你有什么感受？如果这对你来说还是很难的话，看看你是否能注意到任何僵化、麻木或收缩的感觉。正如你观察到的，注意到它出现的样子，就像"我注意到身体僵化（或紧张、恐惧或麻木了）"。

而且，如果你能察觉到你身体里的任何感觉，比如紧张、发热、发胀，你的心跳加快，或者屏住呼吸或呼吸急促，评估一下它们，就像棋盘一样观察它们。

现在看看你的大脑是否在命令你做些什么。它是在告诉你赶快逃跑、离开、猛烈抨击，还是放弃？只需要观察这些冲动，然后顺其自然。

如果我们遗漏了什么，请注意在你的体验中这可能是什么——这可能是想法、情绪、感觉或行为或反应的冲动……仔细看看引导你到达这里的这些障碍。

　　现在，让我们回到你现在所处的地方，坐在窗前，看着你的生活。把你的觉察带回你坐着的地方，做一两次深呼吸。然后，缓慢地睁开眼睛，更清楚地了解对你重要的东西以及阻碍的障碍。

---

　　利用你从刚刚做的意象练习中学到的东西来看清你的障碍。你也可以看看过去的经历，当你试图采取行动弄清楚是什么在阻碍你时。

　　也许是对惊恐发作或其他强烈情绪的恐惧；也许是关于崩溃、陷入尴尬或被暴露的想法；也许是侵入性的不想要的想法似乎凭空出现，侵入你的大脑；也许是痛苦的画面或回忆；也许是对如果你朝某个方向前进会发生什么的特别的担忧；也许是关于失败、无能或不足的想法；或者是其他忧虑和疑虑。

　　我们强烈鼓励你花时间完成这部分练习。除非你搞清楚了是什么在阻碍你过上能真正坚持自己价值的生活，否则继续前进是没有意义的。

　　不管是什么样的障碍，都可以用一两个词将它们写在人生指南针中。要尽可能精确。这些就是挡在你和你的价值之间的障碍。

## 生活改善练习

　　以下是我们认为可能对你有帮助的活动清单。我们添加了一个关于你的价值的新活动。将它们添加到你的日常任务清单中，并承诺尽可能地做到最好。

　　□ 每天做一次"接纳想法和感受"的练习（第 10 章）。
　　□ 随时随地练习作为观察者的技能（棋盘、沉默的观察者自我，以及第 11 章中的"我"唱诵冥想练习）。
　　□ 持续去做前面那些对你有用的练习，致力于培养你内在的慈悲和友善。
　　□ 真正花时间关注你的价值和阻碍你的东西。使用"有价值的方向工作表"和"人生指南针"来帮助你。
　　□ 开始每两天至少做一次和你最重要的价值有关的事，千里之行始于足下！
　　□ 如果你承诺采取行动支持你的重要价值，记得用上你一直在学习的技能，帮助你活在当下，以观察者的视角，聚焦于重要的事情。

在做这些练习时难免遇到阻力，你也不会总能得到你希望的结果。但是没关系，要有耐心，要相信你所做的工作，一定会带来变化。我们已经看到很多坚持做这些练习的人发生了意想不到的变化。

## 核心观点

你所选择的价值是一张行动地图，可以指引你从生活中获益良多。价值帮助你聚焦于重要的事情。当 WAFs 消耗你的注意力时，你可以停下来，观察你的想法和感受，然后倾听你的价值并按它说的去做。美好的生活是由许多微小但有价值的行动组成的。你通过自己每天所做的选择和行动，来写自己的悼词和墓志铭。你每天都有机会朝着有价值的方向前进，并带着焦虑的想法和情感一同上路。

---

**识别和思考我的价值**

**要点回顾：** 人生苦短。我的价值体现在我的行动中，使我的生活富有意义。焦虑管理并非一个重要的价值，也不是一种生活方式。我要追随我的天赐之福！

**问题思考：** 我这辈子到底想成为一个什么样的人？我是否践行了自己的价值？WAFs 是否妨碍了我践行自己的价值？我愿意优先考虑有价值的生活吗？我是否愿意去做自己关心的事？

---

# 第14章

# 正念接纳焦虑，才能摆脱焦虑

这一天早晚会来，
花蕾紧闭所带来的风险
比灿然绽放的风险
更加令人痛苦。

—— 阿内丝·尼恩

抗拒体验的自然流动会使得你变得更加渺小。你甚至可能在与焦虑和恐惧的亲密关系中获得慰藉，就像花蕾一样，毕竟，这是你所熟悉的状态。但是这样你永远无法绽放。你需要停止抗拒内在生命的流动才能绽放。你需要做出决定，正如开篇所言，花蕾保持紧闭的风险要比开花的风险更令人感到痛苦。

你决定不再希望去保持渺小，不再陷入焦虑管理和控制的陷阱。你选择成长和扩展自己的边界，而不是保持紧闭。你下定决心，花时间投资你的生活。没有战斗和挣扎，也不再为了应付焦虑而勉强度日了。不再等待你的生活开始。是时候彻底放下所有不必要的挣扎和抵抗，为你想要的生活腾出空间了。这些你都知道，也能控制。

绽放的这一刻体现了你是谁，你在乎什么。随着每一个绽放的时刻，你在这个世界上展现出你的内心，并收获对你而言重要的事情的回报。当我们的一位读者分享是什么让他敞开心扉时，他说："逃避和与焦虑斗争比允许焦虑发生和存在更痛苦。"他敞开心扉的意愿是有风险的，但他使用本书中的工具来指引自己前进。你也可以这样做。

墓志铭和前几章的其他价值练习告诉你，你也并不想在生活中一直与焦虑作无休止的斗争。这些练习也为你提供了一个机会，去发现你所关心的事物的机会。现在是时候开始朝你真正想去的方向迈出第一步了。

你可能会问："那我的焦虑怎么办？如果我开始做所有我想做的事情，我的WAFs 就会阻碍我前进。"

你可能会觉得你的处境就像下图中所描绘的那样。请注意，焦虑这个怪兽正在阻碍你通往价值之山，那个你理想中的目的地。焦虑障碍仍然存在并伤害着你。你的经验告诉你，听从 WAFs 要求你做的事只会使它们占据更大的空间，而你的生活空间却变得越来越小。

## 由你负责

你已经知道当生活陷入恐惧和焦虑时是什么感觉。你不能这样生活。但事情是这样的。你是自己生命的主人和创造者，你有能力选择如何应对恐惧、过去的黑暗影像或对不确定的未来的不祥预感。你可以决定是与焦虑战斗还是与它和平共处。

从本节开始的每一件事都将专注于培养技能，帮助你重新掌控自己的生活。许多这些技能都是建立在你已经开始练习的基础上——用一种更温和、更友好的方式来处理你的焦虑、恐慌、想法和身体感觉。通过持续练习、应用正念接纳和观察者视角，你能看到你的焦虑是什么，而不是听你的大脑叫喊些什么。我们还会教你新的技能，为你的评判性思维腾出更多的空间，并处理所有把你从生活中拉出来的钩子和陷阱。

所有这些工作的基础是你的价值。你已经创造了一个指引你的指南针，当你浏览本书的剩余部分时，让你的眼睛和心灵专注于追随你的天赐之福，因为在你的价值中，你会找到你的北极星，你的指路明灯和灵感。它们会激励你向前走，朝着更重要、更有意义的方向迈进——一个由你而不是你的 WAFs 主导的方向。正是在这里，你创造了一种真正符合你内心的生活。

## 当你感到焦虑或恐惧时该怎么做

当你准备以一种新的方式面对你的 WAFs 时，一个恼人的问题可能会出现在你的脑海中：当我感到焦虑或恐惧时，我该怎么做？

这是一个本能的问题，答案简单而富有挑战性，别再做你一直在做的事情了，相反，做一些与你以前做过的完全不同的事情！就是这样。但请注意，你的大脑可能会继续发问：那么，我该怎么做呢？

在这里，重要的是要注意，你已经在利用你的 WAFs 做一些全新的事情了。如果你已经读到了这里，并且已经真诚地、全心全意地做了我们到目前为止所涵盖的一些练习，那么你正朝着一个新的方向前进。你会变得越来越熟练。本章后面的练习只是建立在你已经学习和练习了那些技能的基础之上。给自己一点完成练习的时间。

现在，当你发现自己正处于 WAFs 之中时，这里有一些建议。

## 选择你要做的事情并专注于它

当你注意到你的 WAFs 出现时，专注于你所要做的事可能是你要做的最重要的选择。你可以选择关注和倾听 WAFs 在告诉你什么，并按照其说的去做。或者你可以选择从观察者的视角来观察所有的活动，你不必相信它们，然后在你的价值的指导下奋力前行。

## 承认正在发生的事情

焦虑发生了。记住，它来不来你无法选择，但你要怎么做是你的选择。你可以选择与它抗争，也可以选择对它感到好奇，对它敞开心扉，顺其自然。就像海洋上的波浪，它总会过去。

## 做与焦虑迫使你做的相反的事情

当 WAFs 告诉你坐着别动时，你就站起来。当你被迫转过身去时，你要变得好奇并向前倾。当你想要僵住的时候，你就移动。当你感觉你与当下失去了联系，或者你发现自己迷失在过去或未来时，你就深呼吸，把你的觉知带回到你当下的位置。当你发现自己焦躁不安时，就让自己带着内在的能量安静地坐着。做与焦虑迫使你做的相反的事是重新掌控你生活的有力方法。

## 温和地善待自己

最重要的是，练习温和地对待自己。现在不是跟你的焦虑再次开战的时候。在某种程度上，温和和善良是战争的对立面。这就是为什么它如此强大。不要把它当成一种让焦虑消失的方法。如果你这么做了，你可能会发现自己又回到了开始的地方，陷入另一场斗争，除非你使用了一套新的武器。我们已经给你提供了一些善意的练习来帮助你与你的大脑、身体和体验建立一种新的关系。随着阅读的深入，你还会看到更多这样的例子。

## 与障碍一起前行

当你踏上旅途时，你会发现这条路充满了障碍。有些障碍是外在的，比如缺钱，耗费时间和资源的充满竞争的生活，缺少机会，物理空间受限，地理限制，甚至是恶劣的天气。为了克服这些障碍，你可以通过头脑风暴或与好朋友交谈来获得一些观点和新的想法。然而，到目前为止，你将面临的最频繁和棘手的障碍是那些唠叨，令人讨厌的与 WAFs 相关的想法、感受、身体感觉或冲动，它们曾经拖慢了你前进的脚步。

本章我们想要帮助你为焦虑障碍的出现做好准备。这些时候，你可以运用一些你在本书中学到的观察者视角、正念和接纳策略。你还可以通过控制你的手和脚来决定你前进的方向。

记住，我们从小接受的教育和社会教育让我们相信，当障碍出现时，我们应该摆脱它——克服它。这种策略的问题在于，摆脱和克服障碍会唤醒我们挣扎的自然倾向。你现在已经知道，与焦虑斗争并不起作用。所以当障碍出现时，你需要倾听和相信你的经验，而不是你的想法！

在实现你的价值的路上，你不需要摆脱 WAFs 障碍。关键是要接纳这些障碍，并与它们一起前进！你可以用处理其他想法和感受的方法来处理任何类似焦虑的障碍。你不会把它们推开，相反，你会为那些阻止你做对你最好的事情的障碍腾出空间。你承认这一点，并从观察者的视角观察它。最重要的是，不去管它，同时继续朝着你想去的方向前进，就像上图中的卡通人物一样。

## 练习：驾驶你的生活巴士

你可以把自己想象成一辆叫作"我的生活"的巴士的司机，你正朝着北边的价值之山前进，＿＿＿＿＿＿＿（在这里填入一个重要的价值）。

一路上，你会遇到一些不守规矩的乘客，比如你脑海中浮现的可怕的想法和意象，与你同行的其他乘客还有恐慌、忧虑和紧张。这些乘客吵吵嚷嚷，各执己见，当你沿着自己选择的路线开车时，它们会吓唬你："不要去那里！太危险了，你会出丑的，你永远不会幸福的。快停车！停车！停车！"

过了一段时间，你意识到，当你忙着绞尽脑汁想办法让它们安静下来时，你错过了一个路标，又拐错了一个弯。现在你已经距离目的地一个小时路程了，并已开始朝南走了。你觉得自己真的迷路了。于是，你停下车，专心让乘客排好队。这次你转过身来，面对它们，大声对它们说："你们为什么就不能让我一个人待着？我受够你们了，给我几分钟时间放松一下。"

看看这里发生了什么：你停了车，松开方向盘，转过身，你的眼睛盯着车的后面，而不是专注于前面的路和你真正的目的地。你不移动。相反，你正专注于那些与你的方向无关的东西。

在这里，你面临着另一个选择。你可以继续冥思苦想如何让乘客冷静下来，或者不去管它们，你回到驾驶座上，打开引擎，抓住方向盘，找到通往你的价值之山的路。

如果朝着你在乎的方向前进对你来说很重要，那么你就需要一直坐在你生活巴士的驾驶座上。那些不愉快的乘客还会和你一起坐在车上。你不能踢走它们。

这一路上，它们会不时地走上前并尖叫："注意我们！转弯！倒退！走这条路会让你感觉好些——更安全，更好走。"

在这里，生活让你再做一次选择：你会做什么？停下来并不能让你到达目的地，绕道也不行，只有你能把自己带到你想去的地方——你别无选择，只能带着所有人一起去。你的想法和感受无法阻止你调转车头，再次向北驶去。也就是说，除非你给它们权力。

生活巴士上的乘客并不都是黑暗和危险的。事实上，如果你仔细听，你可能会注意到生活巴士上其他乘客的声音，它们拼命想让别人听到它们的声音。这些都是你的价值的声音。直到现在，它们的声音被淹没了、被忽视了，但如果你坐在驾驶座上倾听，你会听到它们的声音。每当你坐在驾驶座上，朝着对你有意义的方向开车时，它们就会提醒你，你为自己的生活做了哪些好事！

---

记住，WAFs 乘客会抓住每一个机会让你迷失方向，它们会试图说服你，说你不想再做这件事了，说这一切都太多了，太难了，不值得……你仍然可以选择继续向北驶去。你无法控制什么样的感觉、想法或恐惧会伴随你。你能控制的是你的生活巴士要去哪里——你用你的手控制方向盘，用你的脚控制油门。

## 调到"顺其自然"频道，关闭"焦虑新闻"频道

要从焦虑和恐惧中解脱出来，重要的是，知道你可以选择专注于什么以及如何回应。如果你听过收音机，应该知道这是什么感觉。如果你有几个喜欢的电台，你可能会选择收听其中一个。你甚至可以在广告时段换台，或者当你厌倦了听同样的新闻、信息或歌曲时，干脆换台。

就像收音机的调频旋钮一样，你也有权力选择倾听或不倾听你的 WAFs 或你的生活。我们的同事、英国临床心理学家彼得·索恩在"焦虑新闻频道"隐喻中幽默地说明了这一选择。当我们见到他时，他分享了一个来访者的有趣评论，我们就叫她艾米。

早在艾米接受治疗之前，她是一位收音机的狂热听众。她最常收听的频道是WANR——焦虑新闻频道（Anxiety News Radio），而且她已经厌烦了。这不是我

们大多数人所想的那种收音机，也不是艾米想听的东西。这个收音机从她的大脑里发出声音，她既没法换台，也没法关掉它。这让艾米找到了彼得。

随着时间的推移，她了解到，她不必整天打开焦虑新闻频道，不必被动地倾听和相信她脑海里的所有频道。对她来说，可以收听更有用的频道的想法是一种启示，也能帮她开启一个新的方向。也许对你也一样。

阅读下面的练习指导语来找出答案。

## 练习：更换收听频道

### 焦虑新闻频道

以下是你得到的信息。

欢迎收听焦虑新闻频道，一周 7 天，一天 24 小时，我们都会在你的脑海中播送。我们是伴随你长大并且永不停歇的新闻频道。焦虑新闻频道以其对你内心深处的恐惧、忧虑和所有问题的前沿报道而闻名。我们将全天候为你提供令人信服的消极的内容。我们的使命是淹没你的价值，让你陷入困境。我们的目标是在任何可能的时候接管并控制你的生活。当你早起时，焦虑新闻频道会让你意识到生活中所有不愉快的方面，甚至在你起床之前。我们会随时随地为你带来所有最令你不安和苦恼的东西。所以不要忘记这一点，如果你想忘记或不听我们的节目，我们一定会调大音量，播放得更大声。所以，请注意！记住，焦虑新闻频道知道什么是对你最好的——你内心的想法和感受可能非常糟糕。所以，请继续关注和收听我们的频道，我们知道如何在一瞬间把你从你的生活中拉出来，让你陷入困境。

### 顺其自然频道

以下是你可以转而关注的信息。

醒醒吧！焦虑新闻频道只是一个频道——你可以收听，也可以不收听！不过有一件事是肯定的，无论什么时候，你都会在焦虑新闻频道上听到同样的陈词滥调。如果这真的对你有帮助，那么请继续收听，并保持关注。如果没用，那就经常收听顺其自然频道吧。在此，我们会为你带来关于真实体验的新闻，在这一刻，所有的生活，如其所是，每时每刻都是如此。我们不会让你陷入消极想法的旋涡，也不会让你停留在已逝的过去或尚未到来的未来。我们就是要你好好生活！所以，在顺其自然频道，我们会直接给你一些丰富多彩的评论，关于你的经历和你的生活，如其所是。在顺其自然频道，你不会发现一些广告试图向你兜售那些我们知道会让人们陷入困境的无用的陈词滥调，我们频道带给你的是事情的现状，而不是你所担心的。在顺其自然频道，我们邀请你，我们的听众，向前迈出一步，如其所是地触摸周围的世界，触摸你的生活。我们的业务是让你与你的身体内外的世界更充分地接触，因为我们为你指明了对你重要的方向，而且，我们完全免费！我们的听众告诉我们，收听顺其自然频道为他们的生活增添了活力，甚至可以给他们带来欢乐。而且，你听的越多，我们的声音就越大，所以请继续关注。给我们一个公平的审判，如果你不相信自己的经验（请不要相信我们的话），那么你可以继续收听焦虑新闻频道。

我们建议你把这个比喻的两部分打印在一张纸的正反两面，然后把它放在口袋、钱包或公文包里——任何你觉得方便的地方。这样，当你厌倦了焦虑新闻频道并准备收听顺其自然频道时，你可以很方便地使用它们。

## 跳出思维陷阱

你的思维和你多年来学到的简单的语言习惯会捉弄你，让你困在原地。识别它们并在你告诉自己的事情上做出一些简单而微妙的改变，这些会给你的生活带来很大的不同，让我们来看看两种潜在的思维陷阱：是的－但是；相信你的想法。

---

### 摆脱“但是”

有时你可能会说“我想出去，但是我害怕惊恐发作”。啪嗒——你刚陷入了“是的－但是”的陷阱。

每当你在陈述的第一部分后面加上“但是”时，你就等于收回了你说过的话，你通过否认来否定陈述的第一部分。这就是“但是”的字面意思。“但是”也会让焦虑成为你采取行动之前需要解决的障碍和问题。让我们来看一个例子。

所以当你说“我想出去，但是我害怕惊恐发作”时，你“收回”了你的兴趣，然后你就不会出去了。你会待在家里，因为"但是"带走了"想出去"。

"但是"也会让你陷入挣扎。在你走出家门之前，要么是想出去的欲望消失，要么是害怕惊恐发作的恐惧消失。这就是为什么当你使用"但是"时，你经常会被卡住。"但是"使得外出或做任何事都成为不可能。如果你密切关注，你可能会发现你每天都在用"但是"这个词作为不按照你的价值行事的理由。这不必要地限制了你的生活，拖慢了你前进的脚步，减少了你的选择。

现在想象一下，如果你用"而且"来代替"但是"，会发生什么？"我想出去，而且我怕自己会惊恐发作。"这个小小的改变可能会对接下来可能发生的事情产生巨大的影响。如果你这么说，你可以走出去同时感到焦虑和担心。最重要的是，它能让你出去做一些对你重要的事情，即使你可能会感到焦虑。此刻，对于你来说，这也是一个更加正确和更加诚实的陈述。

想象一下，如果从今天开始，每当一个"但是"让你卡住的时候，你都说"而且"而不是"但是"，你的生活将会多出多少空间。你能获得多少做事情的机会？摆脱你的"但是"可能是你做过的最有力量的事情之一。

## 不要相信你的想法

你可能听过这样一句话："棍棒和石头可能打断我的骨头，但言语永远伤不到我。"但是类似想法、评价、记忆等东西，只要你从字面上理解它们——把它们当作现实世界中的木棍和石头，它们就会伤害到你。这就是为什么如果你相信自己的想法会很危险。

你可以学着打破这个循环。要做到这一点，你需要认识到你的想法和意象的本质。例如，当你说"如果我出去，我就会惊恐发作"时，你可以这样想，或者大声说：我觉得如果我出去，我就会惊恐发作。或者如果你发现自己在想，"如果我不学会控制我的焦虑和忧虑，那么我的情况就会更糟"，你可以大声说："我的大脑给我的信息是……"

> 你可以将同样的策略应用到可怕的意象或感觉上。你可以对自己说，"我有一种被攻击的感觉"。关于感觉，你可以说，"我感觉我快要死了"，或者"我感觉_____"（填入你通常会有的感觉）。
>
> 如果你觉得这太麻烦或困难，还有一个更简单的贴标签的方法。每当一个想法出现时，不管它是什么，只要给它贴上"想法"或者"有一个想法"的标签即可。只要有意象出现，就给它贴上"图片"或者"有一张图片"的标签。当感觉出现时，就给它们贴上"感觉"或者"有一种感觉"的标签。
>
> 有意识地练习这样做，并时不时地为那些无益的想法贴上标签。这将提供给你空间去看清你的想法是什么——只是你大脑的产物，不需要总是被倾听、信任或相信。

培养这些新的贴标签的习惯和语言习惯，一开始会让你觉得尴尬。持之以恒，坚持练习。这些新技能将帮助你只是把想法看成想法，把意象看成意象，把感觉看成感觉。当焦虑出现时，这将给你提供前进所需的空间。即使最可怕和强烈的想法、意象或感觉是高度可信的，它们仍然只是想法、意象或感觉。

在你养成这些新习惯之前需要一段时间，每当你发现自己在说"是"或认同自己的想法时，你可以应用这些技能。你做得越多，它们就越能帮你在你（观察者视角）和你的想法、你的经验、你的过去之间创造更多的空间。它将帮助你成为一个更熟练和明智的观察者。

## 驾驭你的情绪

想象一下海浪接近海岸时的情景。海浪又陡又高，还没有达到岸边。现在想象海浪在接近海面上一群低飞的海鸥。这些海鸥并没有飞走，它们只是沿着海浪的斜坡飞行，然后绕过浪尖，顺着高高的波浪的背面滑行而下。

你也可以学会以这样的方式来应对你的 WAFs。所有的情绪都是波动的，都是有时间限制的。它们起伏不定。就像波浪一样，情绪不断累积起来，最终达到顶峰，然后降落。WAFs 以类似的方式来来去去，它们不会永远存在，即使你觉得它们会。

我们鼓励你乘风破浪（你的 WAFs）。你必须先面对它们陡峭的前缘。在这一点上，海浪很高，很吓人。你可能觉得它们会永远这么高，它们会压倒你，或者你会被淹死。然而，这种情绪迟早会达到顶峰，然后减弱，并开始消退。你可能觉得自己正从海浪的背面滑落，你的 WAFs 慢慢静下来。

如果你不试图控制或阻止它们，这就是焦虑的运作方式，只是让它们顺其自然。如果你拒绝面对和冲浪，而是试图通过游泳来战胜它们，它们会把你扔回来，把你像乒乓球一样抛来抛去。然后你就会在水面下无助地扑腾，任凭汹涌的海浪及其全部力量摆布。

但如果你顺势游泳或冲浪，或者至少不逆浪而行，它们最终会把你带到安全的岸边。同样的情况也发生在你的焦虑波浪上。与它们搏斗会让它们变得更大，看起来更危险。不与它们战斗，与它们待在一起，甚至只是随波逐流，在那一刻花费的精力要少得多。如果你给自己一个体验的机会，你就会知道焦虑波浪最终会达到顶峰，然后消退。这就是它的运作方式，即使你面对几波未平、几波又起，每一层波浪持续的时间都比你期望的更长。

阅读下面这个练习的引导语，试着想象在海滩上的整个场景。

## 练习：WAFs 冲浪

现在你有机会学会驾驭你的焦虑，如果你愿意，那么想想最近你感到害怕、恐慌、紧张、担忧或不安的情况。想象一下这个场景，并记住你当时的感觉。

注意那些令人担忧和不安的想法，也许你也会注意到灾难的意象。把注意力集中在这个令人沮丧的场景上，集中在你对它的判断上，集中在你内心发生的事情上，让你的焦虑上升到至少 4 或 5 分（满分 10 分）。

很好，现在像第 5 章那样回到白色房间里去，观察你的身体可能在做什么，注意这些感觉以及你的大脑是如何评估它们的。你只是把你注意到的都贴上标签："我正在注意……注意到温暖和紧张的感觉""这是一个想法，一个危险的想法""那是一个想法，会失去控制的想法"。你只需要让你的身体和大脑做它自己的事情。

用同样的方法处理老故事里出现的担忧、其他想法和意象，没有一个是对的或错的，真的或假的。承认它们的存在，但不要试图控制或改变它们。不要试图推开它们。简单地给它们贴上标签，并持续关注你的身心。

在你的脑海中，你现在可以驾驭你的WAFs波浪。你必须先面对它们陡峭的前缘。在这一点上，海浪很高，很吓人。你可能觉得它们会永远这么高，它们会压倒你，或者你可能会淹死——然后你继续漂了一会儿。注意你的焦虑停止攀升的那个点。过了一段时间，你就会感到情绪逐渐趋于平稳，并开始减轻。体验一下在波浪后面缓慢滑行的过程。接纳你所处的位置。别急着跳过去。它在以自己的速度移动——你所能做的和需要做的就是放手，让它带着你走。

你可以观察你的想法和身体感觉进出白色的房间。你可以注意到波浪的移动。没什么别的可做的了。继续观察，直到WAFs完全消失。

---

### 明智地利用焦虑的能量

美国的一位禅师描述了一个有趣的方法，你可以明智地利用焦虑的能量。情绪通过我们的内部对话扩散开来——你的大脑会告诉你关于焦虑的事情。当你注意到这些想法时，如果你给它们贴上"想法"的标签，并只是观察正在发生的事情，你可能就能感觉到它们下面重要的、跳动的能量。这种能量是你所有情感体验的基础，它本身并没有错或害处。

真正的挑战在于与这种潜在的能量同在：体验它，让它如其所是，并在可能的情况下，好好利用它。当焦虑不请自来时，放弃你的陈旧的故事，直接与其下面的能量连通。

如果你感觉到了，并能与你身体里的能量待在一起，既不采取行动也不压制它，你就能利用它来服务于行动，推动你朝着实现价值目标的方向前进。焦虑的原始能量是燃料，你可以选择用那些燃料来帮助你，或者干扰你。

### 学会接纳你的焦虑

正念练习是一种学习的方式，让你知道你无法选择让什么进入你的大脑以及你的感觉。你只能选择专注于什么，你如何专注，以及你将做什么。这就是你改变你与你的想法、身体和世界的关系的方式。下面的练习将帮助你做到这一点。

　　这个练习建立在你已经学过的技能的基础上。新的方面是扩展了实践的聚焦点。这一次，你会主动地、开放地邀请身体感觉、不想要的想法、担忧和意象进入你的意识，这样你就可以学会以一种更包容、更有慈悲心的方式来接近它们。就像中国指套陷阱和拔河练习一样，这些练习鼓励你靠近焦虑，而不是与它斗争或避开它。这将为你创造空间去如其所是地感受你的情绪、思考你的想法，而不是按照大脑告诉你的方式行事。

　　你会练习敞开心扉去面对不舒服的感觉和想法，而不是急着去修复或改变它们。当你这样做的时候，你就放下了绳子，并愿意为焦虑腾出空间，因为它们无论如何都是存在的。有了这些，你会有更多的空间去做那些你可能已经搁置了很久的事情。你愿意做一个练习来帮助你做到这一点吗？

　　如果你愿意，我们建议你选择一个安静的地方，它让你感到舒适，不容易走神。让我们称之为你的空间，你的寂静之地。慢慢地做一遍练习，在每个部分结束后停下来。大约需要 15 分钟。当你准备好时，可以阅读下面这个练习的引导语。

## 练习：接纳焦虑

　　我们邀请你在椅子上找到一个舒服的位置。坐直，双脚平放在地板上，双臂和双腿不要交叉，双手放在大腿上（手掌向上或向下）。轻轻地闭上你的眼睛。

　　花一些时间来感受你的呼吸，呼吸在你的胸部和腹部轻柔地上升和下降。没有必要以任何方式控制你的呼吸，简单地让自己呼吸就是了。尽你所能，也带着一种宽容和温和的态度来对待你之后的体验。没有什么需要修复，没有别的事可做。简单地让你的体验如其所是地成为你的体验。

　　当你更深入地沉浸在当下这个时刻时，看看你是否能展现出你的价值和承诺。问问你自己，为什么我在这里？我想去哪里？在我的生活中，我想做什么？与你心中的真相联系起来，更充分地把你的觉知带到你所关心的事情上。寻找一个因为障碍而难以采取行动的价值。栖息于你每一次自然呼吸的真实体验中，并觉察什么对你来说是困难的。

　　它可能是一种令人不安的想法、担忧、意象或强烈的身体感觉。轻轻地、直接地、坚定地把你的注意力转移到不舒服的地方，不管它看起来有多糟糕。注意任何可能在你身体里产生的强烈感觉，让那些感觉保持原样，观察你的大脑所告诉你的。只需带着好奇心和善意觉察你的想法和感受。与你的不适同在，带着它呼吸，看看你是否能轻轻地为它打开心理空间。随着每一次新的呼吸，想象你正在为这个障碍创造越来越多的空间。只是让它顺其自然。还要注意，是谁在注意这些想法和感受？你能感觉到沉默的观察者吗？

如果你曾经注意到自己紧张、抗拒、远离这种体验，只要承认这一点，看看你是否能在每次呼吸时为你正在经历的任何事情腾出空间。这种感觉或想法真的是你的敌人吗？或者你能否面对它、注意它、拥有它、随它去？你能为不适、紧张和焦虑腾出空间吗？每时每刻，让它存在在那里，到底是一种什么感觉？这是你必须与之斗争的事情吗？或者你可以邀请不适进入，对自己说，我欢迎你，因为你只是我现在经历的一部分？

如果感觉或不适变得更强烈，承认这一点，和它们待在一起，和它们一起呼吸，让它们顺其自然。这种不适是你绝对不能有的，一定不能有的吗？你能不能在内心为不适创造一个空间？你内心是否有足够的空间去感受这些不适，带着对你自己和你的经历的慈悲和善意？慢慢地呼吸，在你的心中创造更多的空间来容纳所有的你。

当你敞开心扉拥抱你的体验时，你可能会注意到随着身体感觉而来的想法，你可能会看到关于你的想法的想法。你可能还会注意到，自己的大脑会给自己贴上"危险"或"情况越来越糟"之类的评判性标签。当这种情况发生时，练习是相同的，和它们同在，缓慢呼吸，在你的内心创造越来越多的空间，如其所是地抱持你正在经历的一切。简单地把想法看作想法，把身体感觉看作身体感觉，把感受看作感受，不多也不少。

只要不适吸引了你的注意力，你就和它待在一起。如果你感觉到焦虑和其他不适不再吸引你的注意力，就把它们放下。

当这段时间的练习接近尾声时，做几次丰富的吸气和缓慢的清洁呼气。然后，逐渐扩大你的注意力，留意周围的声音。花点时间，有意识地把这种温和的允许和自我接纳的感觉带入当下和你一天的其他时间。然后，慢慢睁开眼睛。

这个练习很有挑战性，有时比其他时候更有挑战性。这是你第一次有意地欢迎你的 WAFs 体验，并练习一种新的回应方式。不要让这个挑战（一个判断）阻碍你在这周和接下来的几周再次做这个练习，随着时间的推移，它会变得更容易。

记住，正念接纳是一种技能。就像幼苗一样，它需要浇水才能生长。这种做法本身有许多可能的结果，而不仅仅是一个。你可能会在运动中或运动后感到放松，也可能不会。你可能会在某些时候感到紧张和不安，也可能不会。你可能会经历悲伤或后悔，也可能不会。这些和其他反应都很好。

这种练习的最佳结果可能是，你发现自己能够更好地与焦虑相关的想法和感受待在一起，并驾驭它们，而不是与它们斗争或将它们推开。所以在练习的时候要善待自己。记住，更多地接纳你的经历的最终目的是你可以继续你的生活。接纳能让你做你真正想做的事情，并体验你在沿途可能经历的一切。

在接下来的几周内，使用本章末尾的工作表来追踪你的练习体验将会很有帮助。这将给你的练习提供一些结构，并提供给你一个地方来记录实时的进展。我们已经呈现了一个如何完成工作表的示例。

## 生活改善练习

用本周的时间来做这一章的练习，把它们添加到你的自我关爱任务清单中。让自己有机会每天至少练习一次接纳焦虑练习（如上所述），你也可以继续做前几章的练习。事实上，我们鼓励你尽可能多地练习。和它们玩。学会利用它们。也要找机会练习使用它们。最重要的是，记住你为什么要做这项工作。这关乎什么对你重要，你想要什么样的生活。所有这些技能都是为了帮助你创造你想要的那种生活，即使焦虑会时不时地降临。

## 核心观点

焦虑可以是摧残你生活的怪物，也可以是一种来了又去的短暂体验。关键在于你如何应对，你的大脑或内心里没有什么能阻止你做想做的事。你有选择，我们希望你已经开始亲身体验了。

　　本章所有内容都建立在你在本书中培养的技能上，每一个焦虑时刻都是你学习一种新的回应方式的机会。因此，继续培养你的能力，以仁慈、温和的观察、耐心和完整的方式行动，并专注于你的价值。你虽然无法控制和你一起乘坐生活巴士的乘客，但是你能选择如何回应他们，以及你是否继续向你的价值前进。

---

### 直面焦虑，继续生活

**要点回顾：** 痛苦是生活的一部分，当我关闭了 WAFs 的痛苦之门，也就关闭了我的生活之门。温和地对待痛苦是找回我的生活的正确途径。

**问题思考：** 我愿意开放地、真诚地面对我的 WAFs 的本来面目，并带着它们去我想去的地方吗？为了找回我的生活，我愿意坚定地接纳 WAFs 的痛苦吗？

# 接纳焦虑
## 生活改善练习工作表

在第一列中，记录你是否承诺在当天进行"接纳焦虑练习"，并写上日期。在第二列中，标记你是否练习过，何时练习过，练习了多长时间。在第三列中，写下你在练习中遇到的所有事情。

**接纳焦虑**
**生活改善练习工作表**

| 承诺:<br>是 / 否<br>时间:<br>日期: | 已练: 是 / 否<br>什么时候练的:<br>上午 / 下午<br>时长: 分钟 | 备注 |
|---|---|---|
| 承诺事项:<br>(是) / 否<br>时间: 星期六<br>日期: 2014 年 6 月 5 日 | 已练: (是) / 否<br>时间: (上午) / 下午<br>时长: 15 分钟 | 很难成为一个观察者，感受到了负面想法的牵引和身体的紧张感。有一些可怕的感觉，也有一些空间。下次我会来练习置身于棋盘中 |
| 承诺事项:<br>是 / 否<br>时间:<br>日期: | 已练: 是 / 否<br>时间:<br>上午 / 下午<br>时长: | |
| 承诺事项:<br>是 / 否<br>时间:<br>日期: | 已练: 是 / 否<br>时间:<br>上午 / 下午<br>时长: | |
| 承诺事项:<br>是 / 否<br>时间:<br>日期: | 已练: 是 / 否<br>时间:<br>上午 / 下午<br>时长: | |
| 承诺事项:<br>是 / 否<br>时间:<br>日期: | 已练: 是 / 否<br>时间:<br>上午 / 下午<br>时长: | |

# 第15章

# 慈悲地对待你的焦虑

尽管我们的内心都有恐惧的种子，但是我们必须学会不去培育这些种子，而是去培养那些积极的品质：慈悲、善解人意、仁爱。

——一行禅师

要从焦虑和恐惧的束缚中觉醒并冲破束缚，你需要为你的成长和自由创造条件。再多盲目的意志力或者蛮力都无法帮你从焦虑的陷阱中挣脱出来。正如一行禅师的名言所提到的，你需要同你的内心与情感之间建立起一种新型关系。这也是提升自己幸福感的一种非常有效的方法。

在这一新型关系中，你决定不再喂食生活巴士上那些焦虑怪物和恶霸。取而代之的是，以慈悲和仁爱迎接它们。这个看似简单的做法其实并不是毫无意义的，因为现在有越来越多的研究表明，学会善待自己、宽容自己即使不是治疗焦虑、恐惧和其他情感痛苦的最有效的方法，也是能切实解决这些痛苦的有效方法之一。

这种做法其实并不简单，因为你需要有意识地转变自己的观点。你必须放弃那种认为"焦虑是敌人，因为敌人是必须被打败的，所以焦虑也必须被打败"的神话。并且你现在应该清楚这场和焦虑之间的战斗已经让自己付出了惨痛的代价。你也知道你不会赢得这场战斗，因为你永远赢不了与自己的战斗。

所以我们在这里抛出几个重要的问题来供你思考：焦虑真的必须是你的敌人吗？如果你愿意带着一些慈悲和善意来靠近和化解自身的焦虑，而不是握紧拳头向焦虑宣战，那会是什么样的？如果你真正做到了这样，那么随着时间的推移，你会发现那些忧虑、焦虑和恐惧已经成了人生路上的好伙伴。你最终也会发现你能够和这些情绪携手并进而不是与其针锋相对。

慈悲和善意可以帮你从焦虑、恐慌、恐惧和担忧中解脱出来。这将帮助你把焦虑障碍转化成你能够与它们共处甚至和它们一起朝着实现人生价值的方向前进的东西。想要拥有这种慈悲的能力，你必须培养仁爱的能力，就像一个母亲对待她刚出生的孩子那样。和肌肉一样，这是一种会随着练习而不断增强的技能。下一个练习我们将会帮助你熟悉这种技能。

## 练习：带着我焦虑的"孩子"去旅行

想象一下，如果焦虑不像我们在第 1 章中提到的那样是一个凶神恶煞的形象，反而更像动画片里的孩子，或者像你自己的孩子，那会是什么样的呢？

也许你可以像对待自己的孩子一样来对待 WAFs。想象一下，如果他捣乱或者吵闹，你会怎样回应他？

一些父母会通过谩骂、殴打和大吼的方式来应对孩子们这种调皮的行为。反过来，孩子们在接受了一个又一个惩罚之后，被迫承受着他们自身负能量的冲击。久而久之，许多孩子就会尝试反抗，并找到反抗的办法。

然而，我们也能从无数的研究中知道，这种大吼大叫、殴打谩骂的方式并不能鼓励或者帮助孩子纠正他们的行为。在这种方式之下，往往父母会感到难过、疲倦和沮丧，而孩子依旧还会是原先那个孩子，不会有任何长进，多出来的只是一个现在又生气又难过的父母。更糟糕的情况是，孩子们在成长的过程中也渐渐地学会了对自己或者对身边的人苛刻。

当然也有其他一部分父母会选择一种温和而坚定的方法。他们不会因为孩子不好的行为而选择殴打或者惩罚的措施。他们看穿了第一冲动（与负能量反应），相反，他们会重新定向、重新聚焦并重新连接。他们将孩子看作自己的一部分，他们希望孩子能够感受到自己的善意和爱，因此他们也会用充满善意和爱的方式来回应孩子那些不恰当的行为。同时他们也扮演着一种领导者的角色，将带领孩子去对他们最好的或者父母想去的方向。研究表明，这种充满善意、更加温和的育儿方式，是非常有效的育儿策略。

所以你对于焦虑"孩子"会采取什么样的育儿策略呢？你对它们大喊大叫或者与其吵闹争执吗？如果你真的是这么做的，你觉得这种策略有效吗？你是否会因为无休止的唠叨而感到疲倦和沮丧？你的焦虑孩子又是怎么回应你的？它们改变了自己不当的行为还是会继续和以前一样？

也许是时候重新聚焦、重新连接、重新定向了。毕竟你的焦虑是你自己的一部分。如果你用一种充满善意和爱的方式来对待你的焦虑，那会是什么样的？你还是会很坚定。不让焦虑情绪转移你的注意力，或者让你陷入疯狂的闹剧。

在现实生活中，你想带着孩子去做哪些在离开家时想做的事情。你是否愿意用同样的方式对待焦虑，带着焦虑驶向新生活？

## 践行友善和温和的关爱

我们发现焦虑症患者通常都对自己非常苛刻。他们常常因为自己的生活变得压抑而感到沮丧，所以他们陷入了自责游戏的圈套。他们的内心会不断地重复"为什么我不能振作起来？我是个傻子，我知道这些焦虑只不过是我头脑产生的一种感觉，但我克服不了它们。我生自己的气，也生这个世界的气。我讨厌我自己的惊恐发作，就是没来由地讨厌"。

许多患有创伤后应激障碍（PTSD）的人几乎每天都在与自己心中的怒火做斗争。他们对那些曾经欺负与虐待过自己的人或者犯下战争暴行的士兵充满了仇恨与愤怒。他们还会责怪自己当初没能更好地"应对"这些事情，或者为自己在最初的创伤性事件中做过或者没能做成的事情而感到羞耻、悔恨和后悔。

所有的这些责怪和怨恨都不能解决问题。事实上，它们反而为问题恶化提供了条件。你应该已经从过去的经历中了解到了这一点。想要改变这种情况，你首先需要做的是决定，也许你是第一次做这种决定：改变你与你的大脑、身体和体验的联结方式。不再责备和仇恨，你决定好好对待自己，好好对待自己的大脑、身体、情绪以及任何过去人生故事所带给你的东西。

你只有两条路可以选择，你要么创造一个充满敌意和不友善的生活环境，要么创造一个充满善意和慈悲的生活环境。但最重要的是，这一切都是从你自己开始的。如果你不想再和焦虑的生活交战，你就得先学会对自己好一点儿，然后再对别人好一点儿。这就是它的工作原理。

善待你自己和他人是一种疗愈焦虑、愤怒、遗憾、羞愧和抑郁的行为解药。这个练习会帮助你更容易停止与自己的头脑和身体斗争。为你的生活增添更多平静和快乐其实是一件很简单的事情，你一定可以做到。

## 如何善待自己

你可能一直想对自己更温和一点，但是你不知道从何下手。或许你可以这么做：承诺每天至少对自己做一件充满善意的事情。然后用这个承诺迎接每一天。思考一下，你可以通过做哪些事情来达成善待自己这一目标。当我们所说的 TLC 问题出现时，即当你感到疲倦／紧张（tired/stressed）、孤独（lonely），以及渴望（craving）养育、赞美、刺激、食物或者药物的时候，这些善意的行动是非常重要的。如果你能够提醒自己用包裹在温和的关爱中的慈悲和善良去面对这些 TLC 问题，它们就可以被根除。

　　慈悲和善良不是一种感觉，确切地说，它们其实是一种行为。在行动中包含着对自己和他人的善意意味着以一种充满善意和关爱的方式去行动。你不要再当替罪羊了。如果你准备好许下这种承诺，那就把它们写到纸上，当然，要是能和他人分享你的这一承诺，那就再好不过了。

　　你可以通过温和地关爱自己来解决 TLC 问题。这可能包括花时间冥想、读一本好书、散步、听音乐、做园艺或准备一顿美餐。你这么做不是因为你"应该"这么做，而是"只是因为"该这么做。

　　有价值的生活和善待自己其实是相关的。每当你做了一件能让你更接近自己价值的事情时，你也是在善待自己。回到第 13 章的人生指南针，找出你能为实现自己的价值所做的事情，不管它有多小，都把它写在下面的空白处。然后承诺去做这些事，并且记住每天都把给自己温和的关爱放在首位。

---

## 让你的大脑和身体成为友善的空间

　　还记得我们在第 11 章中谈到的棋盘和排球练习吗？在这些练习中，你了解到你可以成为每场战斗中抛下赌注的玩家，也可以成为为游戏提供空间的棋盘。在下一个练习中，我们将帮助你练习如何将这个游戏空间变成一个友好的空间。当你准备好时，可以阅读接下来这个练习的引导语。

### 练习：慈心禅

　　慈爱是温柔的。它其实就像你温和又小心翼翼地怀抱着一个新生儿，或者像你触摸和捧住某个脆弱的东西的感觉。在那些时刻，你会敞开心扉，小心对待你所得到的。其实，你也可以采用同样的方式对待焦虑、担忧、恐惧和痛苦的记忆。仁慈之中蕴含着巨大的能量。

　　在这个练习之中，你需要先在一个能充分感受到友善的空间中找到一个舒适的姿势。然后坐直，双脚平踏到地面上，双臂和双腿不要交叉，手掌朝上或者朝下，轻轻地放在腿上。像之前在其他练习中做的那样，闭上眼睛，将自己的注意力转移到呼吸上。

　　持续专注于每一次轻柔的吸气和呼气，并且注意一下自己胸部和腹部随着呼吸此起彼伏的节奏。当你感受每一次呼吸的气流时，想象一种友善的光环正慢慢拂过你的身体。光环从你的头部开始，慢慢地移动，其中伴随着起伏和流动，经过你的脸，然后到达你的胸部和腹部。

　　当光环经过你的身体时，感受一下因光环与自身的联结而带来的能量。并且当它从你的头部缓慢地流动到躯干时，伴随着每一次呼气，在心中默默地对自己说"要温和、宽容、认同、欢迎、善良、平和、强大"。当光环经过你的臀部时，伴随着每一次深深的吸气，在心中默念"当下，我清醒、机敏、宽容并且充满活力"。当光环流动到你的膝部时，在每一次吸气时都要重复默念"温和、宽容、认同、欢迎、善良、平和、强大"。当光环流动到脚部时，继续重复前面所做的事情，但这一次要把词语连成一句话："我现在很完整，我是全部的我，我就是我。"当你想象呼吸慈悲的友善时，看看你能否将仁慈允许的意图带到自己的体验中来。

　　当你在做上面这些练习的时候，试着想想某个你认识的正在经历挣扎和遭受痛苦的人。这个人可以是你的父母、兄弟姐妹、朋友、配偶、同事，也可以是某些你从电视或者新闻中了解的孩童或者老人。看看你是否能想象出，这个人现在正和你坐在房间里，正在遭受痛苦。

　　现在直视你的内心，以及你那疗愈和仁慈的能力。想象你可以将这种疗愈能力扩大到你正在想的那个人身上。帮助这个人修复自己的心灵和疲惫的身体，疗愈那些伤害、失败、挣扎和痛苦，让他重归完整。在你的脑海里和心里，想象你正在朝这个人伸出援手，并且正在安慰和疗愈他。然后，伸出你的双臂，提供善意和疗愈，就像你可能是藏在你手中的杯子里的礼物一样。

　　在你的脑海里，想象你在为那个人擦眼泪，向他表达爱意。张开你的双臂，将那个人拥入自己温暖的怀抱中，让他感受你那颗善良、温暖的心。让自己的心中的善意和那个不再孤单的人联结起来。这样你可以感受到自己并不孤独。你疗愈他人的行为让你们团结在一起。通过这一慷慨的行为，你和他人分享了你传递善良和治愈伤痛的能力。只要你愿意，你可以选择和那个人多待一会儿。

　　在练习的这段时间中，使自己保持安静的坐直状态。当你准备好时，缓慢地将注意力转移到你周围的声音上去。睁开眼睛，并每时每刻都对自己和他人怀抱爱意和善意。

善有善报。这种积极向上的能量会削弱那些使你陷入困境的WAFs的力量。善良会浇灌慈悲和接纳的种子。许多人发现，当他们练习慈心禅时，他们可能想起自己尊敬或喜欢的人，也可能是与他们相处不太好的人，或者是他们不太了解的人，这能增强他们的仁爱能力。当你发展这项重要的技能时，你也可以这样做。

## 练习学会善待自己的创伤

想要保持善良，最重要的其实是练习接纳和同情自己的感受、回忆和伤痛。我们每个人身上都会有创伤，有些创伤源自丧失体验，有些源自他人不公正的对待，有些甚至源自毁灭性的虐待。当痛苦的感觉、画面和回忆重新涌上心头时，你本能的反应可能是把它们推开。如果你意识到了自己正在这样做，那么请你立即停止。因为这是一个难得的以慈悲和接纳拥抱旧伤的机会。

为什么应该这样做？遭受过创伤的人会继续给自己和他人带来痛苦，因为他们没有让自己的伤口愈合。如果你对自己的伤口漠不关心，那么你可能会把创伤传递给你的孩子、配偶、朋友、同事和你生活中的其他人。伤痛可以重复好多次。

花点时间想想：如果你的身体出了问题，比如膝盖流血、胃痛、背痛，或者牙痛，你会怎么做。我们猜你一定会停下手里正在做的事情，专注于处理你流血的伤口或者患病的身体器官。你永远不会忽略这些伤口，或者粗暴对待这些伤口。相反，你会细心照顾和包扎这些伤口。这种做法其实是有道理的。我们建议你用同样的方法来处理你的WAFs伤口——所有那些恐惧、惊慌、担忧、羞耻的感觉，以及所有你强加给自己和分给别人的愤怒和责备。

为了打破回避焦虑与生活受限之间的循环。你必须开始对自己更加上心。你可以通过善待自己，用慈悲拥抱焦虑来做到这一点。要做到这一点，你需要不再相信头脑里关于你的所有想法，不再对自己苛刻。就像你的身体器官一样，焦虑和情感痛苦也是你的一部分。即使你在WAFs痛苦之中，你也可以好好照顾你的焦虑。这就是用慈悲拥抱焦虑的含义。

你可以通过对自己怀抱仁慈之心来关爱你自己、你的焦虑和创伤。你不需要依赖其他人来为你做这些。一行禅师（2001）发明了一个巧妙的练习自我关怀的方法。这个练习虽然简单，但是非常有效。这个练习会教你如何像照顾需要爱和关注的病中婴儿或小孩那样来关爱自己的WAFs。

## 练习：对自己仁慈

还记得你小时候发烧的时候吗？你觉得身体不适，所以父母或者照料者会来照看你并且喂你吃药。这些药物可能对缓解病情有帮助，但是再有帮助也比不上有妈妈在身边照看。还记得吗，直到你的妈妈（或者是其他更加亲密的人）走到你的身边，将她的手放到你发热的额头上，你才感觉好受了一些？这种感觉是非常美妙的。

对你来说，她的手就像是女神的手。当她轻轻地抚摸你时，轻松、关爱和慈悲顺着毛孔缓缓流入了你的身体之中。母亲的手似乎真的在你的手里。试着用你的手继续抚摸自己的额头，就好像母亲那拥有治愈能力的手轻轻地放在你的额头上。让母亲的爱和抚慰的能量通过你的手慢慢流淌进你的身体之中。将这种品质融入到你的体验之中。

就像之前的指套练习一样，现在是采取不同寻常的步骤并接受可能发生的事情的时候了。你可以这样做：闭上眼睛，触摸自己的额头或胸部，并且想象你妈妈的手正在抚摸你，就像自己在儿时生病那样。你也可以想象其他任何可以让你感受到爱和关心的人，这个关爱你的人手中的善意在你手中激活了。你可以在任何时间，任何地点，把这种善意带给自己。

## 练习给予和接受的善意

为了加强善意对自己的影响力，你需要多多练习。而做这种练习最佳的时间就是你每天散步的时候。下一个练习建立在之前做过的正念行走练习的基础上，但是有一个重要的变化。我们第一次从莎伦·萨尔茨伯格（Sharon Salzberg）那里了解到了这一点，她是一位著名的研究培养慈悲和善意的艺术的老师。如果你将这个练习变为你日常生活的一部分，那么这个练习将会是非常强大的。

## 练习：在散步中表现和分享仁爱之心

在这个练习中，你所需要做的就是以平常的节奏和步速来散步，可以选择在室内，也可以选择在室外。在你散步的过程中，需要在心里重复默念一个有意义的短语或者短句。这个短语或者短句反映了你对自己的仁爱意图和愿望。这个代表个人善意的祷文应该是简明扼要的。例如，你可能会想出这样的表述："愿我有一颗平和的心；愿我善良；愿我微笑面对每一天；愿我放下对过去不幸遭遇的执念。"

在继续这个练习之前，想出你自己的祷文并将其写在下面的横线上。

愿我＿＿＿＿＿＿＿＿＿＿＿＿＿＿＿＿＿＿＿＿＿＿＿＿＿＿＿＿＿

当你每天散步时，在心中默默地重复你想出的仁爱祷文。然后，如果你发现自己的注意力被其他人或者其他事物吸引时，温和地将你的觉知转移到这些抓住了你注意力的东西上去，然后默默地将自己的仁爱祷文转移到这些抓住你注意力的人、物或者任何生物上去。例如，如果一棵树吸引了你的注意力，你就应该默默地将自己的仁爱祷文延伸到那棵树上——愿这棵树有一颗平和的心。如果是陌生人，或者是你的记忆、想法和感受吸引了你的注意力，那也对它们做同样的事。哪怕它们是个动物、汽车或者其他物体，你也应该对它们做同样的事。如果这看起来很奇怪，那就感谢你自己的想法，并继续将你的仁爱祷文延伸到任何抓住了你的注意力的人或物上去。

随后，在你默默地将自己的仁爱祷文延伸到任何吸引了你的注意力的人或物上去之后，再重新将觉知转移到你自己身上，一边在心中默念你个人的仁爱祷文，一边散步。重复这一过程，将祷文延伸到自己身上，然后延伸到任何吸引了你注意力的人或物上。

---

这个练习是一个简单有效的将仁爱意图延伸到你的日常生活中的方法。你最好以开放的心态去做这个练习，因为这样会产生许多可能的结果。还有一个重要的注意事项是，你在做这个练习时，不能期待它立即见效。因为这是一个长期见效的过程，随着时间的推移，仁爱将会成为你日常生活的一部分。

所以，你愿意尝试一下这个练习吗？如果愿意，那就先立个目标，在白天散步时尽可能多地做这个练习。然后再慢慢把这个练习扩展到你坐着或者等待排队时。

## 学会原谅意味着放下过去的伤痛

当人们听到原谅这个词语时，他们总是会妄下结论。你也可能是这样的。你的大脑可能告诉你，原谅就是宽恕或者忘记过去的错误，或者更糟的是，忽略你遭受的经他人之手造成的或者你自己引起的那些痛苦和伤痛。你可能认为那些痛苦和伤痛是你目前身体虚弱的一种表现，或者是你在原谅之前必须感受到的某种东西。这些想法都是错误的。

当晚年的教皇约翰·保罗二世选择原谅刺杀他的刺客时，他其实并没有宽恕那个刺客的罪行。相反，他在表达怜悯和慈悲。他卸下了自己身上的重担，以免成为无意义行动的目标。刺客仍因犯罪而被关在监狱里。这就是宽恕的真谛——不再与痛苦的过去纠缠，使自己的伤口痊愈从而继续前进。

你自己其实也可以或者说也应该做到这一点。你选择宽恕其实是在帮助自己，因为如果你不这样做，那你仍然会被困住，成为受害者，想要并等待一个可能永远不会到来的解决方案。如果你仔细想想，就会明白，始终抱着一种不肯宽恕的心态去抓住过去的伤痛，最终会伤害到你自己。执着于过去会毒害你的精神、阻碍你成长，在这一过程中，受伤的只有你！这就是为什么我们要学会原谅。

学会原谅其实是减轻你过去伤痛最有效、最强大的方法。研究表明，原谅的能力是可以习得的，并且这种能力可以帮助人们改善身体、情绪、精神方面的健康状况。那些能够原谅他人的人通常会比其他人经历更少的痛苦、压力、愤怒、忧郁和疾病，同时在能量、乐观、希望、慈悲、爱以及幸福感维度上得分更高。这些都是学会原谅带来的好处。

除了这些好处，学会放手也会给你目前的生活带来更广阔的发展空间。你不会再受困于过去痛苦的不公平，你可以开始人生的新篇章。从你决定放手的那一刻开始，你便决定了放下过去的故事，放下对过去的执着，放下对过去那些羞耻、愤怒、悔恨、痛苦的感受。从那一刻起，你便决定了继续朝着自己想去的方向前进，去创造自己崭新的生活。

下面我们将介绍一个简单的练习。这个练习将概述学习把原谅作为践行放下的四个步骤。当你准备好时，可以阅读接下来这个练习的引导语。

- **步骤 1：觉察**　清醒地、如其所是地面对伤害和痛苦，不评判或否认
- **步骤 2：分离**　在期待治愈和改变的同时，用你的观察者自我软化内心
- **步骤 3：慈悲的见证**　将慈悲延伸到你或他人的经历中去
- **步骤 4：放下并前行**　释放那些会煽起你痛苦火焰的怨气和愤恨，然后朝着你想去的方向前进

## 练习：学会放下怨恨

首先花点时间回想一下，那些不断在你脑海中重复上演的过往经历。从中找到让你觉得愤怒、痛苦、不满、苦涩、不公平的场景或者事件。然后找一张纸，写下这一幕场景或者这一件事中的细节。记录得越详细越好。

当你准备好时，闭上眼睛，然后，开始在脑海中回想这件事。尽自己所能，真实细微地去回想。这件事是怎么发生的？是你自己还是其他人犯了错？你或者其他人是怎样被伤害的？你当时想做但是没做成，现在仍在渴望的是什么？给自己几分钟时间，真正敞开心扉接受这种体验。

觉察到你因为过往经历所遭受的痛苦。让自己再去感受一下这种痛苦。现在去重新感受这一痛苦对你造成了什么影响。看看你是否有勇气直面这种痛苦。这种痛苦会让你产生怎样的情绪。会让你表现出怎样的行为。

注意觉察，你的大脑会把痛苦的感觉和评判、责备、消极的评价联系起来。你尝试用沉默的观察者视角看看，能否将痛苦本身和你此刻产生的对痛苦的消极评价分离开来。注意，批判就是批判，责备就是责备，苦闷就是苦闷，它们毫不相关。简单地观察，并把痛苦本身和由于对痛苦的评价引起的烦恼分开。

看看你是否可以退后一步，就好像你正在一个巨大的电影屏幕上观看一场关于这件事的演出。想象一下，你坐在观众席中，只是在观看，就好像你是第一次看到这出戏的上演一样。看看你是否能敞开心扉，成为这场戏中的演员的慈悲的见证者。看看是谁造成了伤害？看看谁受到了伤害？看看谁应该对伤害负责？看看当时和现在谁应该对痛苦负责？

现在请自问：现在是谁负责放手？谁能控制这种情况的发生或不发生？谁在控制你现在的怨恨？现在，谁还在因为不断回忆过去的错误而继续受伤？谁有权力放手并继续前进？

答案是：你。你可以放弃执着于解决问题的愿望和希望。你可以将精力和努力集中在问题解决、反击或报复上，你也可以将其用于更重要的方面。你可以带着善意，如其所是地直面痛苦的经历。拥有它，因为它本就是你的，然后选择放手。

如果你愿意放下怨恨和愤怒，那就这么做吧。如果你很难做到这一点，那么想想是你还是曾经冤枉过你的人，仍在遭受伤害？想象一下，如果你不再被怨恨和愤怒所吞噬，你会用你的时间和精力做什么。你会怎么想呢？你会有什么感受？你会怎么做？花点时间想想。

---

## 用实际行动表达对他人的善意

除了学会对自己友善，你也应该注意在日常生活中能够通过行为来表达对他人的善意和慈悲的机会。这些表达善意的行动可以是任何形式。你可以通过更加频繁地说"请""谢谢你""不客气"来友善待人。也可以通过帮别人开门，为他人伸出援手，给予陌生人一个发自内心的微笑，或者给那些着急的司机让个路来表达自己的善意。还可以给你爱的人一个拥抱或者亲吻。当你感到受伤并且想要反击时，要展现出自己善解人意、慈悲、宽容的一面。

这些行动和其他善意之举的意义在于，你在做一些充满爱心和提升自我的事情，并且做这些事情并没有什么特定的目标，只是因为你想这么做，应该这么做。你在表达善良和慈悲的价值。一开始做这些事情的时候你可能会觉得有点儿做作和别扭，但是这种感觉是正常的，不要让这种感觉阻碍你继续用实际行动来表达自己的善意。你不用等到自己感到内心平和和充满爱意的时候再去采取这些行动。不管你现在有什么感觉，哪怕你觉得很烦躁，也依旧可以做这些事情。

找一个你可以分享自己内心善意的时间。留意那些你可以表达关心、感激或温暖的时刻。寻找你可以给予希望、关爱和帮助的时刻。当你觉得自己情绪低落、沉闷阴郁或者怒火攻心的时候，可以做这些事。在这些时刻，你最需要用手、脚和嘴练习温柔的关爱，它们也最能为你和其他人带来好处。

伴随着一次又一次的练习，你的这些友善的行动会成为你日常生活的一部分，并且能够带来更多的平和、爱和信任。你会发现，当你的一举一动都流露出善意时，人们会更愿意接近你。这种现象可以帮助你改善和周围人的关系。事实上，一些研究表明，做善事可以提升一个人整体的幸福感。不过也要注意，友善的行动其实不一定总是能得到好的回报。关键是，你正在通过成为一个温和、友善的人来开始新的生活。这是你可以做到的。

无论结果或者目标是怎样的，所有这些友善和关爱都应该是发自你的内心。培养它们，开发它们。让它们成为你存在的核心，成为你自己选择的生活方式。

## 生活改善练习

专注于培养你与你的焦虑的身心之间的新关系。养成对自己耐心和友善的习惯，每天做一些对自己友善的事情，包括为你正在做的重要工作腾出时间。寻找方法来实现你的价值，并将这作为对你自己和你的生活表达善意的行动。记住，你把握着你的生活巴士的方向盘！

本周，扩充你的自我关怀任务清单的内容，新内容应该更加注重培养温和地关爱你自己和你的 WAFs 的能力。

- □ 今天就开始做这些事，每天都做一些对自己友善的事，不论这些事的大小。
- □ 通过练习接纳和同情自己的感觉、想法、记忆和痛苦来友善对待自己的 WAFs。你可以通过第 14 章中提到的接纳焦虑的练习来实现这一点，或者通过本章或者之前提到的至少一种仁爱练习来实现这一点。不管选择哪种方法，都要保证至少一周练习一次。
- □ 通过放下充满愤懑或者悔恨的过去来培养自己原谅的能力。学会放下拔河的绳子！
- □ 通过给想法和感受贴上标签，以及不与它们纠缠，把接纳融入你的日常生活。当不舒服的想法和感受出现时，要时刻注意它们，给它们贴上标签，但是不要停下手中正在做的事。如果情绪很强烈，花点时间做第 14 章中提到的"焦虑冲浪"练习，然后继续前进。

## 核心观点

虽然 WAFs 感觉像怪兽，但实际上它们更像孩子。就像大多数的孩子一样，比起责备、训斥或者是严厉的责罚，对他们表示关爱和关心才能获得更好的回应。你可以通过练习接纳想法和感受（而不是试图摆脱它们）来尝试将更多的慈悲延伸到你的担忧、焦虑和恐惧中去。你也可以经常练习用实际行动来表达善意。记住，每天都要行动。即使是很小很细微的行动也没关系。随着时间的推移和规律的练习，慈悲和友善会成为你的一种习惯。这些练习会让你远离焦虑、恐慌、恐惧和担忧。这样能够使你更容易坚持在通往价值之山的路上，而不会被引导偏离轨道。

---

**学会慈悲地对待我的焦虑**

**要点回顾：** 焦虑其实并不是我的敌人。我可以学会更加慈悲和友善地对待我自己和我的经历。友善和慈悲表现在我的行动之中，这些行动表达了我是如何和我的内心、身体、生活联系的。这些行动会帮助我治愈伤口，减轻焦虑，使自己挣脱焦虑的束缚。

**问题思考：** 我是否愿意用友好和慈悲的心态迎接我的 WAFs 孩子？我是否愿意给予自己和他人善意和原谅，这样我才能继续前进，重新找回自己的生活？

# 第 16 章

# 培养自身的舒适感

当我们有了那种不害怕恐惧，可以拥抱恐惧的慈
悲觉知时，我们就能治愈儿时和现在所经历的伤痛，
并且开始过我们内心所向往的生活。

——谢里·胡贝尔（Cheri Huber）

到目前为止，你在本书中学到的所有内容，其实都
是为这一刻做准备：去拥抱那些长期困扰你的焦虑和恐
惧，也许这是第一次。

看到上面这段文字，你现在心里可能会想：好吧，这
本书最终还是提出了要我直面恐惧的要求。在某种程度
上，你的这种想法是正确的，但是这并不意味着为了自
己的不适而不择手段，也不是为了向自己证明什么。本
章包含了更深层次的内涵，那就是直面你的生活。直面
你在生活中所关心的方方面面，与你的不适感同在，并
且学会慈悲地对待这种不舒服的感觉。这可能是你能为

自己做的最友善的事情了。

此外在做这些事情的时候，你是有准备的，并且手里已经有一些工具了。你的工具就是那些你已经学会的技能，它们能够帮助你做出更加友善、更加富有慈悲心、更正念的选择，以及更不容易陷入与身体不适的斗争中。

本章的练习仅仅提供了练习灵活性和柔软性的额外机会，以克服那些让你难以忍受的身体不适。你可以把完成本章的练习想象成运动员的拉伸训练，他们需要经常做拉伸训练，以保持身体的灵活，降低受伤的风险。生活其实也需要我们有灵活性。当你执着于自己的痛苦时，你就很有可能伤害到你生命中最宝贵的东西。

## 忍受痛苦，继续生活

痛苦其实是幸福生活的一部分。当你回避痛苦时，你也在拒绝接纳生活。当你向生活敞开心扉时，也必须面对生活中各式各样的痛苦。这就是它的工作原理。要拥有一切，你必须愿意拥有一切好的、令人不快的，有时甚至是丑陋的东西。

我们非常确定你心中那种焦虑的不适感其实和你正在做的事情，也就是实现自己的人生价值有着密切的联系。如果你仔细回想一下，就会发现，每当你朝着自己想去的方向迈进一步时，你可能会得到你不想要的东西——令人不快的身体感觉。这种感觉是我们在第 13 和第 14 章中所提到的那些阻碍你实现人生价值的障碍。

解决方法很简单，就是进入你的生活，你需要在进入和处理你的感受和身体感觉时，放下对 WAFs 不适感采取行动的冲动，只需如其所是，顺其自然。这么做可能对你来说有些困难，就像在做生活中其他对我们有益的事情一样。花点时间想想这一段的内容。

回想一些你现在正在做的和曾经很难做的一些至关重要的事情。简单地想一想是哪件事，然后展开想象。例如，当你第一次学会用刀叉吃饭或者上厕所的时候，你有什么感觉？当你第一次开始学习 26 个英文字母或者在纸上写字母和你自己名字的时候，你有什么感觉？当你第一次学会阅读或者花钱的时候，你有什么感觉？请进一步展开想象。

回想一下你第一次开始锻炼、演奏乐器、骑自行车、打棒球、工作、开车所涉及的步骤，以及你在生活中所扮演的角色——朋友、老师、伴侣、配偶或父母等，那些需要学会关爱、分享、关心、给予和宽恕的角色。

你应该明白，目前的生活其实就是由许多细小的时间碎片构成的一场时光旅程。那些你正在做或者想做的事情，一开始总是看起来困难重重和遥不可及。而且去做你想做的事情通常需要你度过一些困难时刻。但是如果你没做这些事情，你现在可能还是一个穿着纸尿裤、目不识丁、连吃饭都需要别人喂的小孩子。为了过上你所向往的生活，你必须学会勇敢面对困难。

关于学会勇敢面对困难，有一个非常有效的方式，那就是停止盲目躲避痛苦和追求愉悦。这种激烈的竞争是许多不幸的根源。走出不幸困境的方法其实就是反其道而行之。你应该欢迎自己感受到的各种不适，并把好的和令人快乐的东西分享给别人。你吸入不适并接纳它，呼出并放弃你迫切想要和认为会带来解脱的东西。你这样做是为了每个人，也包括你自己。

如果你放下那些文字，放下人生故事，只是与不适感同在，而不与它们纠缠，你就将拥有我们所有人都拥有的东西。这就是慈悲的真正含义。正如美国的一位禅师曾告诉我们的那样，这种共享人性的感觉具有巨大的治愈力，它是走出痛苦、激发活力的道路。

吸入痛苦和呼出解脱是一种古老的冥想形式的基础，这种冥想被称为施受法（tonglen，意思是"给予和接受"）。欢迎痛苦和送出美好听起来可能很奇怪，因为这种做法是不合常理的，但这也正是这种方法为何如此有效的原因。当你接纳那些你不喜欢的东西时，它们其实发生了转变。这种转变会把你从对追求愉悦、恐惧、自我专注的执念中释放出来，并且培养你关爱和慈悲的能力。下一个练习将帮助你学会这一重要的技能。

---

## 练习：拥抱"不好的"，放弃"好的"

在这个练习开始前，你需要先找个舒服的位置并确保自己至少在5～10分钟内不会被打扰。你可以坐在地板或者椅子上。然后挺直腰板，手心向下或者向上放在自己的大腿上。

现在，闭上眼睛，然后温和地把注意力转移到呼吸的节奏上，感受胸部和腹部的起伏。然后，回想一些痛苦的或者难过的事情，也许是最近发生的一件事，或者一段让你备感焦虑的旧时光。接下来，伴随着你下一次吸气，想象你正在将这种消极和痛苦的感觉吸入身体之中。吸入这些不适感的同时，要想到，世界上数百万人都在感受你此刻的感受。并不是只有你感受到了这种痛苦。自古以来，这种焦虑已经困扰了世界上无数人。

对你自己和他人来说，你在这里的意图就是让你和他们摆脱苦难、挣扎、指责和羞耻，而这些都是你和他们经历的痛苦所带来的。将这个意图铭记在心，并在每一次呼气时，呼出心中的解脱、快乐和善意。慢慢地用自己自然的呼吸节奏来进行这一练习。在吸气的时候，继续联结的痛苦，在呼气的时候，表达善意和自己的愿望，希望其他人在经历伤害和不适时能从痛苦中解脱出来。

如果你发现吸入焦虑让你过于沉重或憋闷，你可以想象自己正在一个广阔的、漫无边际的地方呼吸，或者想象自己的内心是一个无限大的空间。想象你的内心正伴随着一次又一次的吸气逐渐变大，直到它有足够的空间来容纳所有的担忧、焦虑和困扰。随着每一次呼气，你都在打开你的整个生命，这样你就不必再把担忧、焦虑和恐惧推开，你在敞开心扉迎接任何可能发生的事情。

如果你感觉自己走神或者分心了，只需要温和地注意这一点，然后将你的注意力重新转向接纳你的痛苦和创伤，释放善意和仁慈。如果你愿意，就继续这种给予和接受的练习。

最后，如果你准备好了，就缓缓地扩展你的注意力，慢慢地睁开眼睛，并且记住，要把将这种友善观察的技能应用到你一整天的生活中。

---

你每天都可以练习这种名为施受法的冥想方法。每当你的焦虑出现时，你可以提醒自己"其他人也会有焦虑的感觉，并不是只有我感受到了焦虑"。这能帮助你减轻与 WAFs 共处的孤独感和负担。

当你觉得自己开始感到焦虑并且有抗拒的感觉时，你可以练习"即时施受法"，这一练习是针对所有那些因为不断地推开不适而陷入斗争的人，包括你自己。当你的焦虑出现时，不管你在哪里，都可以在吸气时接纳和承认这种不适，在呼气时送出平和和镇静。如果你时时刻刻都愿意忍受不舒服的焦虑，你就会越来越明白不要害怕。

当你目睹并接纳你的 WAFs 带来的不适和伤害时，你将能与看似困难的事物一起前进。当你这样做的时候，你将为同情、仁慈和原谅腾出空间。在此过程中，你会变得更加柔软并学到一些新东西。

- 你会对你的体验更加诚实。你将学会承认和接纳身体的不适以及其他不舒服的感觉，当你感受到它们时，你不会与其纠缠。
- 你会培养自己与 WAFs 不适同在而不做反应的勇气。这至关重要，有了这种勇气，你才能学会不再逃避自己，并且培养自身的舒适感。
- 你将继续发展如其所是地观察你的体验的能力（观察者视角）。不带有任何评判和卷入地观察，会让你从你的身心的所作所为中解脱出来。这样能够给予你足够的空间去做那些对你真正重要的事，而不仅仅是反应。这种立场能够让你放下过去并且朝着自己内心向往的生活前进。

所以当你的大脑告诉你"这件事太难了""这件事太麻烦了"时，就把这种声音当作信号，即你正走在一条新的且可能至关重要的道路上。为了帮助你学习，本章和下一章将给你提供许多练习的机会，下一个练习就是 FEEL（feeling experiences enriches living）练习——感受体验充实生活。

## FEEL 练习

FEEL 练习只有一个目标，那就是帮助你把生活过得更加充实。这一练习是你到目前为止一直在做的所有练习的自然延伸。

在这个练习中，你将有机会练习成为你的 WAFs 身体感觉的观察者，只是注意和体验它们的本来面目，同时带着善意和慈悲去面对它们。当你这样做的时候，你将消除想要回避、跑开或调整身体感觉的冲动。相反，你将有足够的空间专注于你想做什么，你想成为什么样的人，你想去哪里。当你的感觉变得越来越好时，你的生活也会越来越好。

### FEEL 练习概述

FEEL 练习的步骤很简单。练习的第一步是打开自己的意愿开关，记住，你是可以控制这个开关的。除非你选择打开它，否则你将只能继续得到你一直拥有的东西。

第二步是思考你最关心什么——你的价值。认清你的价值——你想做什么以及你想去哪里。这将使你能够对身体不适做出新的反应，它长期以来挡在你和你的生活之间。你会想要准备好你的"有价值的方向工作表"和"人生指南针"，并寻找那些阻碍你实现重要意图的有不适感的身体部位。

第三步是温和地唤起身体的感觉，这种感觉通常会让你陷入混乱和困境。当你练习只注意身体不适而不采取行动，并允许这种体验存在时，你就能够让自己摆脱困境。这一部分需要用到你的观察者自我和正念接纳技能。

总而言之，FEEL 训练需要你做出意愿的选择，以温和的善意体验身体不适，并始终关注你所关心和想做的事情。你将有机会创造和观察身体不适的出现，然后练习让这种不适如其所是。当你这样做的时候，你将学会一些将令人心烦的困难转化为（不适带来的）活力的新技能。

## 练习和实践的重要性

所有的这些练习都需要你不断地实践，实践，再实践。在实践之中，你会对自己的不适非常熟悉。这一练习的新奇之处是，更友善、更慈悲地回应不适。这种更巧妙的联结方式需要时间来培养。

放慢速度。不要急着完成练习。你最好一个步骤多做几遍，然后隔几天重复一遍。可以先在家里练习。在家里找到一个能够做练习的空间，并且把这个空间变成你自己的专属空间。当你做这个练习时，可以把它们运用到每天的日常生活中。让意愿和慈悲成为你生活的向导。

如果你的意愿开关在练习过程中似乎时开时关，至少在练习的初期是这样，那也没关系。重要的是，你意识到了这一点，并愿意在下次继续努力。当你能够在干扰最少或没有干扰的情况下开启意愿开关时，就说明你准备好进行另一项练习了。

## 善意忠告

我们非常清楚，你在做这个练习的时候会体验到许多不适。我们也很确定，在做这个练习的时候，过去的你会在你面前催促你、乞求你停下来、中止练习或逃跑。但是许多研究结果表明，如果你坚持做这个练习并且不再去做过去的你想要你做的事情，那么你就会得到一些缓解。

这种缓解可能有几种表现形式。有些人会觉得内心平和了，也有些人觉得自己的焦虑和恐惧减轻了。不过，大多数人有一种如释重负的感觉。这些人告诉我们，这种不适其实没有消失。但是在这一切的背后，他们注意到了 WAFs 不适体验的深刻转变。他们不再与焦虑和不适为敌，在这种情况下，焦虑对他们所产生的影响逐渐淡化了。此外，他们还发现，不再和身体不适做斗争使他们获得了解脱，以及随之而来的自由的感觉。

在做 FEEL 练习的时候，不要把改善自己的情绪当作练习目标，比如减轻焦虑，不再惊恐发作，或者让你的大脑停止冗思。我们很早就谈到了这些常见的不可能实现的目标。它们往往是没有用的东西。你焦虑的质量可能会改变，但悖论是，这种情况最有可能发生在你最不想去改变它的时候。

FEEL 练习的目的是帮助你自己培养舒适感和仁慈——站在棋盘或排球场的立场上，而不是成为苦苦挣扎的某一队的队员。这种视角上的转变会让你得到解脱并且生活得更好，无论你的身体和大脑有什么反应。

焦虑会退居次要地位，因为你将花更少的时间处理 WAFs 引起的不适，花更多的时间专注于你的生活，同时带着不适继续前进。这就是它的工作原理。这就是你找回你的生活的方式。这也是让思考和感觉更好的途径。只要你继续与你的身心斗争，你就无法体验到平和。

## 针对你身体不适的 FEEL 练习

接下来的这个练习将帮助你练习与障碍共存和同行，这些障碍都是你之前写在"有价值的方向工作表"和实际的"人生指南针"中的。在开始之前，先花点时间回顾一下这两张工作表，然后寻找挡在你和实现自我价值之间的回避或与身体不适的斗争在哪里。

我们发现人们在做完所有这些练习之后会受益匪浅。因为每个练习都会帮助你消除那些潜在的或者已经存在的障碍。所有这些练习都能让你有机会在不同形式的身体不适中发展出灵活性。再说一次，你正在做正式运动之前的拉伸训练。

下面的工作表将帮助你追踪你的练习进度。如果有必要，可以多复印几份，以便你在练习时使用。

---

**FEEL 身体不适工作表**

日期：_____ 时间：_____（24 小时制）

| 0 | 1 | 2 | 3 | 4 | 5 | 6 | 7 | 8 | 9 | 10 |
|---|---|---|---|---|---|---|---|---|---|---|
| 低 | | | | | 中 | | | | | 高 |

| 练习 | 感觉强度<br>（0～10） | 焦虑水平<br>（0～10） | 愿意体验<br>（0～10） | 与体验斗争<br>（0～10） | 回避体验<br>（0～10） |
|---|---|---|---|---|---|
| 凝视一个地方 | _____ | _____ | _____ | _____ | _____ |
| 旋转身体 | _____ | _____ | _____ | _____ | _____ |
| 头埋进双腿 | _____ | _____ | _____ | _____ | _____ |
| 摇头 | _____ | _____ | _____ | _____ | _____ |
| 屏住呼吸 | _____ | _____ | _____ | _____ | _____ |
| 用吸管呼吸 | _____ | _____ | _____ | _____ | _____ |
| 快速呼吸 | _____ | _____ | _____ | _____ | _____ |
| 快速行走 | _____ | _____ | _____ | _____ | _____ |
| 原地慢跑 | _____ | _____ | _____ | _____ | _____ |
| 爬台阶 | _____ | _____ | _____ | _____ | _____ |
| 其他有氧运动 | _____ | _____ | _____ | _____ | _____ |
| 凝视镜子中的自己 | _____ | _____ | _____ | _____ | _____ |

---

## 如何用简单 7 步完成 FEEL 练习

所有的 FEEL 练习都应该按照以下 7 个步骤进行。此外，在做这项练习的时候，你身边最好有一块手表或者闹钟。记住在练习中运用那些你目前学到的技能与知识。

**1. 确定一个重要的领域。** 找一张明信片或是一张小纸片，然后写下一个对你重要的价值。在每次练习开始之前，花点时间把这个价值和自己联系起来，然后在做练习时把它铭记在心。想出你想在一个重要的价值领域做的事情。在目前这个练习完成后，你可以选择另一个有价值的领域，并带着该领域相应的意图重复FEEL 练习。

**2. 实践 FEEL 练习。** 开始练习，并在你第一次注意到不适感后继续做 30 ～ 60 秒，或者在你可能经历令人不安的想法或画面后继续做 5 分钟练习。

**3. 运用你的自我接纳技能。** 每次练习结束后，继续花一两分钟时间带着善意和温和进行简单的自我观察。简单地观察和回想你在练习中出现的每一种感觉，然后为你目前正在经历的东西腾出空间。

**4. 制作进度表。** 完成 FEEL 身体不适工作表，记录你在每次练习之后的反应和目前的练习进度。

**5. 回顾你的练习。** 温和地回顾你刚才所做的练习。看看你的评级。在做练习的时候，你是否经历过不情愿、高水平的挣扎或逃避？如果是，就再重复一下这个练习，但是要放慢速度。并且在重复练习的时候，注意脑海中出现的评判性的想法，比如"这个练习一点儿用处也没有""我再也忍受不了这种焦虑的感觉了"。看看你是否能运用观察者视角注意到这些想法。下次你在做练习的时候，记住要用观察者视角来看待它们，当评判性的想法出现时，注意它们，然后温和地告诉自己："我认为这个练习没有用""我的大脑在不断地向我灌输'我再也不能忍受这种焦虑'的想法""我认为这些练习太麻烦了"。或者简单地给它们贴上"想法"的标签。

**6. 重复 FEEL 练习。** 练习对于培养一项技能至关重要。所以在你的家庭练习中重复 FEEL 练习。并且在做这整个练习的时候，任意单个练习都至少要重复三到四遍。在每个练习之间，给自己一段正念的休息时间，可以舒服地坐着，只注意自己的想法和感觉。

**7. 回顾你在 FEEL 身体不适工作表中的评级。** 如果你发现自己的愿意体验的评级非常高，与体验斗争和回避体验的评级都在 3 或 3 以下，那你就可以进行新的练习了。这些评级是你进步的基准。这就是为什么记录你的反应非常重要。

当你第一次做练习时，把这 7 个步骤写下来或者打印下来放在手边。记住它们。

## 检查身体健康状况

如果你还没检查过自己的身体健康状况，那你现在应该去咨询一下医生，看看你的身体是否能进行 FEEL 练习。因为 FEEL 练习中的大多数练习都涉及轻度到中度的身体活动。如果你有以下任意一种健康问题或者特殊情况，我们强烈建议你在咨询医生之后再决定自己是否可以做 FEEL 练习。

- □ 哮喘或者有肺部问题
- □ 癫痫
- □ 心脏病
- □ 身上有外伤伤口（脖子、关节、背部）
- □ 怀孕了
- □ 有过晕倒或者低血压病史

如果你的医生不建议你做所有这些练习中的一个或几个练习，那你仍然可以去做那些被批准的练习。如果你的医生不建议你做所有的练习，当你在日常活动中体验到强烈的身体感觉时，你仍然可以练习运用正念技能并从观察者的视角来看问题。请记住，无论身体不适是以何种形式在何时出现的，你的目标都是接纳它们，和它们共处，而不是与它们纠缠。

---

### 练习：自发眩晕

这组练习将帮助你正念接纳头晕、不稳定或眩晕的感觉。每个人经历头晕的感觉都是不同的。这种经历一般发生在当你以极快速度移动头部或者身体时，此时你的大脑平衡系统难以适应这种瞬间的移动。

许多人都有过头晕、失衡、失重或者恶心的感觉。这些都是在这组练习中所要达成的反应。以下几种方法可以帮助你创造出这些感觉。

- □ **紧盯着一个地方**。首先站在离墙壁约 50 厘米的地方。然后在墙上找一个小点，盯着它看至少 2 分钟。在这期间尽量不要眨眼。然后迅速转过身去，将注意力集中在远处某个东西上。
- □ **旋转**。可以使用一把转椅，如果有必要，也可以通过用脚蹬地板来加快速度。在做这个旋转练习的时候不要闭眼。然后，你可以在站立时旋转，保持双臂伸展。

□ **把头埋在双腿之间**。首先找一个宽敞舒适的位置。然后把头向下弯到双腿之间，头部大约与膝盖在同一位置，保持这个姿势 30 秒，之后迅速坐直。注意，如果你有背部问题，做这个练习的时候要慢一点。除了坐着，你也可以站着重复这个练习。

□ **摇头**。首先找一个比较宽敞的地方站着，然后在睁着眼睛的情况下，缓慢地左右晃动你的头。这样做至少 30 秒，或者直到你有了头晕目眩的感觉。此外，在做这个练习的时候，身体最好保持稳定，不要轻易晃动。有了头晕的感觉之后，就停下来，然后盯着前方。

在这组练习开始之前，先在你友善的空间里做好准备，保证自己不会被打断或者打扰。此外，最好准备一块手表或闹钟。练习的地方也要是安全的，确保你自己不会在训练的时候跌倒或者弄伤自己。选择第一个诱发眩晕感觉的练习，然后按照 FEEL 练习的 7 个步骤进行练习。不断地重复这个练习，直到你能够完全接纳眩晕这一不适的感觉，即你不需要停止练习或处理任何不适（愿意体验的评级高，与体验斗争和回避体验的评级都在 3 或 3 以下）。然后，继续进行下一个能让你产生眩晕感觉的练习。

做这些练习的时候，你最好不要闭眼。当然，你在练习的间隙休息时是可以闭眼的。要记住，当眩晕的感觉产生时，不要立马坐下或者躺在地板上。相反，你最好可以保持原本的站姿或者坐姿，之后你就会发现这些眩晕的感觉会慢慢消失，而且你并没有采取任何行动来消解它们。

自己创造并且解决这种眩晕的感觉对你来说可能非常困难。因为这种眩晕的感觉很容易让人觉得自己与现实脱节了。但是这个帮助你产生眩晕感的练习确实对你有非常大的益处，通过这个练习你可以更加从容地应对眩晕这种不适的感觉。你应该祝贺你自己找到了新的应对眩晕的办法。

## 练习：自发体验窒息感

这一组练习能帮助你接纳窒息感、呼吸急促或者任何来自心脏和胸部的不适感，比如心跳加速和胸闷。除了上述不适，有些人还会感到头晕、目眩、解离、视线模糊、身体某些部位刺痛或者麻木。

　　不过这些状况的出现是正常的。这些状况是我们的行动的结果，许多活动都有可能诱发这些状况。它们是我们正常的血气平衡失调的副产物，尤其是氧气和二氧化碳的平衡失调。你的身体会做好恢复这种血气平衡的准备，而不需要你做任何努力。

　　你可以通过以下任何一个 FEEL 练习来产生这些感觉。

　　□ **屏住呼吸**。在做这个练习的时候，只需进行一次深深的吸气，并尽可能长时间地屏住呼吸。从坐下来睁着眼睛开始练习。如果你在下次练习中能够坚持更长的时间，那就可以选择通过站着闭上或者睁开眼睛来加大难度。多多练习，自愿体验你创造的不适。

　　□ **通过吸管呼吸**。做这个 FEEL 练习之前，你需要准备一些便宜的吸管。在练习过程中，需要用手捏住鼻孔，然后通过吸管来进行呼吸。看看在第一次做这个练习时，你是否能坚持至少 30 秒，如果可以，那就以 30 秒为最低标准。就像上一个练习一样，你可以通过改变这个练习来加大难度，你可以选择闭上或睁开眼睛，可以选择站着或坐着，甚至可以选择在上下楼梯时做这个练习。因为在这个练习之中，最重要的是，要放缓呼吸的节奏和速度。当你发现你已经能够忍受这个练习带来的不适并且不会退缩时，你可以通过延长时间和采用别的新形式来加大练习的难度。

　　□ **快速呼吸**。这个练习会使你体验所有人都感受过的上气不接下气的感觉。当你呼吸太快或者太深的时候，你会吸入过多（相比体内二氧化碳的含量）的氧气。这种情况的科学说法叫作换气过度。虽然换气过度是你自己无法控制的，但实际上你可以通过以大约两秒呼吸一次的速度呼吸来体验这种感觉。当你第一次进行这个练习的时候，从坐姿开始。深深地吸一口气，然后尽可能地呼气，不断重复。在练习的过程中，要计算好时间，看看在一开始你能否坚持至少 60 秒，然后再慢慢地增加到 2～3 分钟。这个练习是一种非常有效的方法，能产生一系列的不适，让你陷入困境、偏离轨道。而且这个练习能帮助我们以一种新的更加正念的方式缓解不适。

　　在做下个练习之前，先花点时间回顾一下之前的练习和你的 FEEL 身体不适工作表的进度。你是否有意识地选择打开你的意愿开关并让其保持在打开的位置？你是否会用一种新的、卷入更少的、更温和的反应来应对你所产生的不适？在做练习时，你是否关注自己的价值？复盘一下。如果要花较长时间想清楚这些问题，也没关系。没有必要着急，要善待自己，对自己有些耐心。这些看似无关紧要的时刻将为你的生活增添新的内容。

## 练习：自愿进行有氧运动

做有氧运动能让你的生活充满活力。如果你因为潜在的 WAFs 不适而回避包括锻炼在内的活动，那么就需要通过故意感受身体在运动时发生的生理唤醒来练习意愿了。你会发现有很多方法可以做到这一点，而且大多数都有益于你的健康。下面将列举几例。

□ **快速行走**。行走能够带动你的整个身体。无论在室内还是在室外，你都可以做这项运动。行走的速度应该是由慢到快。正如我们在 FEEL 练习的 7 个步骤中所描述的，留出足够的行走时间，这样你就能注意并体验到身体不适。做这个练习时，最好不要有其他干扰（比如听音乐）。当你愿意和你的身体一起行走时，你可以戴上耳机。

□ **慢跑**。这个练习会提高你的心率并且加强你的呼吸系统。这项练习可以在家中宽敞的地方进行，同时不要忘了把这个练习与 FEEL 练习的 7 个步骤结合起来。

□ **爬台阶**。只需上上下下爬几级台阶，一遍又一遍，直到你开始注意到身体不适。然后，你可以增加练习的步数和持续时间（比如两级、5 级、10 级、一段或几段楼梯）。

□ **其他有氧运动**。你的想象限制了你能做的有氧运动的种类，有氧运动其实包括任何能够使你的身体动起来的运动类型。你在做家务时也可以让自己的身体热起来，比如扫地吸尘、打扫清洁、修剪草坪或者收拾花园，也可以通过游泳、远足、购物、跑腿、骑车等形式来进行有氧运动。不过始终要记住将运动和 FEEL 练习的 7 个步骤结合起来。

所有这些有氧运动都能帮助你活动身体。它们也远远不止有这些好处。它们会给你带来前所未有的自由的感觉，增添你的活力，等等。此外一定要记住，当你在应对这些不适的时候，时刻铭记自己想要实现的自我价值和想要过的生活，因为这些是你做这些练习的初衷。

## 练习：直视镜中的自己

这个练习的目的是让你愿意和自己在一起。当我们站在镜子前时，大多数人会不喜欢镜子中的自己。因为我们总觉得我们的身体有可以改善的地方。我们对自己的感觉也常常如此——那是我们的一部分，它不仅仅是手、眼睛、胸部、嘴唇或者双脚。暴露自己可能会让你感到非常不舒服。但是你还是要学会接纳你自己，接纳你自己最原本的样子，包括你的弱点和不完美之处。这种技能在你与他人的互动之中尤为重要。

这个练习需要你在一面全身镜前直视自己 2～5 分钟。如果你能够不穿衣服，完全裸露身体，那么这个练习将会更有效果。就像前面的练习一样，这个练习也会让你产生不舒服的感觉。

首先，完全裸露地站在镜子前，以便你能够看到你的整个身体。然后，花点时间仔细地观察一下自己，不要分神。你看到了什么？和完全没有遮蔽的自己站在一起是什么感觉？注意你身体中出现的任何感觉。用一种友善的态度来观察自己，告诉自己，没有什么好改变的，也没有什么好遮掩的。你就是你。

之后，将你的注意力转移到头部和面部。注意你的头发和头皮，它们看起来是怎么样的？仔细观察，注意头发的纹理、长短和颜色。然后仔细观察自己的面部，观察你的眼睛、鼻子、嘴巴和脸颊。看看你能否完美地观察到自己眼睛的细节，包括眼睛的颜色、深度和瞳孔的样子。你是否有些不喜欢或者讨厌自己的眼睛？你想对你的眼睛、耳朵、嘴唇和嘴巴做些什么？看看你能否沉浸在这种观察自己的体验之中，让你的大脑做自己的事情。

接下来把注意力转移到你的下巴上。慢慢从里到外扫描你的上半身。当你将注意力转移到自己的肩膀、胸部、腹部、胳膊和手掌上的时候，你看到了什么？你身体的这些部位看起来如何？注意它们的颜色、纹理、形状、轮廓和任何你体验到的关于这些部位的感觉。

这些单独的部位构成了你的整个身体，构成了你自己原本的模样。你对身体的每个部位都有不同的看法。当你现在盯着它们看的时候，你的内心出现了什么样的声音？或许会有遗憾、羞耻、尴尬、耻辱，或者认为它们"太大了""太小了""太丑了""很漂亮""有皱纹""很光滑""很迷人""太普通"。当你盯着它们看的时候，内心都经历了什么？能不能做到如其所是地接纳你的身心和你现在的模样？你难道一定要把自己隐藏起来吗？给自己时间去注意你的大脑给身体贴上的标签，然后看看你是否能注意到最原始、最真实的体验。

当你把注意力转移到你的脚和脚趾上时，继续慢慢地扫描你的身体。注意任何你可能产生的不适。看看你现在能否和这种不适共处？是否觉得你的身体有什么地方需要完善？

允许自己与原本的自己同在，那个和其他人一样完整、独特、不完美和脆弱的自己。

## 当身体不适变得严重时怎么办

当你发现自己正在体验高度的不情愿、挣扎或者想要逃避或停止练习的时候，下面这个练习是为你准备的。现在不是屈服于支配你的大脑的时候。这时，你需要做的是更慢地练习，更简单地集中注意力。因此，不要关注整体的体验，而是专注于两到三种身体感觉，一次一种。

### 练习：忍受强烈的身体不适

在练习开始时，回想一种极为困扰你的身体不适。当你把注意力转移到这种不适上时，简单地承认这种不适：我感到紧张、呼吸急促、心跳加速、头晕目眩、身体冰冷或身体燥热。

承认不适的存在，向它敞开心扉，与它同在，与它一起呼吸，善待它。就像中国指套陷阱和"接纳焦虑"练习一样，这是一个完美的时机，可以让你体验不适并接纳它，而不是与它斗争或远离它。

如果你觉得有必要，可以放慢练习的进度。为了做到这一点，闭上眼睛，冥想几分钟，如其所是地感受这种不适_____（填上自己的不适），一种身体感觉，不多也不少。然后问自己以下几个关键问题。

  □ 我曾经在哪里体验过这种不适？或许当时我正在修剪草坪，也可能是在炎热的室外做着什么活动。或许它发生在一次令人愉快的经历之中，或者其他日常活动之中。此外，你应该提醒自己，你之前有过种感觉，然后继续回答下一个问题。

  □ 这种不适是我需要推开的东西吗？我能否允许这种不适的存在并且接纳它？

  □ 这种不适到底是什么感觉？它是什么时候产生，什么时候消散的？

  □ 我一定要对这种不适抱有敌意吗？我能否只是把它当作一种感受或感觉？

  □ 这种不适是我绝不能接受的吗？即使我的大脑不让我接受它，我能否依旧对它敞开心扉？

  □ 我必须努力与这种不适斗争，还是我内心有足够的空间去感受并接纳它？我能把我的内心空间变成一个友善的空间吗？

当你接纳这些不适时，你可能会注意到你的大脑正在给这些感觉都贴上各种各样的标签，这些是陈旧的 FEAR（false evidence appearing real）标签，比如"危险""恶化""失控"。当这些标签出现时，感谢你的大脑给了你这些标签，然后温和地将你的注意力转移到身体不适上，带着温和的好奇、开放、慈悲去观察它们。

---

这个练习是一个很好的提醒，即你能够控制自己的注意力，选择温和地而不是苛刻地对待自己的不适。你并不需要为了愿意拥有这种感觉而喜欢它。

你也可以通过使用在前几章中学习的一些正念策略、隐喻和练习来重塑你的"不要做"思维，以帮助你与障碍一起前行。例如，现在是练习摆脱你的"但是"的时候了，你可以通过将"我想变得更好，但是……这太难了……太多了……太费力了"转化为更诚实和正确的陈述（比如"我想变得更好，而且我认为这太难了"）来做到这一点。记住，你驾驶着你的生活巴士，你可以控制你与你的身体不时产生的感觉的关系！

## 生活改善练习

在接下来的两周里，将以下活动列为你待办事项清单中的优先事项。

□ 针对身体不适，做本章中的"施受法"练习和 FEEL 练习。如果可能的话，每天做一些。确保记录下你的承诺和练习进展。

□ 每天做一次"接纳焦虑"练习（见第 14 章）。

□ 当焦虑在日常生活中出现时，练习正念技能并从观察者的视角看待问题，不要忘记慈心练习和温柔的关爱行动。

## 核心观点

用一种友善且自愿的心态直面不适是摆脱焦虑、获得更有活力的生活的第一步。培养自身的舒适感是一件在任何时间、任何地点都可以去做的事情。你应该去练习这种值得培养的重要技能。当你选择如其所是地与你的 WAFs 不适相处时，你就是在摆脱困境。那些引起不适的情境或触发因素，不太可能让你偏离你想做的事情和你想去的地方，因为其中许多都与你在生活中关心的事情有关。不适所带来的活力可以让你的生活重回正轨。去寻找这些不适，而不是等它们来找你。记住，实践出真知。

---

**直面我的 WAFs 不适至关重要，也是一种解脱**

**要点回顾：**躲避、逃避、隐藏身体不适其实是非常容易的一件事。更困难和更重要的方法是，开放和诚实地面对我的不适，如其所是——相当陈旧的身体、精神和情感上的痛苦。友善和慈悲地对待我的不适，将收获由不适带来的活力和免于恐惧的自由。

**问题思考：**我是否愿意去体验令人不快的身体不适而不让它阻碍我去做真正想做的事？我是否愿意去面对这些不适最原本的样子？是否愿意接纳我自己，包括自己的缺陷、弱点和脆弱之处？这些不适真的是我的敌人吗？

---

# 第17章

# 适应并接纳你的评判性思维

只有两种方法可以缓解紧张的情况：一种是改变这种情况本身，另一种是改变你看待它的方式。改变你看待事物的方式会给你带来启示。

——保罗·威尔逊（Paul Wilson）

你的大脑可以成为你最好的朋友，也可以是你最坏的敌人。这取决于你如何对待它。其实你的大脑所产生的一切本身都是无害的。想法只是想法，虚无缥缈，没有形式或实质。你的脑海中浮现的一些画面和具象化的东西其实也是这样的。它们看起来可能非常真实，但当你仔细观察它们时，你会发现它们其实没什么特别之处。

本章为你提供了一个成长和改变的机会，通过退后一步，看清你的评判性思维的本质——一个负责产生各种想法、画面、记忆、判断和评价（更多的想法）并把这些和你自己、你的身体、你的体验及行动联系起来的机器，你将拓展你的练习。通常这些身体 – 行动 – 思维（body–action–mind，BAM）联结会为你提供很好的服务：帮助你做自己真正想做的事情。但是有时候，这些 BAM 联结也会让你陷入困境，不做自己真正想做的事。

使用观察者视角会帮你了解到，那些你生活中的障碍本不该成为障碍。当你的大脑引诱你受苦时，你可以选择做其他事情。慈悲地对待你的灾难化的思维是一种有效的方法，可以消除所有这些障碍，让你清楚和自由地做出更重要的选择，采取更重要的行动。

## 你的大脑机器

你的大脑在不断地工作，产生源源不断的想法。它创造、它评估，同时它也解决问题。它会帮助你理解你自己的体验。它可以描绘和创造一个还没有发生的未来，也可以将你拖入已经发生的过去。它是一台产生爱与善良，同时也产生焦虑、憎恨、责备、自我否认的机器。这就是我们的大脑会做的一些事情。它真的了不起。

只要你还活着，你的大脑就会一直为你工作。但是你可以选择如何回应它。你不必相信你的大脑所做的每件事。你可以退后一步观察它。你不必上钩。

下面这个练习是 ACT 同道理查德·惠特尼分享给我们的，会让你更好地理解我们的意思。

---

### 练习：摆脱你的评判性思维

我们的大脑其实就像一个出色的渔夫，渔夫要做的就是想方设法骗那些疲惫的鳟鱼上钩。真正优秀的渔夫会将他们的鱼饵（人造蝇）和鳟鱼赖以为生的昆虫进行对比，以求做到以假乱真的效果。他们小心翼翼地将这些人造蝇作为鱼饵放到鱼钩上。当他们成功了的时候，鳟鱼就分辨不出这个鱼饵其实是人造的。它们看到这些人造蝇在水中漂浮着，就会将其认作食物——昆虫，然后一口咬住它们。随后，鳟鱼就会发现自己正在进行一场生死搏斗。

现在让我们把自己想象成这些可怜的鳟鱼。就像那些老练的渔夫一样，我们的大脑会创造一些看起来非常真实的想法、忧虑和画面，而这些被创造出来的东西就是引诱你上钩的"鱼饵"。你的大脑不断地把这些带鱼饵的钩子抛入你的生命长河之中，无论何时何地，它们都会存在。它们看起来非常真实，所以你上钩了。

你一旦咬饵上钩，就会被困住。也许你会被困在"疯子"或"惊恐者"或"忧虑者"身上。你甚至可能会被"绝望""失控"或"愤怒"诱捕。一旦你咬住了钩子，那你所能做的就只剩下挣扎了。而你越挣扎，那钩子就会陷得更深。虽然你正在为自己的生活而战，但你依旧会被拖向你不想去的方向。

在渔夫和你的大脑之间还有一个非常重要的不同之处，那就是你的大脑其实只会把鱼饵挂到那些没有倒钩的鱼钩上。但是它会告诉你这个鱼钩是有倒钩的，所以你不可能挣脱这种鱼钩的束缚，它也会慢慢地给你带来一种你确实不能挣脱这个鱼钩的感觉。但是如果你能够停下挣扎，然后仔细观察一下鱼钩，你就会发现，这个鱼钩其实就是一个直钩，你完全可以挣脱它的束缚。

当你畅游在生命之河中时，你会发现无处不漂浮着鱼饵。如果你能够更好认清直钩上的鱼饵（"哦，这只不过是另一个 WAFs 鱼饵漂过去了，我不用非得去咬它"），那么你就能减少上钩的次数。不过有些时候，你的大脑会不断地引诱你，而你也总会被钩住。偶尔被钩子困住是每个人都会经历的事。真正重要的技能是你能够注意到自己被钩住了，一旦你注意到了，你就可以脱钩，继续畅游。

## 想法也只是一串词语

我们的大脑倾向于从字面上理解一些语句，在我们意识到这一点之前，某个想法就已经变成了头脑里"真实存在的东西"，不再只是一句话或者一个想法了。如果我们能退后一步，开始注意到这些想法只不过是一串词语，我们就能敞开心扉，收获更多东西，而不仅仅是从这些词语中自动得出的结论。

设计下一个练习的灵感来自我们的同事马修·麦凯和凯瑟琳·苏特克尔（2007）创办的一个活动，它将帮助你认识到，想法只不过是一串词语。

### 练习："贬低"你的 WAFs 大脑

让我们从"蜘蛛"这个词开始。当你想到"蜘蛛"这个词的时候，你的脑海里出现了什么样的画面？你是否真的看到有蜘蛛在你眼前爬行？如果你在生活中害怕蜘蛛，你甚至可能感觉有些焦虑或者恶心。然后坐到一个紧挨着钟的地方。不断地大声喊出"蜘蛛"这个词，越快越好："蜘蛛，蜘蛛，蜘蛛……"持续40秒。

当你喊完之后，想想自己对"蜘蛛"这个词的反应出现了什么样的变化。这个词是否依旧让你觉得毛骨悚然（如果你之前觉得毛骨悚然的话）？它会继续唤起蜘蛛的形象吗？你是否觉得这个词开始慢慢地变得普通了？对于很多人来说，这个词开始听起来像一个奇怪的声音（就像一直在重复"蜘，蜘，蜘……"），并且这个词所拥有的具体含义也在这40秒的大喊中消失了。

这个练习能够有效地帮助你看到，评判性大脑的那些产物是如何将原本无害的 WAFs 变成能伤害到你的怪兽的。这些怪兽其实就是一串词语，它们和图像、声音以及我们赋予它们的意义联系在一起。当你能够理解语言的这一点时，你可以改变自己和那些令人不快的想法、感受、图像的关系。

现在，回顾一下你在第13章的"有价值的方向工作表"和"人生指南针"中填写的对你重要的价值以及那些阻碍你实现这些价值的 WAFs 障碍。从中挑出一个障碍，给它取一个名字，比如"担忧""惊慌""焦虑""孤独""空闲""晕机""悲伤""死亡""肮脏""恶心""恐高""崩溃""拥挤"。你也可能想到一个你对自己的负面评价，比如"不好看""愚蠢""没用""无聊"。这些词可能会伤害到你，或者让你觉得有些抓狂。

现在，尽可能大声地快速喊出这些词，坚持40秒。这些词听起来还是那么真实吗？你能否只是将它们看作词语，一些没有意义的声音？

你也可以通过使用以下方法来使这个练习更有效果：大声且缓慢地说出你的想法，比如"担——心——""愚——蠢——"；或以另一种声音说出你的想法，可以模仿小孩或者老人的声音，也可以模仿米老鼠或者唐老鸭的声音，也可以模仿某个喝醉了的或者脾气暴躁的人的声音。注意当你在这些想法中添加了这些有趣的元素之后会发生什么。

你也可以把你的想法唱出来，以此来添加另一层趣味。你可以用一首自己最爱的假日赞歌的曲调来唱它，也可以用一首儿歌或者任何你喜欢的曲调来唱。可以从简单的曲调开始，比如"Jingle Bells"或者"Row，Row，Row Your Boat"。当你将想法唱成一首歌的时候，看看会发生什么。

这是一个非常有效的练习。你可以随时随地练习。当你在做这个练习的时候，你将学会摆脱束缚，把各种想法、评价和你讲给自己听的故事仅仅看作想法。其中有些想法甚至会让你开怀大笑。

## 将大脑当作人来看待

许多人在生活中都会遇到一些自己极度讨厌的人，你也会。这些人可能会惹恼你。甚至有的可能会让你觉得害怕，并重新唤醒你内心最深处的恐惧和脆弱。他们的一言一行在你这里是不受欢迎的，有的也可能会对你造成伤害，他们甚至可能会以伤害你的方式来刺激你。而你最终也会觉得难过和悲伤。

你的大脑其实和这些人差不多，它欺凌你、嘲笑你。它喜欢不请自来并且被贴上了不受欢迎的标签。不过在本章中，你可以学到几个对你有益的看问题的角度，比如简单地自问"现在是谁在跟我说话"可能就是一个非常有益的开始。这种方法也能使你的想法更加具象。下一个练习将帮助你正确地运用这种方法。

这一练习是约翰的妻子杰米设计的，是她在为患有严重的焦虑症和抑郁症患者治疗时自然形成的。我们现在和你分享这一练习，因为它能扩大你和你的大脑所产生的东西之间的空间。

### 练习：我的大脑是哪类人

从接触你的 WAFs 大脑开始。在你感到焦虑或恐惧之前、期间或之后，专注于你的大脑向你传达的关于你和你的生活的令你不安的关键信息。现在拿出一张纸，让我们看看如果你的大脑是你刚认识的一个人，会是什么样子。继续想象一会儿。

在这张纸上描述一下这个人是什么样的。你的 WAFs 大脑有什么样的人格特点？你现在正在和什么样的人相处？他是一个充满爱心并且会关心他人的人吗？他是一个你愿意花时间待在一起的人吗？你是否想和这个人交朋友？你想和他做朋友或者请他过来吃饭吗？

如果你确定好了自己的 WAFs 大脑的人格，那就继续想象有关他的细节。比如这个人是男的还是女的？他（她）今年多大了？这个人看起来（脸、身体、着装）怎么样？这个人是如何表现自己的？

现在想得更深一点，这个人的声音听起来怎么样？吵闹？固执？自负？消极？唠叨？这个人说话有口音吗？

用一两段文字将这些内容写下来。一旦你写完了，就停下来。退后一步看看你刚才所写的内容。这个人是谁？给这个人取个名字。花点时间思考一下。

---

如果你的 WAFs 大脑就是你刚刚所创造出来的人物，你是否愿意花时间和这个人在一起，听他倾诉并且尊重他？当丽莎（一名银行出纳员）在做这个练习的时候，她首先辨认出了一些一直使她备受折磨的 WAFs 想法，分别是"没用""错了""颓废""不可爱""恐惧"。然后，她自己创造了一个人物来代表 WAFs 大脑。

她创造出来的人物是一个来自纽约布鲁克林的矮小且虚弱的 78 岁老妇女。这个妇女总是挎着好几个包，她的穿着已经过时了。她穿着一条宽松的紫绿相间的连衣裙，外面常年披着一件厚厚的皮大衣，涂着浓绿色的眼影，脸上涂了很多腮红。此外，她说话时带着一口浓重的布鲁克林口音，嘴巴里戴着一副假牙。她的性格反复无常，非常吵闹而且总是对周围的事物充满怨气。丽莎给这个妇女取了一个名字，叫"易怒的艾比"。

当丽莎创造出这个人物时，她发自内心的笑容挂满了脸庞。每当易怒的艾比张开自己的大嘴开始咆哮的时候，她的假牙总是会从嘴里飞出来掉到地上。这个画面总是会让丽莎笑出声。除此之外，丽莎也开始用一种新的方式看待自己的想法。

她开始反问自己是否真的有必要花这么多时间来听易怒的艾比唠叨和咆哮。她的答案其实是非常明确的，那就是完全没必要。丽莎实际上非常讨厌易怒的艾比这个无趣的人。她看起来如此悲伤、苦涩和悲惨。从丽莎认识到这些的那一刻起，每当她的大脑又在给她灌输一些没用的想法时，她就会想到易怒的艾比，每当艾比说一些伤害她的话时，艾比的假牙就会从嘴里飞出来。

丽莎的视角发生了非常明显的转变。她把她的大脑看作一个完全没必要花时间与之纠缠的人。这么 | 你可以选择咬住钩子或放手。

做甚至能够让她开怀大笑。不过当易怒的艾比出现的时候，她偶尔还是会感到有些难过和低落。但是这一练习也让丽莎再次体会到了一种自由的感觉。

## 你的大脑机器与价值

我们曾经说过你的大脑可能是你最危险的敌人，也可能是你最亲密的朋友。辨别的方法是首先注意你的大脑在和你说些什么，然后问自己如下问题：如果我现在听从大脑的声音，去做它要求我做的事情，那我会让目前的生活变得更加美好还是更加凄凉？做了这些事之后，我会离我想要实现的价值目标更近还是更远？我过去的经历到底能告诉我一些什么道理，或者对我现在有什么启发？如果答案是做这些事会让你的生活变得更加凄凉，并且使你离价值目标更远，那么你做这些事就不会让你有任何进步。你会一直被它所迷惑，不断挣扎，难以前行。

所以你应该做哪些事呢？答案是做一些与你以前做过的完全不同的事。这意味着，你需要带着正念的慈悲去观察你脑海中的钩子，然后将它们看作不带任何意义的想法、短暂的瞬间，而不是困住你的网。下一个练习将会帮助你更好地做到这一点。

## 摆脱你的评判性思维的 FEEL 练习

接下来的 FEEL 练习建立在第 16 章的 FEEL 练习的基础之上。如果需要，可以回顾复习一下基础 FEEL 练习的步骤和指导。现在所要做的 FEEL 练习和基础 FEEL 练习的唯一区别就是，你要练习与你的评判性思维同在，包括与你的 WAFs 想法、画面、记忆同在。

你会想要留意那些阻碍你实现自己价值的想法、画面和记忆并保持正念。所以花点时间回顾一下你的有价值的方向工作表和人生指南针。看看挡在你和你真正想做的事（你的价值）之间的回避或挣扎（与大脑纠缠）在哪个位置。

就像你在第 16 章中所做的那样，每个 FEEL 练习都是从将一个重要的生活领域引入大脑开始的。找一张卡片，并在上面写下一个生活领域，然后列出你的价值和意图——对你重要的事情，以及你想在这个领域拥有的品质。与卡片上的内容联结起来，并且将这些内容作为你做 FEEL 练习的原因深深地铭记在心。同时让你的意愿开关成为你的向导。

本节的练习旨在帮助你回到驾驶位上，并将你的生活巴士重新引到正轨上，朝着你想要的方向前进。这些练习建立在目前你在本书学到的所有内容的基础之上。它们让你得以和你的评判性思维共处并且友善地对待它。

我们鼓励你去做所有的 FEEL 练习，以最大限度地扩充你的技能基础。如果其中只有几个练习能让你产生共鸣，那也没关系。为了让练习真正对你有用，你需要花时间了解每个练习。

你可以使用下面的工作表来记录你在 FEEL 练习和想象练习中的进展。你会发现它类似于第 16 章使用的 FEEL 身体不适工作表。如果有需要，可以多复印几份备用。

## FEEL 想法与想象工作表

日期：_____    时间：_____（24 小时制）

| 0 | 1 | 2 | 3 | 4 | 5 | 6 | 7 | 8 | 9 | 10 |
|---|---|---|---|---|---|---|---|---|---|----|
| 低 | | | | | 中 | | | | | 高 |

| 练习 | 感觉强度<br>（0～10） | 焦虑水平<br>（0～10） | 愿意体验<br>（0～10） | 与体验斗争<br>（0～10） | 回避体验<br>（0～10） |
|---|---|---|---|---|---|
| 泡泡棒 | _____ | _____ | _____ | _____ | _____ |
| 友善地接受 | | | | | |
| 令人不安的意象 | _____ | _____ | _____ | _____ | _____ |
| 难以对付的想法 | | | | | |
| 和冲动卡片 | _____ | _____ | _____ | _____ | _____ |
| 带着冲动安 | | | | | |
| 静地站着 | _____ | _____ | _____ | _____ | _____ |
| 溪流上的落叶 | _____ | _____ | _____ | _____ | _____ |
| 其他 | _____ | _____ | _____ | _____ | _____ |
| 其他 | _____ | _____ | _____ | _____ | _____ |

## 消除担忧和疑虑的 FEEL 练习

这个练习很长，同样也是本书中最重要的练习之一。需要为这个练习留出

10 ～ 15 分钟的时间。你可以先通读几遍练习引导语，然后闭上眼睛自己独立完成练习。

## 练习：泡泡棒

在练习开始之前，首先请你找一把椅子，舒服地坐好。然后坐直，把双脚放在地板上，腿部和胳膊不要交叉，双手掌心朝上或者朝下（哪个姿势舒服就选择哪一个），放到大腿上。随后闭上眼睛，做几次深呼吸。让自己的身体得到休息，但是不要睡着了。将友善的意图带到这个练习中来。

现在觉察你最近遇到的一个让你极度担心的情况。或许你非常了解这个情况，也或许这个情况是你曾在过去几个星期中写在 LIFE 工作表中的。

要努力觉察这种体验，并且让它与你一起待在这方空间里。尽量让它看起来真实。继续想象这个情况，直到你注意到一波不愉快的情绪正在席卷你的身心。让自己与这种体验联结起来。尽自己所能重新体验这一切。坚持这样做，直到你感到焦虑和紧张，并且有了一种极度想做些什么的渴望。

现在，我们希望你能将自己深深地沉浸到这一练习当中。想象你有一个非常大的泡泡棒，就像小孩子们在海滩或者公园里拿着玩的那种。再想象自己正在用肥皂水填满泡泡棒。然后审视自己的内心，注意让你感到不安的体验的方方面面。从找出一个最明显的评判或者令人忧虑的想法开始练习。

拿出你的泡泡棒，并且用它扫过每一个让你担心的想法。将每个想法都包围在一个巨大的泡泡之中。然后一个接一个地观察每个泡泡里的想法，当你在看着它们伴随着微风向高空飘浮时，给它们贴上标签——"担忧""疑虑""胡思乱想""判断""指责""羞辱""批评"飞走了。一直看着这些泡泡越飞越高，直到它们消失在天空之中。然后慢慢地深呼吸几次。

让你自己更加深入地沉浸到这种体验之中。看看你是否能在第一个担忧下面找到下一个想法。例如，如果你担心没有足够的钱来维持收支平衡，那么你可能会温和地问："如果这是真的，那又怎么样？"注意你脑海里浮现的想法。也许这只是一种想法：我付不起账单。注意这个想法，把它放在一个巨大的泡泡里，看着它越飞越高。随后问自己："如果这是真的，那又怎么样？"保持一种温和的好奇心和宽容的态度。

当你更加深入地沉浸到你的担忧之中时，你可能会注意到更多的身体感觉，比如心跳加快、感觉摇摇欲坠、双手颤抖、呼吸急促、感觉非常燥热或者感觉胃部不舒服。紧张的感觉其实无处不在。你甚至可能会觉得自己有种要爆炸的感觉。随着这些感觉的出现，注意控制你想去回应这些感觉的冲动并且立刻给这些感觉贴上标签，比如：我想要"大喊大叫""逃避""握紧拳头""斗争猛烈地抨击""指指点点"或者"停止现在的练习"。

练习进行到现在，你的任务既简单又困难，那就是：什么都不做。只是抱持着这些想法和冲动静静地坐着。感受当下这种情况之中不安的躁动。静静地坐着并且什么都不做，这是最不想做的一件事，也是你可以做的最明智的一件事。现在你想要解决问题，可是现在没有问题。

焦虑和担忧的能量就像一排巨大的海浪，当每一排海浪在你的觉知中来来去去的时候，允许自己与之一起涨落。观察海浪上升，直到它达到顶峰，保持一段时间的强劲和强大，然后最终回落并漂走。在这种情况下，继续保持静静地坐着，与这股能量待在一起，让担忧的海浪顺其自然。

然后温和地回到担忧之中，并最后复盘一下。看看你的内心还剩下什么？你看到了什么？如果你仔细观察，你会看到两样东西：一是让你忧虑的痛苦和伤害，二是你的价值。

看看你能否把注意力转移到担忧背后的痛苦和伤害上。给痛苦和伤害贴上标签。如果你很难认出伤害，问问自己，如果在这种情况下我没有陷入担忧，我还能有什么感觉？花点时间真正复盘一下。

也许你看到了伤害、恐惧、遗弃、孤独、不足、失落、内疚、脆弱或羞耻。没有必要陷入其中或掩盖这些感觉。它们是你的一部分，属于你，而不是你，也不能定义你是谁。让它们如其所是。你只需要为它们腾出空间。

把它们当作未愈合的伤口，你可以通过将仁慈、关怀和同情带到你的体验和此刻中来照顾它们。原谅你自己这么长时间掩藏和拒绝你的痛苦，原谅你自己把它从视线中推出去的行为。

如果在任何时候，你想停下脚步，回到你的担忧的盔甲里，感谢你的大脑给了你这个选择，然后简单地又回到你的体验中。如果你注意到评判或怨恨再次出现，把这些想法放进它们自己的泡泡里，让它们飘起来。

接下来，温和地将注意力转向你身边的价值。你看到了哪些？选择一两个对你很重要的价值。现在问问你自己这个问题：如果担忧和怀疑使我难以朝着这些价值的方向前进，我是否愿意拥有它们，并且仍然做对我来说重要的事情？如果你愿意，担忧就不再是障碍，而只是一个想法。

现在想想这样一种情况，担忧妨碍了你按照自己的价值行事。然后继续想象你自己在做你认为重要的事情，同时把你的伤害和痛苦带在身边。

这可能让人觉得奇怪，也让人觉得很重要，因为你正在朝着你生活中所关心的方向前进。在这里，你在真正控制着自己的生活方向。花点时间真正了解这一点。这就是一切！

然后，当你准备好了时，逐渐扩大你的注意力，在你所在房间里倾听周围的声音。花点时间，让你的意愿将这种慈悲和宽恕的感觉带到当下，带到你今天剩下的体验中。

---

做这个练习并不容易。起初，你可能很难从观察者的视角来看待问题。不要因为这个或其他"失败"、困难而自责。富有慈悲心并不意味着完美。继续做这项工作，保持耐心，放松自己。承诺明天再做一次练习，第二天再做一次。尽你所能。

每天重复回顾一次相同的担忧情景，直到你能更容易地采用沉默的观察者的自我视角——当你沉浸在因担忧情景引发的消极能量和伤害中时。

然后继续关注不同的担忧情景，继续实践这个练习，直到你可以与身体的不适和伤痛共处（使用慈悲和宽恕），并尽量不再评判。这可能需要几天甚至几周的时间。关键是：坚持走下去！

## 令人不安的意象的 FEEL 练习

能够想象和视觉化是人类伟大的天赋。我们可以在脑海中描绘过去或将来的经历，而且可以随时随地这样做。我们还可以创造不真实的"现实"，并将其视为真实。

我们的大脑可以把任何一个词语变成一个意象，我们也可以把大多数意象变成文字。想想"日落"这个词，你可能会发现自己能够在脑海中看到一幅日落的美好景象。读一读"浑蛋"这个词，你就可以想象出一个对你或其他人很糟糕的人。

你拥有这些能力，也确实需要它们。当你体验到快乐和宁静的意象和想法时，或者当你体验到令人不安或恐惧的想法时，这些相同的过程也在起作用。下面这个练习十分有效，将帮助你学习如何更轻松地抱持你的 WAFs 意象。

## 练习：友善地接受令人不安的意象

在开始练习之前，首先列举几个令人讨厌或者不安的 WAFs 意象。

□ 我的孩子在浴缸里淹死了，这是我的错。
□ 我的胃感觉非常不舒服，并且心脏也怦怦直跳。
□ 我在大街上流浪，因为我一事无成、虚弱，没有思考能力。
□ 我正在精神病院里，因为我的情绪崩溃了。
□ 我的双手不停地颤抖，我迷失了方向，没有人理解我。
□ 我被攻击了，我被吓呆了。
□ 如果我丈夫的健康状况恶化，那么我们的家就没了或者他可能会去世。

你可能很难想象出这些画面。如果你曾经遭受过创伤，那你可能很难面对这些画面。或者如果你总是处于一种焦虑的状态，你可能会发现自己难以想象任何事情，因为你深深地被困在了一些令人不安的想法之中。此外，如果你一直在与令人不安的强迫思维作斗争，那么你可能会发现你脑海中的画面特别令人讨厌和难以接受。你甚至可能会相信内心中的想法和脑海中的画面最终都会变成真的。

这是许多人的正常反应。不过，在每种不同的情况之下，你都需要问问自己这种反应是否对你有益。所以，如果你倾向于不去想那些令人不安的画面，你可能会先问自己"不去想"是否有效？

你的体验告诉了你什么？更多类似的事情（僵住、情感封闭），会阻碍你在更重要的方面做出改变吗？你能打开你的意愿开关吗？我们知道你可以。你只需要做出决定，然后看看事态的发展。现在你是否愿意列这个画面清单？如果愿意，那就进行接下来的练习。

一旦你有了自己的清单，认真思考自己是否愿意。对于每个画面，问问自己是否百分百愿意如其所是地接纳这个 WAFs 画面。请记住，如果你不喜欢或者这个画面让你觉得不舒服，也没关系。有意愿并不代表会喜欢。关键问题在于，你是否愿意接纳这一画面以及随之而来的不适感，并且不对它采取任何行动？

接下来，找一个安静的地方（你的友善空间）安定下来。闭上眼睛，然后将注意力转移到呼吸上。然后，如果你准备好了，就挑选出一个你百分百愿意接纳的画面，并且将这个画面温和地抱持在你的觉知之中。

将这个画面仅仅看作一个画面，并且给它贴上标签，比如"我的脑海中有一个关于……的画面"。把友善和慈悲带到这个画面中，就像你对待那些你非常在乎的事物一样。当你这样做时，注意，你生活巴士上这些乘客只是一些想法和画面。是你自己，而不是它们控制着油门、刹车和方向盘。是你自己，而不是它们在控制你的行为。

友善地对待这个画面至少 5 分钟，然后你可以想象下一个画面或者去做下一个练习了。最好能够与一个画面待在一起，直到你可以在大多数时候将你的意愿开关置于打开模式。然后，你就可以转到另一个画面上去了。

浏览所有你认为愿意接纳的画面，然后用那些你不愿意接纳的画面做练习。耐心一点儿，慢慢来。遵循第 16 章的 FEEL 练习的 7 个步骤。使用 FEEL 工作表中的"想法和图像"来追踪你的进度。

如果你仍然难以善待令人不愉快的想法和画面，你可以从报纸上的故事、照片或电影中得到提示，来帮助你练习与令人不愉快的画面相处，而不试图用任何方式解决它。

## 处理"一走了之"的冲动的 FEEL 练习

我们知道直接地面对你的不适有多么困难。你也有过许多相反的经历，那就是抽离、推开或者逃开。这些做法的冲动是非常强大的，并且这是一个长期形成的习惯。当你有意识地选择进入你的不适，并着眼于做你想做的事情时，旧的"一走了之"的冲动就会很自然地出现。希望你能全天候收听焦虑新闻频道。

你需要做的是耐心和善待自己。旧习惯可能很难改掉，但如果你继续一次又一次地重蹈覆辙，它们会更难改掉。记住，当你朝着你想要的方向迈进时，你会在生活中获得活力，但也会有不适的风险。伴随着这种不适的还有让你陷入困境的旧冲动。

到目前为止，你已经学习了反抗旧冲动的技能。你不是在摆脱你的不适，而是在进入它。比起僵化地对待你的不适，你更应该尝试柔和地对待它。与其带着挑剔的评判性思维看世界，不如学会看清楚自己内在的本来面目。

当你发现自己想要抵制旧冲动和其他令人讨厌的 WAFs 想法时，接下来的这个练习（Hayes，et al.，2021）将会非常有帮助。

## 练习：把难以对付的想法和冲动写在卡片上

无论何时何地，只要出现了 WAFs 想法和冲动，你就可以做这个练习。你所需要的仅仅是几张纸或几张卡片。当 WAFs 出现时，简单地给它们贴上标签，然后将每种想法、担忧、感觉、冲动或画面写在它们专属的卡片上。

接下来，看看你在卡片上写了什么。如果我们让你描述你所看到的内容，你会怎样回答我们？你的第一个回答很有可能是"我看到了许多词……"。或者你看到的是一种情绪。但是在这个环节，我们希望你能更加细致地回答这个问题。你看到卡片上写了什么东西？只需要聚焦于卡片上的内容，不要理会你的头脑向你说了什么。

如果你花点时间专注于眼前卡片上的内容，你最终会发现你所看到的只是一些词语、汉字和墨水。就是这样。如果你写的是"我是一个无能的人"，那么你看到的会是词语、汉字和墨水。如果你写的是"我是一根香蕉"，那么你看到的东西还是词语、汉字和墨水。你所有的想法都是由相同的东西组成的。

片刻之前，你的种种想法和冲动还在你的头脑里。它们可能看起来真的又硬又重。但现在它们出来了，它们暴露在你眼前，你可以好好地观察一下它们原本的样子。当你把你的生活写在纸上（变成词语、汉字和墨水）时，会发生什么？注意你有权选择按照卡片上所写的内容去做、去挣扎，也可以让你写下的东西保持它最原本的样子——一个想法、一种感觉、一个画面、一种行动的冲动。只是词语、汉字和墨水。

为了感受这种挣扎，你可以将写着想法和冲动的卡片放在两手之间，然后用力挤压它们，至少坚持 30 秒。然后将卡片轻轻地放在你的大腿上。请注意用力挤压卡片和将它们轻轻地放在腿上之间的区别。

你可以通过带着想法和冲动一起前行来练习抱持它们。为了做到这一点，你可以在进行各种日常活动的时候，将卡片放在你的口袋、钱包或者公文包之中。留意你能够带着这些想法和冲动去生活。一旦你觉得时机到了，就可以把卡片拿出来看看，但是要确保你不会被卡片上的内容吸引，只是注视和观察它们。提醒自己，你真正看到的是卡片上的词语、汉字和墨水。注意，现在你可以做出选择：是按照卡片上的内容去做，还是做其他事情。如果你从你的体验中寻求建议，你就会知道该怎么做。是时候相信你的体验了，而不是被你头脑里的钩子困住。

只要你愿意，我们建议你把自己的想法和冲动写在卡片上，每天随身携带。如果你喜欢，你也可以时不时地更换一下卡片。许多正在做这个练习的人都告诉我们，他们其实准备了一摞卡片。并且每天清晨，他们都会整理一下卡片，然后从中挑选出当天要携带的 4～5 张不同的卡片。

记住，每当你触摸或者阅读某张卡片的时候，不要被卡片上的内容迷惑，也不要按照它们说的去做，因为你正在锻炼克服这些想法和冲动的技能。每当你想看到这些卡片的时候，这些卡片总会在你身边，就像你过去的故事总是会与你在一起一样。

---

下一个练习将让你更多地练习如何面对你的 WAFs 冲动，而不是去做它们迫使你做的事情。每当你在做 FEEL 练习时，以及每当"一走了之"的冲动出现时，这个练习都会很有帮助。

---

## 练习：带着冲动安静地站着

我们的旧冲动会在一瞬间闪现出来，并且它会使你难以想起你还可以选择去做其他事情。所以让我们保持简单：在冲动出现的时候，不做任何事，练习耐心。在那一刻，只是静静地与所有体验同在。下面是一些你可以做的特别的事情。

### 什么也不说，什么也不做

你其实有很多选择。你可以选择去做你的大脑和身体强迫你去做的事。或者你可以做出一个看起来有些荒谬和不寻常的选择，就像把手指放进中国指套陷阱那样——你可以选择耐心地行动。你可以停下来，静静地等待，直到激动人心、喧闹和灼热的能量逐渐减弱并消失。

你这么做并不是在压制自己。你只是在很真诚地面对一个事实：你觉得不舒服、受伤、悲伤、孤独、恐惧或者当下你体验到了一些其他的感觉。而且你只是和这些感觉安静地待在一起，不去回应它们。在你保持沉默的这段时间里，你可以想想此刻自己真正想成为什么样的人，以及你接下来想做什么。

### 以观察者的视角观察你的大脑机器

我们非常肯定你的大脑机器会超速运转，故技重演。面对这种情况，你不要纠结于它在做什么，也不要回应它。你只需要以慈悲的观察者的视角观察它正在做的事情并且温和地接纳那种激动人心的能量。你不会被迷惑住。这样你就有精力考虑其他更重要的选择。

### 驾驭 WAFs 之虎

当你想要爆发或逃跑时，与不适同在，什么也不做，这就像骑着野马或老虎一样，非常可怕，也真的很难。在那时，可以将注意力转移到焦虑的身体体验上。你是否觉得有压力？是紧绷还是收缩？这种感觉具体在哪里？它有形状吗？

这也许是第一次，你可以选择坐下来，和喧闹的能量待在一起，而不是做你一直在做的事情。你每天都可以这样做。一旦你静止不动，你就可以把慈悲和好奇心带到能量和痛苦中去。

深入体验之中，不要试图解决它、与它斗争或压制它，也不要采取行动。当你看的时候，看看你能否找到疼痛。一旦你找到了疼痛的部位，就像在前面的练习中所做的那样，请更深入地观察它。然后顺其自然。

用温和与好奇来对待这种耐心的行为。你可以选择坚持或者放手。这种耐心的品质与践行原谅非常相似。

---

我们早些时候提到了解决和缓解。做 WAFs 敦促你做的事情不会带来持久的解脱。通过什么都不做来做一些新的事情可以带来极大的缓解、放松，以及与你内心的柔软和温柔的联结。

下一个练习将会为你提供拓展体验和评判性大脑之间的空间的机会。

---

### 练习：溪流上的落叶

在这个练习开始之前，先将注意力集中到自己的呼吸上，就像之前做的那样。注意自己胸部和腹部缓缓地吐气与吸气的感觉。不需要用任何方式来控制呼吸的节奏，让呼吸保持自然。然后将眼睛轻轻地闭上。

接下来，想象你正在一个温暖的秋日里，坐在一条潺潺的溪流边。当你注视这条溪流的时候，你发现里面有许多各色各样、大小各异的落叶，这些落叶孤零零地漂在溪流之中，一片接一片地随着水流缓慢地移动着。让自己在那里待一会儿，只是看着。

当你准备好了时，缓慢地将你的觉知带到你的内心。正如你之前所做的那样，温和地注意每一种体验，然后给它们贴上标签，比如想法、感受、感觉、渴望或者冲动。注意你的大脑和身体中发生的变化，然后给它们贴上标签。或许其中一个想法是"我没时间做这个练习"。

每当这些想法、感觉、感受、渴望或者冲动进入你的脑海时，注意它们然后将它们一个接一个地轻轻地放在漂动的落叶上。观察每片流经你的落叶。然后看着这片随波逐流的落叶带着你的所思所想所感漂向远方。然后再将注意力转移到溪流之中，等待下一片流经你的落叶。不断地将你的想法、感觉、感受、冲动放在落叶上。并且看着它们随波逐流，逐渐漂向远方。

当你准备好结束练习的时候，将你的注意转移到你周围的声音上。睁开眼睛，带着宽容和自我接纳的态度度过接下来的每一天。

建议你每隔一天都做一次"溪流上的落叶"这个练习。如果你能够很好地运用这种方法，那你就可以开始练习在现实生活中睁着眼睛做这个练习。你也可以将自己想象成那条溪流，就像你之前在棋盘练习里做的那样。成为那条溪流，你可以抱持每一片落叶，注意它们所携带的想法、感觉、感受、渴望或者冲动。你不需要去干扰这些落叶，让这些落叶自然地在水中漂动，直到它们消失在你的视野之外。注意你是如何学习成为一名观察者的。

## 生活改善练习

在接下来的两周里，优先考虑以下练习。而且在做练习的时候，心中要牢记自己想要实现的价值和想要拥有的生活。

□ 每天都做第 14 章中的接纳焦虑练习。

□ 做"摆脱评判性思维的 FEEL 练习"这一部分所包含的练习，然后使用想法与想象工作表来记录自己练习的进度。

□ 做"处理一走了之的冲动的 FEEL 练习"这一部分所包含的练习，然后使用想法与想象工作表来记录自己练习的进度。

□ 练习正念和观察者技能，并且当焦虑出现的时候，要保持友善。记住：要尽你所能做到最好。

## 核心观点

培养与评判性思维相处的舒适感对于结束 WAFs 痛苦是一个非常有效的方法。本章和本书中的接纳练习让你体会到，你的 WAFs 的鱼饵其实一直被挂在一个直钩上。即便在你因为被骗而咬住了这个钩子之后，你依然可以选择摆脱这个钩子。我们在这里所要说的核心观点就是"如果你能够停止斗争，那你就能挣脱这个钩子"。这会让你重获朝着自己的价值前进的自由。

---

### 我的大脑不是我的敌人

**要点回顾：** 我的大脑不是我的敌人。它会伤害到我，是因为我盲目地唯它是从。

**问题思考：** 我是否愿意如其所是地面对令人痛苦的想法、记忆、评判和冲动？我是否能迈出大胆的一步，放下伤害和痛苦并且将慈悲、友善和宽恕带到其中？我是否愿意接受一些新的东西？

---

第 18 章

# 与艰难的过去和解

一个人很有可能一边想着要走向更加美好的未来，一边却不由自主地将一只脚踩到了刹车上。为了获得自由，我们必须学会如何放下。释放痛苦，放下恐惧。要学会拒绝与过去的痛苦纠缠。深陷于痛苦的过去所带来的负面能量会阻碍你开始新生活。那么思考一下，今天你要放下什么？

——玛丽·马宁·莫里西（Mary Manin Morrissey）

每个人都会有过去。过去充满了闪亮、灰暗或者平淡无奇的时刻。而且我们大多数人只会保留一点点关于过去的记忆。尽管如此，你应该清楚，你目前对于过去的记忆，其实只是你过去所经历的沧海一粟。有些记忆是甜蜜的，有些是苦涩的，甚至是极其苦涩的。你的记忆可能会使你感到更加有生机，也有可能让你感到支离破碎或伤痕累累。并且，你的记忆以及它们对你现在生活的影响很大程度上取决于你在生命中的每一个关键时刻是如何回应它们的——是友好地还是带有敌意地。

在第 11 章中，你知道过去的所有时刻都是我们称为"你"的容器中的一部分。但是，你的过去并不能代表你。那些发生在你身上的经历并不等同于你。能够理解这一区别是非常重要的。在你经历甜蜜和黑暗的时刻之前，你就在那里。在你遭受伤害、创伤，甚至在你经历平凡的时刻之前，你就在那里。你现在就在这里，在你面前的未来生活充满了可能性。

有时，我们会从过去所经历的磨难与创伤中汲取经验，并且依靠这些经验来帮助我们更加明智、充实地生活。通过这些经验，你可能会发现一些自身内生的力量，比如对生活的重新欣赏，对生活重新燃起希望，或者是下定决心不再忍受那些经历的痛苦。然而，痛苦的记忆往往也会产生一些负面效果。这些痛苦的记忆让我们困在过去之中，重温那些干扰我们现在的生活的旧伤。

生活中会有许多陷阱让你深陷于过去，无法自拔。或许你一直在试图搞清楚或者理解这一状况，或许你重新又经历了生活的创伤，这些创伤可能来自别人，比如自己的父母、陌生人或者其他一些自己信任的朋友和伙伴。你可能会对这些痛苦时刻记忆犹新，并且再次被卷入自责和愧疚的旋涡之中。除此之外，你可能深深迷恋过去那些美好时刻，着迷于事物曾经的样子，期待它们能够再次发生或者回到过去的生活。在这些情况下，我们都忘了一个简单的事实，那就是生活其实是在不断变化的，时间之箭不断飞逝，没有什么东西可以一成不变。

如果你一直回头看过去，那么你现在的生活很难向前。这就好比你开车在路上行驶，目的地可以是商店、公司或者朋友家等其他任何地方。你可以在车上通过挡风玻璃向前看，也可以通过后视镜看到后面的情况。现在想象一下，你正在路上行驶，但是你的眼睛只盯着后视镜看，只注意到了你车后发生了什么。那么结果会是什么？结果会是你由于没有注意到前面的情况而发生车祸，你不仅会伤害到自己，同样也会伤害到其他人。生活也是如此。当你花了太多时间在过去的生活上时，你当下的生活极易陷入一片混乱。

当然这并不意味着我们应该把过去完全抛诸脑后。我们在开车时不能够忽略后视镜，我们在生活中也不能完全忽略过去。这意味着你应该学会承认过去的已经过去了，不要再执着于过去。留意过去的生活教会了你什么，然后在你前进的道路上运用它。做到这一点的关键是让你的眼睛和心从你现在所在的地方向前看。这是你在生活中达到目标的唯一途径。

过去无法改变，未来尚未到来。我们真正拥有的只是现在。事实证明，学习活在当下是从过去的陷阱中挣脱出来的有效方法。事实上，采取行动改变生活的最佳时机便是当下。现在，你必须坐在驾驶座上，引导你的生活大巴朝着正确的方向前进。

我们将帮助你学会以一种尊重过去的方式来做到这一点，无论你的过去多么痛苦。事实上，本章更重要的信息是找到一种与过去和平相处的方法，让它如其所是，而不是脱离当下，一次又一次地重演过去。

这一章的第一个练习是帮助你立足当下，明白自己正处在当下。随后下一个练习将会帮助你观察过去，并且可以在不被过去所纠缠的情况下续写过去的新篇章。在这之后，我们将更深入地了解你的大脑创造的关于你的故事，以及你经历的考验、创伤和困难。而且，你将练习减少对故事情节的依恋。最后一个练习将帮助你把仁慈和温柔带到你的旧伤口上。

在阅读下一节之前，我们希望你能像之前多次做的那样暂停并集中精力。提醒自己，你为什么在这里，以及为了重新找回你的生活，你正在做的重要工作是什么。

## 练习：你的过去和你

让我们以一个简单的练习开始。这个练习会告诉你，我们的大脑是如何进行记忆工作的。首先我们将会告诉你两个明确的数字。如果你已经准备好了，那么注意，这两个数字是 4 和 3。现在先不要把这两个数字写下来。你目前所需要做的是在心中默默地回答接下来的问题。我们告诉你的是哪两个数字？假设我们 10 分钟后再问你，你能告诉我们数字是哪两个吗？假设我们让你觉得记住它们很值得，比如和你说，如果你 10 年后还能记得是哪两个数字，那么我们会给你一百万美元作为奖励。你觉得你 10 年后能记得吗？我们打赌你肯定会记得。那么请再回答一下，这两个数字分别是什么呢？

让我们停下思考一下。我们花了多长时间让你把上述这段经历变成一段记忆？或许花了 10 秒钟？现在你的脑海里有两个数字，这两个数字没有什么意义，却不停地在你脑子里盘旋。注意，你并没有选择把这些数字记下来。我们带给了你那段经历。现在，它们虽然仅仅发生在此刻，但是可以被你记住。

## 记忆到底是什么

痛苦的记忆会让人想起过去。换句话说，痛苦的记忆只不过是让你回想起过去的一个引子，它没有什么实质性的东西。这些记忆可能与你内心发生的各种事情有关，也可能由你周围发生的事情触发。也就是说，记忆只不过是意象、想法、身体感觉和情绪的集合。这些东西可以在瞬间显现出来。你再次经历的伤害和痛苦是真实发生的，但是，这种痛苦的来源现在只是因为你的大脑在作祟。痛苦的记忆和那些曾经经历的伤害性或者威胁生命的事件是不同的。或许这么说有些难以理解。

如果你退后一步，便会发现记忆很痛，而且它看起来很真实，但是现在你无法删除它，改变其结果，或给出任何解决方案。其实，你也不需要做什么。这件事发生在你的过去，而你活在当下。这就是我们所说的"痛苦的记忆并不是事件本身"的意思。现在唯一重复的是想法和情感上的痛苦。虽然你的大脑像一位经验丰富的好莱坞电影导演一样努力工作，使记忆尽可能真实，但真实的事件是不会重复的。

## 进去什么，留下什么

你那些痛苦的过去可能会不断地上演。因为我们都是历史性生物，当初我们就像一只空桶一样来到这个世界。随着时间的推移，你的人生之桶会储存许许多多不同种类的经历，有些是你选择的，而有些是自然而然地发生的。只要你活着，你就会继续收集经历。没有减少和删除什么。进去什么，便会留下什么。其中一些你会很容易就记住，其他经历记住的不多，但都在里面。

你应该已经了解到你的大脑和身体总会产生一些你自己无法控制的想法和感受。记忆其实也是一样的，它们不用花费多大的力气就能够轻松地再次出现在你的脑海之中。就好比"马菲特小姐，坐在_____上"，你可能之前在日常生活中都没用过"小土墩儿"这个词，但是在你看到这个句子之后，"小土墩儿"这个词肯定会突然出现在你的脑海之中。我们甚至都不记得我们什么时候学过这个词。但这个记忆仍然是我们所经历的一部分。

除此之外，记忆其实常常包含一些意象。你可以像看电影一样通过这些意象来回想你当时的经历。这些意象经常会被我们大脑无休止的批判所掩盖。并且伴随着强烈的身体感觉和情绪，有些令人愉快，而有些却是沉重和黑暗的。

你知道吗？这些记忆对于我们来说其实也是一件非常美妙的礼物。甚至连痛苦和受伤的经历也可以用来帮你更明智地前行，避免重蹈覆辙。或者，你过去的经历也可以被用来感激你现在所拥有的东西，并且让你尽可能地珍惜自己所付出的时间。但是这些却是很难做到的。

## 沉迷于过去

比起抛弃过去那些痛苦的时刻，我们其实更加容易沉迷于这些时刻，也容易沉迷于那些你紧紧抓住并想要留在身边的快乐时光。也许是一场战斗，或者是一场事故、一次强奸、一个损失、一次虐待、一段遗憾、错过的机会或者是你希望可以撤销的选择。也可能是一段艰难的童年，或者是对父母和朋友对待你的方式感到愤怒和怨恨。回忆这些经历也许会让你感到无比内疚或羞愧。你也可能会沉浸在过去美好的经历中，或者感到失落和悲伤，而这些正是你现在的生活中所缺少的。所有这些感受和回忆都被混合在一起。事实上，能够记住你经历过的好的、坏的、可怕的时刻绝对没有什么错。如果没有这种能力，你就无法学习和成长。

你不喜欢回忆过去其实也没有什么错。因为每个人都有自己不愿再回首的过去或者十分想要忘记的旧事。每个人都觉得有一些比别人更糟糕的经历，其实每个人都是这样。但是，沉迷于过去并停留在那里是一个陷阱。下一个练习我们将会告诉你原因。

---

### 练习：搅拌粪桶

想象一下，你正坐在一个插着一根长木棍的大桶旁边。这个桶其实就好比你的过去。你尝试着拒绝打开这个木桶的盖子，但是最终不管出于什么原因，这个木桶的盖子还是被掀开了。在盖子被掀开后，你目不转睛地盯着木桶的内部，发现这个木桶其实装满了粪便，而且臭气熏天。所以你开始搅拌这个桶里的粪便，希望这能减轻臭味。

在某种程度上，沉迷于过去就像被抓着搅拌一桶粪便，一圈又一圈，你的大脑告诉你"你无法前进，因为你曾经历过痛苦"，或者"你不配继续前进"，或者"你只是个'垃圾'，何必费心呢"？你甚至可能会想：如果我搅拌足够长的时间，我就会弄清楚，并让它消失。然而，你仍然坐在那里搅动着，不断回到过去、重新揭开旧伤疤、后悔、重温痛苦的经历。也许你认为，如果你搅动的时间足够长，事情就会改变。但说实话，不管你搅拌多少遍，也不能把大便变成甜冰淇淋。如果真有变化，它只会变得更臭，局面变得更糟。而且，你最终也会因为不断搅动而筋疲力尽。

除了以上提到的，还有一点需要注意：所有这些回忆、重温和搅拌其实都发生在当下。注意到这一点是非常重要的。没有能够让我们回到过去的时间机器。时间之箭是不断向前飞逝的，而你也应该不断向前走。

这里需要做的是，承认过去已经过去，放下所有关于你和你的过去的无益的故事，不要被你的大脑引诱。然后，你就可以专注于你**现在**所处的位置，**现在**想做的事情，以及你**现在**可以如何朝着对你重要的事物前进。

而且，从现在开始，你可以学着留意记忆究竟是什么——是你的大脑活动，然后带着温和的好奇心和善意去迎接这种体验。这样你就能从大脑对过去的沉溺以及它的所有陷阱中解脱出来。而且，你做到这一点时，并不会忘记或宽恕你所遭受的冤枉或挑战。相反，你决定从中学习，向它敞开心扉，尊重它，并以一种使你现在的生活更加有尊严的方式继续前进。所以，如果你愿意，让我们开始吧。

## 从艰难的过去中解脱出来

当痛苦或创伤性的记忆突然出现在意识中时，你很容易在一瞬间就被拉出现实。当这种情况发生时，你需要做的第一件事就是停下手中的事情，做几次缓慢的深呼吸，然后注意发生了什么。是的，你正在回忆，这只是想法的另一种形式。注意，你现在正在回忆，身处当下这座安全的避难所。

我们知道，一开始这似乎很难。如果你倾向于沉迷于过去的思绪旋涡，或者发现你所经历的创伤似乎把你从当下拉了出来，甚至把你从身体中拉了出来，就像你到了另一个地方一样，那么你就会知道失去根基是一种什么样的感觉。这就像把地毯从你脚下抽出来一样。这可能会让人害怕，也会让人很难在当下做重要的事情。

所以，如果你愿意，让我们做一个练习，无论你身在何处，它都能帮助你站稳脚跟，并在你被过去的想法所困扰时重新站稳脚跟。这个练习只需要大约 5 分钟。

## 练习：扎根当下

在练习开始之前，请先脱掉自己的鞋子，然后找一个舒服的姿势，坐直，自然地呼吸几次。当然，如果你愿意，也可以尝试站着做这个练习，但是注意，在站着时，膝盖要微微弯曲。

在做好准备之后，闭上自己的眼睛，然后把注意力集中到自己的呼吸上。注意一下你呼吸时活动最强烈的身体部位，可能是你的胸部、腹部或者鼻孔。

现在把注意力放在你的双脚上，感受自己的脚底与地面接触的感觉。并且注意自己的身体对于地面的压力感。

继续，扭动你的脚趾，然后把你的脚趾向下（地面）弯曲，形成一个球状。在做这些动作时，注意感受你脚上的小骨头的运动，以及骨头之间的软组织的变化。把注意力全部集中在自己脚部的运动上，并且觉察你能够注意到这些。

下一步，将注意力转移到脚部的感觉上，去觉察所有可能出现的感觉，比如感到紧绷、放松、疼痛、压紧、温暖或者清凉。再一次觉察你能够注意到这些。

然后温和地把脚踩在地板上，注意觉察脚底和地面强烈接触的感觉。之后，放轻松，让你的脚自然接触地面。

现在，想象一下，当你做深呼吸时，你的呼吸是通过脚进出的……然后慢慢呼气。在下一次吸气时，想象一下，你正在用脚底的毛孔吸气，让你的身体充满了来自脚下大地所释放的基础能量。呼气时，尝试感觉用你的脚呼气，把那一股吸收进来的能量释放回大地，形成强大的根系。

　　继续这样做——扎根大地和你目前所在的地方。注意你与地面和周围环境之间的动态联系。如果发现你自己走神了，那就重新将注意力转移到自己的脚上，经由它们来呼气与吸气，感受自己与周围环境之间的联结。

　　当练习接近尾声时，将你的注意力重新转移到你目前所处的房间里。留意房间里的声音、你现在坐着或者站着的感觉、空气的温度、身体的位置、房间里的气味，以及空气在你皮肤表面流动的感觉。

　　请注意，你现在就在这里，当下，警觉，活着。当你准备好时，轻轻地睁开眼睛，把这种接地的临在状态带入当下和你一天的剩余时间。

---

　　无论你在哪里，都要尽可能多地做这个练习。如果你不小心受伤了，那么就把注意力集中在你身体的某个部位上，当你的身体接触到椅子、床或地板时，你可以想象通过这个部位来呼吸。当你发现自己被一段痛苦的记忆拉回过去时，这个练习会帮助你保持临在的状态，并赋予你重新站稳脚跟的技能。扎根技术也是展现你的生活和价值的有效方法。

　　你也可以通过积极调动五感来保持临在的状态：你可以品尝一些味道比较浓的东西，比如柠檬或黑咖啡；闻一些有刺激性气味的东西，比如古龙水、香水、肥皂或你的宠物的皮毛；触摸一些具有独特纹理、形状或重量的物体；或者看一些明亮的、鲜明的或不寻常的东西，这些东西可以是一幅画或你周围的任何东西。当然，你也可以倾听（专注于）你目前所处环境中较为突出（清晰）的声音。

　　以这种方式调动你的感官也能让你回到当下。只是要正念地觉察你为什么要这样做。用你的感官来摆脱痛苦的记忆是很容易的，但这只会让你的记忆掌控你的生活巴士，并赋予它们更多的力量来引导你的生活巴士偏离正轨。相反，把你的感觉与你的生活联系在一起，可以作为回到当下的一种方式，这样你就可以朝着你的理想生活和价值前进。你可以花时间练习这些扎根的策略，看看哪一种最适合你。

## 一些关于你自己的故事

　　我们在前面曾经提到过关于棋盘的隐喻。你自己其实就是一张棋盘，你那些过去和现在的经历就像是棋子一样来来往往。每场棋局都有不同的特点和策略，但是棋盘却是不变的。一张棋盘上可能有过上千场棋局；人生棋盘上可能记录了你一生中遇到的挑战（想法和情感）。不过，棋盘本身并不是游戏。你不是你的记忆。你比你的过去大得多。

你的大脑会把你卷入过去的片段中，并会构建一个关于你和你的过去的故事，就像导演在制作电影时处理场景一样。你的大脑和导演一样，是有选择性的，只讲一种故事，即使其中有许多可能的故事。

为了了解这一过程，你可以假设自己想制作一部关于非洲奇观的电影。为了制作这部电影，你和你的制作组动身前往非洲，拍摄了许多镜头。你可以记录下当地的风景、野生动物、五颜六色的植物和当地有趣的食物。你还可以记录各处的远景、五彩缤纷的服饰和盛大的部落庆典。

但显然这些镜头并不是全部。除了上面这些美好的事物，你还拍到了动物的尸体、可恶的偷猎者、处于交战状态的敌对部落、随身携带冲锋枪的男人和小男孩、正在遭受饥饿和干渴折磨的儿童和婴儿，以及一些反映当地的疾病、饥荒、极度贫困的画面。你的同伴的镜头之中记录了关于虐待、强奸、干旱、苦难和自然灾害的残忍故事。但是要记住，你正在拍摄的电影是关于非洲奇观的。所以回到摄影棚，你反复观看录像，最终还是决定剪掉所有令人深感不适的画面，让它们像落在地上的垃圾一样永远地留在剪辑室。

其实你的大脑对于你的记忆的处理也是如此。但是你的大脑更倾向于保留那些不好的记忆，把剩下的删掉。所以，如果你曾经经历过创伤、磨难和痛苦，那么你的大脑就会更加倾向于调取这些记忆来制作你的人生电影，至于其他的记忆，甚至是那些持续多年的美妙记忆都会被舍弃。

其实从某种程度上说，你的大脑在尽力保护你。如果你有过一些创伤和痛苦的经历，那么你的大脑最重要的任务就是帮助你避免这种情况再次发生。但是你的大脑不知道怎么以一种平衡和积极向上的方式来帮助你。并且，它所灌输给你的那些片面的"黑暗"故事可能会严重限制你现在以及未来几年的生活。

但是你自己在人生电影的制作过程中也有发言权，并且可以选择运用和保留哪些记忆。你的黑暗故事，那些你现在可能会重温并且被困扰的故事，是一个你可以在人生电影中呈现的故事。而且如果你再仔细观察一下，你也可以讲述其他的故事，可以是甜蜜与动人的时刻，可以是欢乐与胜利的时刻，有些是平淡无奇的，也有些是令人兴奋和十分特别的。

要构思你的整个故事，你必须愿意回首过去，看看遗漏了什么，这意味着要同时看到黑暗和光明的时刻。而且，你必须愿意放下当前的故事，让自己对其他可以讲述的故事感到好奇，利用你迄今为止的所有经历。

下一个写作练习会帮助你做到这一点。你所需要的只是怀抱意愿、好奇心，保持轻松，再准备几张纸和一支笔。同时，不要忘记你这么做的原因。我们做这一切都是为了帮助你从过去的枷锁中挣脱出来，尊重自己的过去，并以符合自身价值的方式生活下去。完成这个练习大约需要 15 分钟，如果你愿意，你也可以花多一点的时间。

---

## 练习：制作关于你的纪录片

让我们从写下你的大脑最常灌输给你的人生电影剧本开始。想象一下，你正在一个大屏幕上观看你的过去。哪些经历和事件构成了你的人生故事？你的大脑会倾向于利用哪些事件或经历来讲述你的故事？

### 你的人生电影：第一版

继续写一段话，描述和记录你自然而然想到的东西。如果你想到的东西大多是你过去的黑暗时刻，那也没关系。如果不是黑暗的时刻，也没问题。把这些都写下来，就像没人会知道一样。让这些场景自然而然地跃然纸上，并且不要进行任何修饰。当你准备好时，继续阅读接下来的内容。

现在暂停一下，缓慢地呼吸几次，然后慢慢地大声朗读你写下的内容。当你在朗读时，要注意观察自己写下的剧本，就像在观察棋盘上的局势一样。注意那些描述你和你的过去的单词、字母和墨迹。你所写下的是一个什么样的故事？它有多久的历史了？它是如何吸引你的？这里面有什么东西是你现在绝对不能想的吗？有什么东西是你现在真正的敌人？你只需要留意自己是否能敞开心扉，成为一个善良、公正的观察者。不要着急。当你做完这件事并且准备好时，继续阅读接下来的内容。

### 你的人生电影：第二版

现在，我们想让你写一个新的剧本。剧本内容与第一版近似，包含那些你真正有过和实际发生的经历。但是这次，我们希望你可以扩写一下你的故事。想一想，你是否遗漏了某段经历？还有哪些东西可以被加到你的故事里？仔细回想一下你的大脑所忽略的内容，哪怕是一个微小时刻或者是那些你需要花点时间才能想起来的经历。无论这些补充的内容是平淡、甜蜜的，还是黑暗的，都可以，这并不重要。而且它们是否符合原来的故事框架也不重要。事实上，那些看起来微不足道或格格不入的经历，比如吃汉堡、洗热水澡或看电影也是可以被补充进来的。只要这些经历是你的过去的一部分，无论多么无关紧要，它都值得写进剧本里。给自己至少 5 分钟的时间写作和改写。扩充完的故事应该比第一个故事要长一些。一旦你完成了对故事的扩写和润色，继续阅读接下来的内容。

再次暂停一下，做几次缓慢的深呼吸，然后大声朗读你所写的内容。留意这一页上的单词、字母和墨迹，并且充满善意地带着好奇心和慷慨的心态去观察它们。你所写下的是一个什么样的故事？这个故事发生在很久以前吗？这个更完整的故事是否还能像第一版故事那样吸引你？这个剧本中有什么是你现在无法体验或者无法拥有的吗？花点时间思考这些问题，如果思考完了，你可以阅读接下来的内容。

### 你的人生电影：第三版

现在，如果你愿意，我们想邀请你至少再重复一次这个练习。还是那样做，保留你在第二版中所完成的故事，再添加一些你没有记录下来的过往经历。你想添加什么就添加什么。并且，可以加入一些时间间隔非常久远的或者是最近发生的经历。然后，重新改写并且扩写自己的剧本，记住不要删除任何已经有的内容。这个故事应该比第二版故事要长。给自己大约 5 分钟的时间来写，写完后，继续阅读接下来的内容。

最后，再次暂停一下，缓慢地深呼吸几次，然后以旁观者的身份大声朗读（切记不能默读）你写下来的故事。留意这一页上的单词、字母和墨迹，同样地，充满善意地带着好奇和温和的心态去观察它们。然后想一想，你所写下的是一个什么样的故事？这个故事发生在很久以前吗？这个更完整的剧本是否像第一个或第二个剧本一样吸引你？这个故事里有什么是你现在无法体验到的吗？花点时间思考这些问题，思考完以后就可以阅读接下来的内容了。

这个练习一开始可能很有挑战性，但没关系。你的大脑似乎更喜欢保留一些简单和不好的记忆。当你尝试让你的人生故事变得更充实、更丰富、更真实时，你的大脑就会慢慢改变保留简单和不好的过去这一习惯。

只要你愿意，可以多做几次这个练习。每当你改写和扩写你的剧本时，你都会注意到，除了你的大脑灌输给你的片面的"黑暗"故事，还有更多的东西。只要你活着，你的故事就会一直被写下去。诀窍是观察你的经历，寻找你的大脑遗漏或忽略的部分。从现在开始，看看你的过去对指导你的生活有哪些帮助。

## 与过去和解

我们想用两个练习来结束本章，这两个练习都将帮助你改变与过去的关系——从敌对关系转变为友善、温和、和平的关系。

第一个练习将带你回到年轻时候的你，那时的你还没有像现在这样遭受过往记忆的折磨。第二个练习可以帮助你学习放下和治愈旧伤的技能。

这两个练习都将教会你如何善待自己和自己的旧伤。刚开始练习时，确实不容易做到这些。但是，如果你坚持下去并且在这周多练习几次，你可能会注意到，你的过去失去了一些引导你的生活巴士偏离轨道的力量。而且你可以治愈自己。每个练习都需要花费大约 10 分钟的时间。

---

### 练习：善待你的旧伤

在开始之前，邀请你先调整一下自己的姿势，让自己在一个舒服的位置上坐好。然后，坐直，并且做几次缓慢的深呼吸，就像我们之前练习的那样，想象你正在用脚底的毛孔吸气、呼气，深深地扎根在地下。

现在，回想一段你已经挣扎了很长时间的记忆。看看你能不能把自己置身于那种情况。你在哪里？发生了什么事？你在干什么？其他人在说什么或做什么？看着它，就像它在一个巨大的屏幕上播放一样。看看你是否可以让自己尽可能充分地体验这段经历。注意你当时的反应，注意你现在对这段记忆的反应。

尽量让自己慢下来，仔细观察记忆场景中发生的事。注意想法是想法，意象是意象，身体感觉是身体感觉，情绪是情绪，如其所是地观察。温和地观察它们，就像从棋盘观察者视角来看棋子的来来往往。只需要观察，不需要做别的。

观察时，你不必选边站队，最好能够保持与这些经验同在，同时进行缓慢呼吸。

当你准备好时，可以用双脚做一次深长的扎根呼吸，来释放那个令人不适的画面，然后想象你生命中更早的一段时间——在这段艰难的记忆之前的时光。尽你所能回忆起遥远的过去……回忆童年时你感觉良好的情景。看看你能否想象出更年幼时候的你的样子，留意你的脸、眼睛、头发、穿的衣服，以及你有多小。然后，注意你在哪里，你在做什么，这些让你感觉完整和完满，即使这种感觉是短暂的。

现在，想象儿时的你正站在你的面前，儿时的你朝现在的你走了过来并坐在了你的大腿上。儿时的你对于未来将要发生什么毫无头绪，只有现在的你知道未来的生活将会是怎样一幅景象。也只有作为过来人的现在的你知道儿时的你在未来将会经历什么。

当你把坐在大腿上的儿时的自己揽入怀抱时，你会注意到你们双方都在注视着对方的眼睛和心灵。当你看着眼前这张稚嫩的脸庞时，你会给儿时的你什么建议？你已经清楚儿时的你在未来将会面临什么，经历什么。你会对那孩子做出怎样的反应？那孩子想要从现在的你这里得到什么帮助？那孩子想要从现在的你这里听到什么？花点时间去倾听，当你注视着儿时的自己的眼睛时所说出的一字一句时。注意当时的你在那里，现在你在这里。

先在这段经历中逗留片刻。当你准备好时，让自己慢慢地回到你现在所处的位置……看看你是否能给你现在的体验和记忆中的任何旧伤带来一种亲切感。当你这样做的时候，听听你与儿时的你说的话，并将它们扩展到你现在的体验中。感受一下你对儿时的你产生的所有温情和慈悲，并将其带到现在的你的体验中。你现在需要给你自己什么呢？

当这个练习接近尾声时，用双手做一个善意的手势。一只手放在胸部，另一只手放在腹部。让它们轻轻地在那里休息，就像你在温柔地拥抱自己一样。只要你愿意，就可以这样坐着，照顾自己，和自己在一起，给自己一些安慰、用于休息的时间和支持。轻轻地提醒自己，你已经超越了你所经历的一切，无论回忆起来多么艰难或痛苦。只要你愿意，就可以一直待在这一刻。

然后，当你准备好时，最后做一两次深呼吸，轻轻地睁开眼睛，无论有没有眼泪，都无所谓。只是邀请自己回到当下，试图善待你自己、你的历史和旧伤，以及你的生活。

这个练习其实是非常有效的，或者说这个练习有一种沉默的力量。当你在做这个练习的时候，你会感觉自己浑身充满了力量。在做这个练习的过程中，你可能会发现自己的眼泪不由自主地流了下来。你可能会有一种麻木或者僵硬的感觉，你可能会发现像善待儿时的你一样善待现在的自己这件事有些困难。当然，除了这些，你也可能会有一种平和的感觉，有一种如释重负的感觉。你也可能有不同的体验，这都没关系。

关键在于，与这个练习相关的洞见是：你在经历黑暗历史之前就在那里，你有能力改变你与你的过去的关系。你可以选择以一种更友善、更平和、更有爱心的方式打开你的记忆。事实上，你有足够的能力做到这一点。你过去的一切都不能剥夺你的这种能力，除非你允许这种情况发生。

过去已经过去了，是时候从现在开始控制你想要创造的生活了。不停搅拌粪桶，重复揭开旧伤疤是没有帮助的。倾听你和儿时的你说的话，这些话很有智慧。在那里，你会找到你的心。你可以在当下和将来的每一刻将它们用到你自己身上。

这是一个关键时刻。你的大脑和神经系统没有删除按钮，这意味着通常进入混合记忆的东西会留在混合记忆中。你现在可以做的是，通过添加新的内容来改变这种混合。当痛苦的记忆出现时，你可以通过做一些新的事情来做到这一点，那就是慈悲和宽恕。

在开始下一个练习之前，我们希望你找到一支蜡烛，并在一个安静、舒适的地方把蜡烛点燃。点燃蜡烛，象征着你承诺放下和原谅。这支蜡烛代表给你带来痛苦或伤害的人或事。你在完成每一步练习的时候，都需要注视这支蜡烛的火焰。

这个练习一开始对你来说可能很难。尤其是第三步和第四步，当你尝试原谅伤害或痛苦的根源时，可以怀抱慈悲之心并放下它们。如果你感觉太困难了，温和地对待自己，不要为难自己。你的大脑会给你各种不应该做这件事的理由，以阻止你完成接下来的练习。承认这些关于原谅的疑虑和恐惧，看看你是否愿意为了你想要的生活而原谅那些伤害和痛苦的根源。

学会宽恕和放手是需要练习的。给自己一点儿时间。如果你遭受过创伤，经历过很多痛苦的记忆，脑海时常会闪过许多痛苦的画面，我们建议你连续几周每隔一天做一次这个练习。你可以用你自己的声音慢速录下接下来这个练习的内容，然后边听边练。

在开始之前，还有最后一件事
要记住。宽恕并不意味着宽恕发生
在你身上的事，学会宽恕的目的是

> 宽恕自己和他人是治愈伤口的唯一
> 途径。

帮助自己从牢笼中挣脱出来。你可能会问，"我为什么要宽恕那些伤害过我的人"
或者"当我所做的事情明显是错误的时，我怎么能原谅自己"。答案很简单也很
实用：宽恕自己和他人是治愈伤口的唯一途径。

如果他们的行为会继续困扰你、伤害你，并阻拦你，如果你不放手，不宽恕
别人对你造成的伤害，那么他们就会成为你伤害自己的唯一途径。所以如果不宽
恕他们，你就在伤害你自己。记住，这些练习是为了你自己，而不是为了曾经伤
害过你的人或事！

## 练习：宽恕之烛

点燃蜡烛，然后在椅子上找一个舒服的姿势坐好。挺直腰板，双手放在大腿
上。你的腿可以不交叉，也可以交叉，只要你觉得舒服，怎样都可以。同时让你
的眼睛集中在蜡烛的火焰上，目不转睛地盯着烛火。

当你看着那摇曳的烛光时，把注意力集中到胸部和腹部，感受它们随着呼吸
平缓地上升和下降。就像海浪来来去去，你的呼吸总是在那里。注意你每次吸气
和呼气时身体的呼吸节奏。当你吸气和呼气时，注意腹部感觉的变化。当你吸气
和呼气的时候，花几分钟时间集中注意力。

**步骤 1：觉察痛苦记忆背后的错误与伤害**

现在把你的觉知转移到那些痛苦的记忆或创伤事件上。看看你是否能让自己
完全想象这个场景，就像你在看一部慢动作的电影一样。当时发生了什么事？还
有谁在那里？当你意识到痛苦的情景在你脑海中展开时，目不转睛地看着烛火。
当你看到情况逐渐具象化时，把注意力集中在你的呼吸上。看看你能否放慢痛苦
的情景，随着每次呼吸变得越来越慢。

当你这样做的时候，把你的注意力放在出现的任何不适感上。现在，尽你所
能，以一种慷慨的允许和温和的接纳对待你的体验。看看你能否为你当时的痛苦
和伤害腾出空间，而现在你正在重温。当你吸气……呼气……吸气……呼气……

吸气……呼气时，你的内心在慢慢变得柔软。

尽你所能地向所有的一切敞开心扉，包括那些伤害、痛苦、悲伤、遗憾、失落和怨恨。让自己觉察到由于受伤而产生的那些痛苦情绪，简单地承认你所经历过的那些伤痛和你可能造成的伤害。没有必要反抗、斗争或指责。只需要简单地承认并觉察你的经历。

**步骤2：将伤害性行为与伤害及其根源分开**

回想那些曾经对你造成伤害的人或者事。当你开始这一步的时候，让这些人或者事浮现在脑海里，并把它们变成蜡烛。如果造成伤害的人是你自己，那就把你自己看成蜡烛。专注于蜡烛，继续想象伤害你或造成伤害的人或情景。现在记住并想象发生了什么。当你专注于蜡烛时，请注意你的大脑机器正在对出现的画面和感觉做什么。

你可能会看到你的大脑正在进行批判、责备，也可能是涌现出了一股悲伤、苦涩和不满的感觉。当这些或者其他一些感觉涌上心头时，你需要记录下这些感觉，就像我们在之前的练习中所做的那样。你要允许这些诸如批判、责备、紧张、不满的感觉的出现。当你慢慢地、深深地吸气、呼气、吸气、呼气时，对你的伤痛要有一种温和而仁慈的觉察。

接下来，在让你感到受伤、愤怒的行为和实施这些行为的人或情景之间创造一些空间。如果有帮助，你可以把伤害你的行为想象成火焰，把造成伤害的人或情景想象成蜡烛。如果你是伤害的源头，那么把你的行为想象成火焰，把你想象成蜡烛。

请注意，火焰不是蜡烛。伤害你的行为与施害者不同。当你吸气和呼气时，给自己一些时间来体会这种差异。然后，把所有伤害行为一个接一个地放到火焰中，觉察它，给它贴上标签，而后看看伤害行为和施害者之间的区别。想象有哪些伤害行为，而不是谁是施害者。

花一些时间观察每个伤害行为，然后想象它慢慢地消失在烟雾之中，留下蜡烛的火焰。继续观察出现的所有紧张、不适、愤怒、伤害的感觉或任何你的身体可能有的反应。当你把注意力重新集中到你的身体和呼吸上时，为你的体验留出一定的空间。不要改变或"修理"任何内容。

**步骤3：慈悲地见证你的伤痛**

接下来，让你的注意力回到蜡烛中伤害你的施害者，或者是曾经犯下错误的自己。注意他也是一个人，和你一样容易受到伤害。从人类的基本层面来说，你们两个并没有什么不同。

看看你是否能让自己作为一个富有慈悲心的见证人，从那个人的视角看看生活可能是什么样子的。与那个人的苦难、损失、错失的机会、糟糕的选择、错误和失败、伤害和悲伤、希望和梦想联系起来。

在不宽恕施害者的行为的情况下，看看你能否与施害者的人性和不完美联系起来，就像与自己的人性和不完美、困难、损失、痛苦和苦难联系起来一样。

作为富有慈悲心的见证人，看看你是否能与施害者有更深入的联系，即使施害者是你，也要当作另一个人来看待。注意施害者的想法和感受，要知道，你也有过类似的想法和感受。过着施害者的生活会是什么感觉？尽你所能，以一种慷慨的允许和温和的接纳的态度对待你现在所经历的一切。

### 步骤 4：宽恕他人，放下，然后继续前行

现在，看看你能否意识到，如果你放下你所持有的所有负面能量，比如那些你的不满、怨恨、痛苦和愤怒的情绪，你的生活会是什么样子。如果你不去努力把这些痛苦的经历从你的过去中抹去，会是什么感觉？想想为什么你想从痛苦的记忆、愤怒或复仇的欲望中解脱出来。

让自己想象一个崭新的未来，它充满了因为抵制记忆或坚持不愿意原谅而错过或放弃的东西。看看你能否在不忘记过去的情况下与未来建立联系，也不再带着对伤害过你的人或事件的怨恨、愤怒和愤恨前行。

让自己勇敢地向前迈出一步，放下创伤记忆、怨恨、愤怒和愤恨。当你想象自己从携带太久的怨恨和愤恨中解脱出来时，花点时间真正体验一下这种解脱的感觉。当你继续缓慢而深沉地呼吸时，让这一切随着每次呼气而飘走，随着每次吸气，欢迎平和与宽恕进入体内。

当你准备好了之后，觉察你过去有多么需要他人的原谅和宽恕。想象一下，你会对那些自己准备原谅的施害者或者冒犯你的人说些什么？当你在想这些事的时候，觉察涌现出来的所有不舒服的感觉，以及此时此刻你的大脑正在做什么。

如果有类似"这个人不值得原谅或者我自己不值得原谅"的想法涌现，那么只需觉察这种想法，然后温和地放下它。然后再把你的注意力转移到呼吸上，并且要记住，你现在所抱有的善意和宽恕都是为了你自己，而不是为了别人。

想象一下，当你选择原谅别人的时候，你有一种如释重负的感觉。允许自己

感受随之而来的治愈感和控制感。当你给予过去有力的宽恕时，你会发现以前那些只有困难、伤害和痛苦的地方，现在已经萌生了一些柔软的感觉。

当你回想起那个冒犯者的形象时，拥抱这个平和的时刻，即使那个人就是你自己。轻轻地伸出你的手，说："原谅你，我就原谅了自己。放下我的痛苦和对你的愤怒，我给自己带来了平和与自由。我邀请平和与慈悲进入我的生活，融入我的伤害和痛苦。我选择放下我长期背负的负担。"在你宽恕别人的时候，慢慢地重复这些话。

保持现在这种状态，只是观察和标记当你选择宽恕过去时出现的所有想法和感受。当怨恨的负担渐渐消失时，你会感到情绪上的释然。看看你能否注意到，你在表达慈悲和宽恕时的平和与内在的力量感。

最后，当你准备好时，把你的觉知带回到现在的房间，回到身体和闪亮的烛光中。并且吹灭蜡烛，完成这个练习。吹灭蜡烛是一个象征承诺的动作，象征着你对过去的宽恕与释怀，也象征着你已经做好准备走向未来。

## 生活改善练习

我们每个人的过去都有一些困扰着我们的事情，让我们陷入困境。所以，当你在做这一章的练习时，要记住，你正在学习新的技能，这些练习将帮助你摆脱过去的束缚，从而创造新的未来。在本周，我们建议你花点时间做这些练习。按你自己的节奏做，慢慢来，不需要一下子全部完成。请注意，你做这项工作是为了从现在开始过上你想要的那种生活。请记住，从现在起，你的人生之书还没有被书写。它们可以是对过去的重现，也可以是真正的新篇章。你可以决定写什么。

## 核心观点

你的大脑会一遍又一遍地回忆过去，尤其是那些令人讨厌的事情。这就是现代心理学教给我们的。但是，如果一直盯着过去，生活是没有出路的。你不需要在生活中把自己当作过往事件的受害者，也不需要把自己当作所有在你身上发生的可怕错误的活生生的证据。这只会一次又一次地伤害你。

　　你所有的记忆都来自过去，它们在你当下所在的地方出现，这通常不需要你付出太多努力。需要学会的重要一课和技能是：你不等于你的过往经历。你不仅仅是你的过去。你可以决定如何从当下这一刻开始带着所有这些记忆继续生活。没有办法走回头路，因为无法撤销、摆脱或替换之前的经历。你所能做的就是学会放手，从你所经历的一切经验中学习。平静地面对痛苦的过去，你就能使自己的内心获得解脱，继续朝着你真正想要的生活前进。

---

### 与过去和解，朝未来前进

**要点回顾：** 过去的已经过去了，我们无法改变和控制过去。我们的生活不只有那段充满伤痕与黑暗的时光，在那之前，我们就在那里，现在我们仍然在这里，过着全新的生活。我们不能改变那些已经发生的事情，但是我们可以从这些事情中总结经验，带着这些过去的经历不断向前，去追求我想要的生活。

**问题思考：** 我是否愿意和过去和解？如果不愿意，那是什么致使自己产生这种抗拒的想法？我是否一直在扮演一个过去的受害者？并且不断提醒自己过去所经受的痛苦和错误。这样做对我有好处吗？我是否愿意带着这些过往经历开始一段新生活？我能勇敢地放手，坦然、从容地面对我的伤害和痛苦吗？我能为新的事物腾出空间吗？

# 第19章

# 走向有价值的生活

千里之行，始于足下。

——中国谚语

你所走的每一步、所做的每一件事构成了你的人生旅程。你所迈出的每一步都会使你远离或者接近你内心所向往的生活。关键是步步为营，明心睿智地走好人生的每一步，只有这样，你才能为真正的幸福创造条件。

明智的行动是以你的价值为指导，这些价值是我们在第13章谈到的人生之海中闪耀的灯塔。正如你所了解的，价值就像是人生汪洋中的一座灯塔。它们为你指明了重要的方向。当你感觉自己被困在担忧、焦虑、恐慌、无望中时，价值是至关重要的。下一步就是要控制好自己的行动并且朝着那些能帮助你实现特定目标的重要方向前进。目标就像是你在实现自我价值之旅中的目的地。

价值的美妙之处在于，它们可以为你的人生赋予一个非常个性化的意义。实现你的价值的关键是，把它们拆分成一个个循序渐进的步骤。过上丰富的生活意味着你每天都在朝着实现你的目标前进、践行你的价值，无论你的步伐是大是小。你必须承诺采取这些行动。你可以通过设定目标并采取行动来做到这一点。

对自己的行为负责，就是对自己的生活负责。你是否准备好并愿意采取这些行动？

## 设立并实现目标

回到你在 13 章中所完成的"人生指南针"。现在是时候决定你更想在生活中拥有哪些价值领域和意图了。选择一个你难以付诸行动的价值领域。也许因为焦虑相关的障碍，你暂时搁置了生活的这个方面。这将是一个很好的起点。如果你觉得自己还没有准备好面对生活中这一重要领域的障碍，那么可以选择另一个价值领域，并将其作为你的行动起点。

现在，我们将带领你浏览其中一个方面，以便你了解这一过程是如何进行的。稍后，你可以对生活中的其他价值领域采取相同的步骤。一旦你选择好了一种价值领域，就将这一价值写在价值与目标工作表的首行，工作表将附在本章的结尾。

### SMART 目标管理原则

乔治·多兰（George Doran，1981）创立了一个非常有效的五步行为计划来帮助人们实现目标。他称之为 SMART 目标管理原则。尽管这是多兰为商界人士开发的原则，但是被广泛且成功地应用到了 ACT 实践中（Harris, 2008），以帮助那些像你一样的人做更多对他们重要的事。我们为本书量身定制了一套 SMART 目标管理原则。让我们来一步一步回顾一下。

- 具体（specific）：在你的人生道路上确定一个具体的目标。
- 有意义（meaningful）：选择的目标对你来讲很重要，能反映你的价值。
- 积极（active）：选择你可以独立完成的目标，并且完成这一目标能够增加你的生活满意度与活力。

　　　　□ 实际（realistic）：根据你的生活环境设定合理的目标。

　　　　□ 有时限（time-framed）：能够对你采取行动的时间和环境做出承诺（并且不要忘了在完成每一步之后表扬一下自己）。

　　最后一个重要的步骤就是练习。一旦你设立了一个符合 SMART 原则的目标，就要练习在困境中采取行动，来践行你的价值。接下来，我们将告诉你如何做到这一点。

## 确定具体且可实现的目标

　　当你在思考设立目标时，会发现有一些属于在不久的将来就能够实现的短期目标。而除此之外，还会有一些长期目标，你只能在未来的某天去实现它们。这两种目标都是同等重要的，而且已经实现的一个目标可能会引导你走向下一个目标。

　　例如，假设你非常重视自身的身体健康，并且你的一个重要意图是提升自身的健康水平。所以你会选择通过每天散步来锻炼身体。你的长期目标或许是走到一个离家一英里<sup>⊖</sup>远的电线杆旁。在你家和那根电线杆之间还会有许多其他的电线杆，并且这些电线杆之间的距离都差不多。那么你就可以先设立一个走到第一根电线杆旁的短期目标。第二天，你可以经过第一根电线杆走到第二根，以此类推。如果你能坚持下去，那么最终有一天，你就会到达那根离家一英里远的电线杆，而你的长期目标也就实现了。这就是短期目标与长期目标的作用原理，这种相互作用能够帮助你在有价值的道路上前进。

　　为了能够继续向前走，避免走进一个死胡同也是很重要的。设定的目标应该都是可实现的（Hayes & Smith，2005）。如果你的目标无法在生活中实现，那么你就不可能在实现人生价值的道路上走得很远。你所采取的行动不仅应该切实可行、可实现，还应适合你的生活。这样做会让你更有可能每天都按照自己的价值生活。

　　在下面的空白处（或另一张纸上），写下一些与你的人生指南针中的第一个价值取向相关的目标。并且确保它们是具体和明确的。

---

　　⊖　1 英里 =1.609 千米。

为了使你的目标具体化，你可以这样问问自己：其他人会看到我在做什么吗？他们怎么知道我做了什么新的事情吗？专注于你自身能做什么，并且确保这些事情你可以完成。

_____　　_____

_____　　_____

_____　　_____

我们建议你先设立一到两个目标。其中一个可以是你在这一星期就可以动身去实现的短期目标。然后，对于每个目标，都要思考接下来的这几个问题，以确保它们是切实可行的。

□ 目标是**具体的**（具体、可行）吗？

□ 目标是**有意义的**（反映了什么对我是真正重要的）吗？

□ 目标是**积极的**（是我自己可以做并且能够掌控的事情）吗？

□ 目标是**实际的**（适用于我现在的生活状况）吗？

□ 目标是**有时限的**（是我可以记在日历上并且去做的事情）吗？

除这些之外，最重要的是，这个目标能否将你引向你的价值意图？这个目标能否体现什么对你是真正重要的或者你想成为什么样的人？如果你的答案是肯定的，那么恭喜你设定了一个好的目标——符合 SMART 原则。当然如果你的答案是否定的，那么你就得回去重新制定你的目标，记住要着眼于小处。你能采取哪些细小的行动来表达你的价值，从而过上你想要的生活呢？

一旦你拥有了自己的目标，就把它写在本章末尾的价值和目标工作表的第 1 列中。如果有必要，修改和明确目标，直到你的目标符合 SMART 原则。必要时可以多准备几份空白计划表，以便日后处理你想实现的其他重要意图。

## 确定步骤并按逻辑顺序排列

设立了目标之后，你就在你的人生道路上树立起了第一个路标。现在专注于思考你需要采取的渐进的步骤。首先，以短期目标为始并且把它分割成更小的中间步骤。思考实现目标所要采取的每个步骤。然后将这些步骤写在下面的空白处（或者另一张纸上）。

———————————— ————————————

———————————— ————————————

———————————— ————————————

现在思考这些步骤的逻辑顺序。在做其他步骤之前，首先要做什么？如果步骤没有特定的顺序，就从最简单的步骤开始。将这些步骤按顺序抄写到价值和目标工作表中。对于其他你已经确定的目标，你也可以采用相同的方法。

让我们来看两个例子。假设你的目标是换工作并且最终成为一个大公司的经理，而不是继续待在你目前所效力的这个小公司。反过来，想要实现这一目标，你需要先采取一些较小的具体行动，比如头脑风暴、查看相关报纸和网站上是否有管理职位的帖子、建立人际网络、更新简历、去你感兴趣的公司进行信息面试，以及向潜在的新雇主提交求职申请。请注意，面试发生在其他步骤后面，包括简单的头脑风暴。

接下来是另一个例子。假设你想拥有更多的时间去陪伴你的伴侣。这个目标是可以通过几个步骤来实现的，比如和你的伴侣每周做一件你们都喜欢做的事情，也许是去看电影或表演、一起出去吃顿饭、周末一起外出游玩、一起骑自行车，或者是安静地待在家里聊天。注意，本例中的步骤没有逻辑顺序。重要的是，不管对做这些事情的那一瞬间感觉如何，你都要做这些事情。

## 做出承诺并迈出第一步

现在是时候做出承诺了。你是否愿意相信第 13 章中所探讨的价值以及相应的行动和生活上的改变？如果你愿意，那就抽出时间来开始你的价值和目标工作表中的第一步。并且告诉别人你要开始改变自己了。然后，不管你感觉怎样，都要坚持做下去。这一切都关乎行动和做一些不一样的事情。除非你采取了行动，否则一切都不会改变。如果你能够坚持下去，那么总有一天你会实现自己的目标并且得到自己想得到的。

在表中记录你所完成的每一个步骤。如果你愿意，也可以在表中画一个金色五角星来鼓励自己。当然，你也可以做以下几件事来激励自己：对自己的成就也就是完成的每一步给予肯定，不要管这一步有多小，只要完成了，那它就值得被肯定；不断地回顾你自己的价值与目标工作表，它不仅能给你有价值的反馈（告诉你你是如何进步的），还能在你划掉一个个目标时激励你继续前进。

为了给你一些关于如何将目标分解成几个中间步骤的建议，我们列举了以下两个例子。这两个例子都提到了同样的价值，即养育子女。然而，由于他们所面临的焦虑的性质不同，因此他们所面对的障碍以及所采取的策略也都是不同的。

### 吉尔的重要目标

吉尔是一名 37 岁的母亲，育有两个女儿，在过去 15 年里一直遭受着惊恐障碍和广场恐惧症的折磨。她错过了学校的每一场音乐会和在拥挤的礼堂或者体育馆举行的一些特殊聚会。以下是她完成的关于她自己的价值与目标工作表。请注意她是如何重复一些步骤以提供更多的实践与练习机会的。

## 价值与目标工作表

**我的价值**：做一个能够支持孩子的好母亲

**我想实现的目标**：参加女儿玛丽学校的音乐会

| 实现目标的步骤 | 障碍 | 策略 | 完成日期 |
|---|---|---|---|
| 1. 每天去一个安静的地方并且想象自己正在参加即将到来的学校音乐会 | 由于明白最终不得不去参加音乐会而产生的压力 | 做 FEEL 练习，发展沉默的观察者的自我技能；列一张清单，说一说为什么参加这场音乐会对于实现自己的价值至关重要 | 9 月 15 日<br>9 月 17 日<br>9 月 19 日 |
| 2. 和家人一起参加一场室外音乐会 | 害怕身边的人知道我很紧张，并且自己随时可能会惊恐发作 | 练习以一个观察者的身份来观察自己的内心；在恐慌的感觉袭来时，练习 WAFs 冲浪 | 10 月 15 日 |
| 3. 在音乐会开始的两周前多去没有人的观众席坐坐，熟悉一下礼堂的环境 | 害怕自己会感到非常焦虑，以致周围有人的时候，我不能坚持看完整场音乐会 | 从接纳练习中练习以观察者的身份观察想法和感受；关注我的价值——做一个能够支持孩子的好母亲 | 11 月 1 日<br>11 月 4 日 |
| 4. 去没有很多观众的现场排练两次 | 担心自己不能在不中断排练的情况下逃离现场 | 做 FEEL 练习，发展沉默的观察者的自我技能；时刻观察自己的感觉、想法和形象；时刻铭记自己的价值 | 11 月 20 日<br>11 月 28 日 |
| 5. 参加女儿学校的音乐会 | 担心如果自己在中途惊恐发作会使玛丽感到尴尬 | 让想法顺其自然，专注于玛丽的表演，以及做一个能够支持孩子的好母亲这一价值；在恐慌的感觉袭来时，练习 WAFs 冲浪 | 12 月 10 日 |

从第一步到最终实现自己的目标，吉尔花费了将近 3 个月的时间。这非常好。有些人可能迈的步子比较大，有些人需要更多的时间。花多少时间来完成你的目标其实并不重要。真正重要的是，你要一直按照自己的计划行事并且朝着自己的目标努力——耐心和坚定地以自己的步调走下去。

### 艾瑞克的重要目标

接下来的例子是关于艾瑞克的，艾瑞克是一位 42 岁的父亲，育有一儿一女。艾瑞克 19 岁时被诊断患有强迫症。这是他完成的自己的价值与目标工作表。再次提醒，艾瑞克以自己的节奏做得很好，他重复了一些步骤以便更多地练习。

## 价值与目标工作表

**我的价值**：在孩子面前做一个积极主动并且能够充当模范的父亲

**我想实现的目标**：一周至少做一项我和孩子都喜欢的户外运动

| 实现目标的步骤 | 障碍 | 策略 | 完成日期 |
|---|---|---|---|
| 1. 列一张我和孩子都喜欢的户外活动清单 | 对离开家以及走出自身舒适区倍感压力 | 不再与强迫症作斗争。列出做户外活动对我和孩子都有好处的原因 | 6 月 1 日<br>6 月 5 日 |
| 2. 练习坐在户外的草地上三次，并且抑制住自己一直想洗手和洗衣服的冲动 | 因为自己身上沾满尘土而且不能及时清洗而感到焦虑 | 把烦人的想法和冲动写在卡片上。想象思绪和烦恼就像落叶一样顺流而下。对自己好一点，提醒自己，虽然我感受到了焦虑，但同时我也实现了自己的价值。保持一个好的心情 | 6 月 15 日<br>6 月 18 日<br>6 月 21 日<br>6 月 25 日 |
| 3. 做两项只会引发自己轻微焦虑的活动，或者短途郊游两次（活动要不同于前几周的） | 担心孩子们会因为我焦虑而玩得不开心 | 将担心看作想法，利用泡泡棒，再做一次 WARN。提醒自己，这些户外活动是如何帮助我和孩子过上我们真正想要的生活的 | 7 月 2 日<br>7 月 14 日 |
| 4. 做两项孩子喜欢的户外活动，或者短途郊游两次。这些活动可能会引发中度焦虑（活动要不同于前几周的） | 担心自己会因为周围没有洗手池而焦虑 | 不再与想要洗手的强烈冲动斗争，专注于自己当下应该做的事。与冲动同在而不做反应，练习冲浪 | 7 月 21 日<br>8 月 5 日 |
| 5. 做两项孩子喜欢的户外活动，或者短途郊游两次。这些活动可能会引发重度焦虑（活动要不同于前几周的） | 担心公众场合的灰尘会让自己生病 | 当感到自己快被焦虑吞噬时，用观察者的视角来看待焦虑，当冲动和焦虑变得强烈时，练习冲浪。专注于当下以及行动所蕴含的价值 | 8 月 15 日<br>8 月 20 日 |

### 练习在困境中实现你的价值

这两个简单的工作表例子示范了如何在困境中实现自己的价值。当你踏上新的有价值的生活之路时，之前的一些 WAFs 很可能会重新出现。之前两章中的 FEEL 练习的目的都是帮助你克服困境中的障碍，从而使你实现自己的价值。事实上，本书中所有的练习都是为了帮助你获得一种更加自由的生活。现在是时候应用你所学到的技能了。

## 明确障碍

一直以来，你都在努力清除自己在生活中遇到的障碍。我们所提到的大部分障碍其实都来自你的内心。但是还有另一种可能会令你陷入困境的障碍，我们称之为外部障碍，比如在做重要的事情时缺钱、时间不够、技能不足或者缺少必要信息。其他的外部障碍可能表现为你的目标和他人的需要、需求、期待之间的冲突。

但好消息是，这些障碍究竟是内部的还是外部的其实并不重要。真正重要的是，你需要像吉尔和艾瑞克那样制订一个计划，关于你将如何处理这些障碍并与它们同行。下一个练习将帮助你预测可能阻碍你实现价值目标的障碍和挑战。你可以先制订一个计划，利用你迄今为止一直在练习的所有技能，处理那些障碍和挑战，这样你就可以让自己朝着重要的方向前进。

接下来，让我们花点时间来弄清楚在你实现自己的价值目标时可能会遇到的障碍。

### 练习：预见障碍

首先，慢慢地闭上眼睛，然后，回想一下你的重要意图，也就是你真正想做的事和想成为的那种人。让自己沉浸于朝目标前进的美好感觉。如果你觉得这样做有些困难，也可以想象有一瞬间那些阻碍你的东西全都消失了，你可以自由地做你真正想做的事情。看见自己正在做对你而言重要的事情。

现在，想象你正坐在一个巨大的电影屏幕前，看着自己是如何实现自己内心深处的目标的。当你准备采取行动时，一定要谨慎考虑首先采取的第一、第二个步骤。还要关注你正处于什么样的阶段，关注你正在说什么，关注你正在做什么。而且，如果此时有其他人参与进来，也可以看看他们是怎样回应你的。做完这些之后，复盘一下刚刚浮现在你脑海中的想法。

观察你的大脑在告诉你什么。是对你自己、你所处的环境以及其他人的评判吗？你有没有注意到一些阻碍性的想法，比如"这些步骤对我来说太麻烦了，我做不到"，或者一些消极的想法，比如"这些都不重要，因此随意应付一下即可"。也许你的脑海中浮现出了灾难、旧伤、凄惨的画面，或者它在告诉你一些其他的东西，比如"我没有足够的时间"。只需注意它们并进行复盘。

现在，继续看看你身体里发生了什么。你有什么感觉？如果这对你来说仍然很困难，看看你是否能注意到任何紧张、压迫或纠结的感觉。当你观察的时候，如其所是地注意它的原样，比如"我注意到它正在变硬、变紧或一动不动"。

还有，看看你是否能感觉到身体的任何生理感觉，比如紧张、能量、心跳，或者可能是屏住呼吸或呼吸加快。只需以与棋盘一样的视角观察它们。

现在看看你的大脑是否在命令你做些什么。它是在告诉你要快跑、转身、攻击，还是放弃？只需观察这些冲动和欲望，顺其自然。

而且，如果我们遗漏了什么，请注意你还可能体验到了什么。它可以是想法、情感、感觉、行动或反应的冲动。看看你一直在努力克服的引导你来到这里的障碍。有些可能来自你的内心，另一些可能来自外部。

现在，让我们回到你当下的位置，做一两次深呼吸。然后，慢慢睁开眼睛。

---

利用你从刚才的想象练习中学到的东西，或者回顾你过去的经历，以弄清楚当你朝着重要的方向前进时可能会遇到的一些障碍。然后，列出你在完成价值与目标工作表时可能面临的障碍。做完这些之后，选出本书中你认为有用的几个技能，并且像吉尔和艾瑞克那样写下你准备用来面对和克服障碍的一些技能。

这些技能有可能是放下绳子、正念、扎根、从观察者的角度看问题、将想法写在卡片上、对自己说"我有这样的想法……"，或者是任何其他技术。记住，看看迄今为止你发现的有用的练习、隐喻和意象有哪些。

我们鼓励你慢慢来。制订一个以新的方法解决内部障碍的计划非常重要。如果你不这样做，你就有可能重新陷入无效的旧模式，而它在将来可能不会起作用。正如我们在前几章中所讨论的，如果你做你一直在做的事情，那么你很可能会得到你已经拥有的东西。

## 实现价值的回报与挑战

接下来这两个练习能够帮助你接触到在实现价值的过程中所面临的即时的挑战与回报。先阅读下面的引导语，专注于为实现目标而采取行动所带来的直接的积极影响，并意识到这可能很难做到，但同时也会带来回报。

---

### 练习：感受践行价值所带来的回报

首先，请轻轻闭上眼睛，集中注意力，慢慢地做几次深呼吸。然后，将你的思绪带回之前练习中你一直想实现的价值目标上。一旦你的头脑里出现了这一价值目标，就开始想象自己正在按照自己的意愿，逐步实现自己的目标。没有任何障碍，你可以成功地做你想做的事情。

留意你正在做的事情，并且沉浸在能够做自己想做的事情的喜悦之中，就像你会在美丽的日落中流连忘返一样。成功带给你的感受如何？注意觉察浮现在脑海中的所有想法、情绪的变化或者是生理上的反应。看看你是否能感受到一种幸福满足的感觉？你是否认为自己正在做一件对你的人生和生活非常有利的事情？

继续保持这个意象，当你准备好时，再把你的注意力转移到周围的世界——你周围的人、事件和环境。有什么不同？了解人们在这种情况下对你和你所取得的成就有何反应。从旧的障碍中解放出来的感觉如何？自由地做一些你害怕做的事情感觉如何？留意你为自己的价值所做的一切是如何让情况变得更好的。

你可以根据自己的意愿来决定练习的时长。当你准备结束的时候，慢慢睁开眼睛，找一张纸，记下你在刚才练习与想象情景中感受到的所有积极结果。当你踏上在价值与目标工作表中规划的旅途时，让它们来提醒你，有可能发生什么。

---

在下一个练习中，我们会邀请你留意在 WAFs 障碍出现的情况下依旧坚持自己的价值时，可能会发生什么。这个练习将帮助你学会如何在困境中依旧坚持自己的价值。

## 练习：创造一个成功的故事

首先，让自己处于一个舒适的状态，慢慢地做几次深呼吸。紧接着，轻轻地闭上眼睛。做完这些准备之后，将你的注意力转移到那些因为自己的焦虑障碍而难以实现的价值上，你可以使用与上个练习相同的价值，也可以选择一个不同的价值领域。当你内心选择了明确的价值之后，想象你正在采取行动，迈出实现目标的第一步。之后想象你正坐在大屏幕前观察自己所说的第一句话或者所做的第一件事。注意观察你的行动和倾听你自己的声音。

除了注意自己的一言一行，还要注意在想象的情景之下，其他人与你的互动或者对你的反应。比如他们正在说什么？或者他们正在做什么？

然后仔细观察你内心出现的所有障碍。看看你能否注意到那些，阻止你进一步采取行动来实现你的价值的情绪。留意所有阻挠你走下去的想法。同样地，留意所有身体感觉。继续不带任何抗拒地关注和观察你的想法、感受和身体感觉。即使它们会让你觉得恐慌不安或者郁闷，也要向它们敞开心扉，允许它们存在。注意自己的情绪波动，并提醒自己，所有情绪都会有起有伏。所以应与它们同在，顺其自然。正如你现在所做的，善待你的身心和体验。用呼吸削弱障碍，为自己创造更多的空间。

最后，回到一开始想象的情景中。在这一情景之中，你完成了自己想做的事情。沉浸在做你所关心的事情的满足感中，每一件好事都会为你、他人和你的世界而发生。请注意体验其中的甜蜜感。确认你做了一些对自己和生活有益的事情，你有一个明确的行动意图并愿意坚持到底，即使你不得不面对情感上的痛苦和前进路上的其他障碍。

---

这两个练习都能帮助你把注意力转向你能做什么，以及生活中可能发生什么变化的方法。每个障碍都传递着相同的信息：你不能有这个，也不能没有那个。但当你听从并相信你的大脑的声音（"你做不到"）时，就没有办法去做重要的事情！在少年棒球联盟期间，我们看到这样的事情发生在儿子艾丹身上。

那时艾丹的击球率真的非常低，他自己也因为这件事感到非常沮丧。因此每当他进行击球训练时，他总是很快就会沮丧地说"我永远也打不好这个愚蠢的棒球了"。这使得他在比赛场上不再挥杆，把他拖到球场上练习击球也成了一件烦人的事。

在某种程度上，艾丹其实处于一种进退两难的绝望境地，每当他尝试站到木垒前想要击球时，他的大脑就会打击他说"你做不到的"。如果他击球的时候都会被这种消极的声音分散注意力，那他要怎么完成击球呢？

在与艾丹的教练交流之后，我们想出了这样一种解决方法：让艾丹想象自己站在球场上，成功击中了球，让他感受一下自己与球成功接触时会是什么感觉，以及随之而来的快乐和满足感。这就是他能成功摆脱击球率低的原因。你也可以这样做，但是你需要清楚自己想要做什么，想要到哪里去，以及在你做了重要的事情之后会有什么回报。这就是为什么符合 SMART 原则的目标是非常重要的。不积跬步无以至千里，那些小目标是你迈向理想生活的必经之路。你只要确保给自己足够的时间去练习。

## 生活改善练习

根据本章所提到的步骤来实现自己的价值，使用价值与目标工作表来指导自己的实践活动，并且为可能会出现的困难与障碍做好准备。选择一个价值和一系列相关的目标为起点。完成一个之后，你可以以类似的方式来实现其他价值和目标。即使 WAFs 障碍出现，这些练习依旧能帮助你想象并且直观感受到实现价值所带来的回报。同时要尽可能练习我们前面所学的正念接纳和观察者技能，包括当焦虑出现时，要善待自己。本书中的每一个练习都会帮助你朝着重要的方向前进。

## 核心观点

要改变你的生活，你需要承诺改变你所做的事情，就这么纯粹和简单。通过专注于你的价值，设定目标，然后无论你感觉如何都承诺采取行动，你就可以重新回到有价值的人生之路上。当你面对不可避免的障碍时，接纳、慈悲和友善将是你的朋友。

## 践行我的价值

**要点回顾：**可以通过每天设定具体的、可实现的目标来实现自己的价值。即使是在困难的情况下，也要坚持践行自己的价值，这便是生活的真谛。

**问题思考：**我如何做到每天都践行价值？怎样把目标拆分成一个一个的步骤，以帮助自己不断前行？

# 价值与目标工作表

我的价值：

我想实现的目标：

| 实现目标的步骤 | 障碍 | 策略 | 完成日期 |
|---|---|---|---|
| 1. | | | |
| 2. | | | |
| 3. | | | |
| 4. | | | |
| 5. | | | |

# 第 20 章

# 坚持到底，活出你的价值

人生最重要的不是你在哪里结束，而是你之前所走过的路。你将来回望时，你所走过的路便是你的人生。

——蒂姆·威利（Tim Wiley）

正如我们从蒂姆·威利那里学到的，人生不是一个目的地。这是一段旅程，这段旅程就是你某天回过头来看并称之为人生的东西。这种看待事物的方式需要转换一下焦点。

当你开始阅读本书时，首先可能是想寻找解决焦虑和恐惧的方法，你觉得一旦你开始感觉良好，你就能够获得快乐。我们希望你现在已经明白了，这不是通往真实幸福的道路，相反，这只会带来更多的痛苦。

这就是为什么我们首先鼓励你把注意力放在学习改变自己与身心关系的技能上，目的是最大限度地利用你所拥有的生活和你所在乎的方式。这种焦点的转换才是你创造真实幸福的方法。是的，你应该得到真实的幸福。你通过练习保持温和、善良、正念和平静，通过对你的大脑、身体和你的历史带给你的一切保持更多愿意、更加开放和允许，来创造真实的幸福。这些方法将创造真实的幸福与平静。到现在为止，我们希望你已经开始与这个基本的事实建立了联系，正如我们在前言中所讨论的，它已经得到了大量研究的证实。

因此，在这里，我们要向你所做的一切，并将继续这样做道贺。你已经走了很长的路了！但还有更多的事情要做，幸运的是，你的旅程还没有结束。我们真心希望，你在放下这本书很久之后，仍继续朝着对你重要的方向前进。

要做到这一点，你需要为 WAFs 障碍的出现做好准备，因为它们终将会出现并试图阻止你去你想去的地方，做你想做的事。我们很容易被这些障碍所干扰。因此，当本书接近尾声时，我们将回顾一些关键策略，以帮助你克服前进路上涌现的障碍，带着善良和慈悲心，温和地对待挫折和过失。

## 如何继续前进

当开始将你的价值付诸行动时，会遇到新的阻碍、怀疑和挫折，旧的 WAFs 障碍也会出现。有时候，你不想将你的承诺付诸行动。有时候，你会陷入应付 WAFs 的固有模式。有时候，你达成目标所花的时间可能比你预期的要长。所有这些都不是问题。我们按自己的节奏前进就好。

最重要的是，你能让自己朝着重要的方向前进。当令人心烦的困难影响到了不适带来的活力时，你可以借鉴在前几章中学到的策略和技能。

### 练习你的技能

我们给你的第一个也是最重要的建议是坚持练习你在这本书中学到的技能。你必须通过练习来发展这些技能。而且就像所有技能一样，你要通过使用它们来记住它们。人们退回到旧的、熟悉的、无益的习惯的主要原因，是他们不使用这样的技能和经验。

　　所以，保证每天在一个安静的地方做一两次练习，并且在日常生活中运用你的技能。练习不需要很长时间，即使每天练习 20 分钟也是有益的。关键是通过使用这些技能来保持生命力。你用的次数越多，它们就越有可能成为一种新的习惯，让你更容易继续前进，过上你想要的生活。

## 违背承诺后重新采取行动

　　有时候，你承诺要采取行动来支持你的价值，但出于某种原因，你没能坚持到底。很多时候，如果你仔细观察，你会发现，缺乏后续行动将会导致新旧障碍再次出现。我们很确定，你的生活巴士上的乘客会大喊"你绝对做不到""你会让自己出丑的""你会受伤的"。

　　当 WAFs 出现在你面前时，兑现承诺是很困难的。但在这时，关键是要记住，你仍然可以重新承诺，并采取行动支持你的价值和你的生活。要知道你会遇到障碍、不确定性和怀疑，你的大脑不会总是给你提供有用的建议。事实上，你的大脑很可能会提供给你所有的恐惧和怀疑，试图阻止你采取行动。在这段时间里，回到这个关键问题：我是否愿意承诺为了我的价值而全身心地投入我选择的这项活动？

　　这是一个只有你能做出的选择，我们希望你能一次又一次地这样做。在这个过程中，我们知道你一定会经历不适和怀疑，你还愿意全身心地投入到这个或那个活动中并坚持到底吗？记住，承诺不是简单的尝试或可以半途而废的事。你要么做出承诺，要么不做。

　　我们不是要求你承诺一定要成功或得到任何其他特定的结果，比如"在 7 月 1 日之前拥有一段稳定的关系"或"感觉更好，不那么焦虑"。许多结果都是你无法控制的。它们隐藏在未来的某处，只有当你运用了新技能之后，才能知道。我们仅仅想问你是否愿意承诺做一些对你有用的事情，让所有的同行者和你一起坐上你的生活巴士。你真的会这么做吗？

　　承诺意味着你选择去做某件事，然后从此时此刻开始坚持到底。这并不意味着你永远不会失败，我们都可能会失败。当这种情况发生时，从中吸取教训，振作起来，然后重新承诺采取行动，言出必行。

## 回到正轨才是最重要的

记住，有价值的生活是建立在符合 SMART 原则的目标之上的，一步一个脚印，一刻接一刻。每一天都为你实现目标提供了新的机会。你的承诺是：如果你违背了承诺，你会重新承诺，并做到言出必行，你会尽你所能坚持自己的价值。

在通往有价值的生活的道路上，你的选择和行动决定了你最终会如何应对障碍和挫折。有时候，我们所有人都无法持续坚持自己的价值。接下来做什么才至关重要。你做了一个选择。从经验中学习。振作起来。不要相信"失败"的判断，不要被它所扼杀，把它写在一张卡片上，随身带着。然后重新做出承诺，采取行动，朝着你想去的方向前进。

当 WAFs 障碍时不时地阻止你时，不要很快地认为 WAFs 将再次占据你的生活。除非你允许它发生，否则它不会发生。你可以选择放弃或者重新承诺采取那些让你的生活有意义的小行动。只要你这样做，并继续前进，你就会真正活出你的价值。

整本书都在帮助你做选择——在你生命中的每一天、每一刻，让你朝着你的价值前进。如果你已经完成了这些练习，那么你就不再是当初打开本书时的那个你了。

### 带着障碍和挫折前进

记住，在你朝着自己的价值前进之前，你并不需要克服 WAFs 障碍，也不需要摆脱它们。而且你也不需要改变它们。

关键是要认识到这些障碍，并与它们一起前进——带着它们一起去兜风。让你的价值为你指明道路。为所有不需要的东西腾出空间。别让它阻止你做对自己最好的事。继续培养你拥有一切的意愿，不要逃避自己。

专注于改变你与你的大脑、身体、精神和生活的关系，此时此刻，直至下一刻。你和你自己是你生活巴士的司机。要拥有你想要的生活，你需要掌握主动权，把所有的乘客都带上，不管是令人愉快的还是令人不快的。令人不快的乘客是最具挑战性的，但还有其他乘客，他们需要你的关注，因为他们会提醒你，你在乎什么、想要什么。

当你有疑问时，不要听从 WAFs 的声音。不要听焦虑新闻频道，而是打开顺其自然频道，以一个善良温和的观察者的角度来观察正在发生的事情。珍惜当下！它也会过去的。

不要忘记带着善意和慈悲心去观察你内心的变化。培养友谊和意愿会让你更易于和 WAFs 一起前行。它们不是你的敌人，更像是一个受伤的孩子，也需要一些关爱。照顾好那个孩子，拥抱它。带着它上路吧。

## 不要让大脑机器困住你

大脑机器不会停止它的喋喋不休，尽管你已经做出了行动的承诺并愿意在 WAFs 出现的时候接纳它们，带它们一起走。有时候，你会无法接受并履行你的承诺。你的评判性思维可能会蔑视你：停止说这些接纳和承诺的废话。你就是做不到，你唯一应该接受的是，你在接纳和承诺方面是个失败者！

当你的大脑向你抛出陈词滥调时，重要的是，不要被这些喋喋不休的东西缠住。这只是另一个例子，说明你的大脑在做大脑一直在做的事情：产生想法和判断。但更多的是恼人的废话。

问问自己恼人的废话是否真的有用。你是否需要倾听并相信你的大脑灌输给你的所有想法？你一定要跟恼人的废话争论吗？或者你能给你想到的任何东西腾出空间，让它顺其自然吗？这将使你自由地继续你的生活，无论这种感觉和想法有多么强烈。这时，你需要观察并让你的大脑机器运转起来，就像你在之前的练习中学到的那样。

在此，练习也是一样的：愿意承认并观察你的大脑所做的事，不要与它斗争，也不要相信它所说的一切。这就是让你逐渐学会抛弃大脑喜欢灌输给你的所有陈旧故事情节的方法。这样你就能够在大脑好用的时候明智地使用它。

随着时间的推移，当你被钩住时，你会变得更善于观察，回到你所在的位置，并询问自己的大脑是否有帮助。这一重要的技能将有助于你继续你的生活，无论你的想法有多恼人。

## 用活力和行动战胜懒散

当你无所事事，不做任何你真正关心的事情时，你会在脑海中制造一个巨大的空白。你的大脑通常会尽其所能用评判、批评和旧的障碍来填补这一空白，你自己可能也注意到了。而且你在这些时候可能最容易上钩。懒散是催生焦虑的一个重要因素。

你这时有两种方法可用。一种是困在眼前的问题里，什么都不做；另一种是欢迎出现的各种想法并开始行动起来。我们认为后一种方法对你更合适。做一些有意义的事情可以清除旧垃圾，为新事物腾出空间。

所以，当你无事可做，只能在想法、情绪和身体感觉的海洋中遨游时，停下来问问自己：我现在想做什么？想行动！然后去做一些事，任何你关心的事。这就是让你的生活有所改善的方法。

## 锻炼灵活性

每当你做一些新的、不同的事情，或者走出舒适区时，你都是在生活中锻炼灵活性。基于此，你会发展和成长：你会变得不那么狭隘、死板，更加开放、更有适应性。你能从生活中得到最大的收获，学到新东西。

锻炼灵活性的方法很多。以下是一些建议：

□ **更新你的正念和冥想练习。** 你可以通过在本书中不同类型的练习之间切换来做到这一点。你也可以在家里以外的特殊的地方练习。此外，你可以在其他书中、网上找到新的练习。或者你可以自己创造新的练习方式。

□ **当你陷入困境时，走出困境，尝试做一些新的事情。** 我们的一个来访者注意到他一直都比较墨守成规。每次他出去吃饭都点同样的菜——牛排。他去哪里并不重要。最后，他决定考虑一下所有的选项，选择一些不同的东西。他现在喜欢吃螃蟹。生活也像一份菜单。它提供给了你很多东西。寻找它们，打破常规，追随你的幸福。

□ **用振奋人心的新闻和经历充实你的头脑和生活。** 如果你是那种沉迷于新闻、互联网、社交媒体或其他刺激来源的人，那么放松一下可能是个好主意。让自己休息片刻，空出一段能够远离周围世界的负面噪声的时间。关掉电视、手机和收音机，做一些你喜欢的事情。停下来才得以享受平静，拥有思考和行动的空间。你可以用某些东西来填充这种平静，那些过往经历或媒体上的负面新闻除外。可以用有价值的行动、振奋人心的信息、美丽的自然、音乐或艺术来填充这段时间。驱散黑暗最有效的方法是把光明带到房间里，而不是试图把黑暗赶出房间。

- □ **在你的生活中培养一种游戏精神。**孩子们是游戏艺术大师，而我们似乎在成长过程中丢失了这一点。但一项又一项的研究表明，与自己和他人玩得更开心、留出时间娱乐和玩耍的成年人通常更快乐、更健康，寿命也更长。也许你已经把游戏搁置很长时间了。没关系。有很多练习可以把它带入你的生活。想想那些你喜欢做的好玩又有趣的事情，而且看看你是否能在生活中建立一种游戏精神。你也可以把游戏精神带到你的情感生活中。你可能会对它带给你的东西感到惊喜。

## 培育你的意愿

为了过上你向往的生活，你是否愿意直面内心及周围世界里的困难？你已经知道意愿是什么了。意愿不是没有恐惧，而是有比恐惧更重要的东西。所以，意愿需要勇气。你决定迈步并且张开双臂迈步。你永远无法确定你会发现什么，但你可以因为自己在践行某种价值而心生喜悦之情。

现在，你有了一个新的视角和一套强大的技能，可以让你带着障碍，过上有价值的生活。为了创造你想要的生活，你不必成为另一个人，或者有一段不同的历史。

你可以控制你的意愿开关，可以选择打开它，然后一次又一次地做出这样的选择。当从前的 WAFs 试图接管你的生活巴士时，问问你自己：我现在是否愿意投入我的生活，不管这可能会带来什么，也要去做重要的事情？

## 你的生活是在前进还是在后退

每当你遇到障碍，不确定所计划的行动对你是否有好处时，可以问自己一个简单的问题：我对这一事件、想法、感受、担忧或身体感觉的反应是让我更接近我想要的生活，还是让我离它更远？以下是这个重要的问题的一些变体。

- □ 如果那些想法（情绪、身体状态、记忆）可以给我一些建议，这些建议会给我的生活指明方向还是让我陷入困境？

　　□ 我的价值＿＿＿＿＿＿＿＿＿（想想你的核心价值）现在会给我什么建议呢？

　　□ 在这种情况下，我会建议我的孩子或其他人怎么做？

　　□ 如果别人能看到我现在所做的事情，他们会看到我在做自己重视的事情吗？

　　□ 当我听从这个建议时，我的脚会把我带向何种有价值的方向？

　　□ 关于这个解决方案，我的经验能告诉我什么？我更相信什么——我的大脑和感受，还是我的经验？

　　面对逆境和怀疑时，提出这样的问题远比倾听 WAFs 或汹涌的冲动的声音更有帮助。答案会提醒你，过去的解决方案并不奏效：你现在有机会选择做一些不同的事情。

## 情绪不适是你的老师

　　WAFs 以及其他情感上的痛苦和伤害，不是你的敌人，它们是你的老师。因为如果没有经历过失望，你就永远学不会更轻松地保持对未来的期望。如果没有遭受过伤害和挫折，你就永远也学不会善良和慈悲。如果不接触新信息，你就永远学不到新东西。如果没有恐惧，你就永远学不会勇敢和善待自己。即使偶尔生病也有重要的功能，它可以增强你的免疫系统，有助于你珍惜健康。

　　逆境和痛苦为你提供了成长和改变的机会。它们教会你重要的技能，给了你看待生活的不同视角。你需要它们，当你面对痛苦、伤害、不足感、孤独或悲伤时，它们为你提供了提升反应能力的绝佳机会。

　　当这些情绪出现时，它们会把你的视线从你能控制的事情上转移开，让你专注于你不能控制的事情。从审视你正在做的事情开始，然后要有责任心。把注意力集中在你能控制的事情上，以满足你的需求，并朝着你在意的方向前进。这是你可以做到的。具体一点，写一份即使身处逆境也能让你继续前进的计划。

　　我们建议你将富有慈悲心的观察者技能应用到每一次痛苦的经历中。当它们出现时，你可以选择敞开心扉，拥抱它们，带着慈悲和宽恕去对待它们。这样做的好处是：你情感上的痛苦将不再是滋生焦虑的肥沃土壤，也不会让你偏离你所在意的方向。你也能创造条件让真实的幸福在你心中生长！

## 有意义的人生是一步一个脚印走出来的

和你的 WAFs 静静地待在一起，而不是和它们纠缠在一起，这是每天练习勇气也是放弃内心对话和斗争最困难的部分之一。随着时间的推移，只要你能善待自己的过失、局限和常人无法达到完美的弱点，你就会变得更熟练。

你可以以这样的承诺开始每一天：今天，我将尽我所能，带着善良和勇气去行动。然后，用心去做，让你的一天富有价值。晚上，带着仁爱之心复盘你的一天。如果你的一天都被一些你一直在做的旧事所填满，不必打击自己。寻找你当天做过的新的、重要的事情。

慈悲、柔软、灵活和勇气是一种技能，也是痛苦的解药。要认识到，你只是普通人，你会犯错误，会经历挫折。你永远无法勇敢地接受一切，然而，你每天仍然在朝着你在意的方向前进。

重要的是，你正在采取措施把接纳和慈悲带给自己以及自己的 WAFs。千里之行始于足下，迟早你会发现，善良和耐心会成为你生活中的习惯。给自己一点儿时间。花几周时间读完这本书并不是终点。这是你人生新篇章的开始。你需要花几个月的时间来真正熟悉这些练习，这样你就可以更容易地向有价值的方向前进。这项工作尚未完成。走完你的人生旅程需要一生的时间。

重要的是坚持练习你在本书中学到的技能。到目前为止，你会发现哪些练习和隐喻对你走出困境、继续前进特别有帮助。重新复习并专注于练习它们。

你也可以开始尝试做一两个你还没有做过的练习，看看如果练习一段时间，会发生什么。继续反思仍然困扰你的 WAFs（想法、意象、记忆、身体感觉、冲动和可能让你卡住的情况）可能是有帮助的，然后专注于你的正念接纳和观察者自我练习。如果你曾经感到沮丧，我们建议你重新复习你的墓志铭，重点关注你的人生价值墓志铭；你甚至可以重写或扩写。

做出改变是有风险的，事情有时确实会出错或不像预期那样发展。然而，人生最大的风险是不冒险。生活中很少有事情是确定无疑的。显然，未来是不可知的。正是这个原因，大多数选择都有风险。选择超级安全的方式是保证什么都不改变，你可以相信我，如果什么都不改变，你最终会回到你以前所在的地方：一个你被困住、受苦、等待新生活开始的地方。尽管过冒险的生活是一件有风险的事情，但回报却是巨大的，你会得到更多你想要的东西。你要冒实现梦想的风险。

## 生活问题

我们想以所谓的"生活问题"作为结尾。当你面对障碍、问题和痛苦时，这是迄今为止，生活向你提出的最重要的问题。

这时，请停下来，做一两次深呼吸，问问自己这个简单的生活问题：**我是否愿意接受生活给予我的一切，同时仍然做有意义的事情？**

我们都需要正视这个问题并愿意回答它，只要我们还活着，每时每刻都须如此。

而且，事实证明，"是"是唯一的答案，这才能帮助你创造有价值的生活。"否"只意味着一件事：你选择不去过你想要的生活。无论何时，当你发现自己对你想要的生活说"不"时，记住，你总是可以选择改变你的答案，在新的道路上迈出大胆的一步，并冒险去做一些新的事情，让你的人生有一个不同寻常的结局。

## 选择权在你手上

当你第一次翻开这本书的时候，你可能正在寻找一把新的金铲子，希望最终能把你从焦虑的洞中挖出来，这样你就可以继续你的生活。我们已经尽我们所能告诉你这是不必要的。到目前为止，我们希望你正在亲身体验，并按照下图所示的去做。还记得第 1 章的意象吗？如果有必要，不妨回顾一下，反思一下自己究竟走了多远。

要想创造有意义的生活，你能做的最有价值的事情就是好好利用每一天的每一刻。从今天开始，你决定如何利用你宝贵的时间和精力，这取决于你自己。当焦虑出现时，你不需要征服它，或者用蛮力忍受它。相反，你可以运用接纳、慈悲和观察者技能来观察正在发生的事情。这些技能是你的朋友，可以帮助你不偏离正轨。

这是你的选择。明智地利用时间。你没有回头路，没有办法把今天失去的时光延续到明天。最终，这一切都将成为你所谓的生活。充分利用它，把它变成比你的焦虑更重要的东西。我们知道你能做到，你有这些技能，继续培养它们，让它们成长。让你的价值成为现实。这才是最重要的，最终人们会说："现在我过上了美好的生活。"

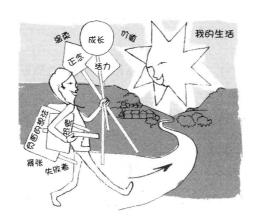

---

**坚持长期路线**

**要点回顾：** 我可以活出自己的价值，并与 WAFs 一路同行。我最大的障碍
　　　　　是自己大脑产生的那些想法，不必让它们妨碍我过上想过的生
　　　　　活。

**问题思考：** 我怎样才能带着障碍，朝着有价值的生活前进？我现在所做的
　　　　　是让我离自己想要的生活更近了还是更远了？我现在做的是我
　　　　　想要做的吗？

# 扩 展 阅 读

这里我们列出了进一步阅读的建议，如果你想了解更多关于 ACT 解决焦虑和其他相关问题的方法。我们特别推荐史蒂文·海斯和斯宾塞·史密斯的书，他们的书中有更多关于如何在生活中使用 ACT 技能的例子和建议。

我们也建议你看看书，一行禅师、塔拉·布拉奇和杰弗里·布兰特利的系列著作中包含一些实用的建议，谈到了如何利用正念实现自我转变，以及如何滋养你和他人心中的积极的种子，同时抑制消极的种子。迪帕克·乔普拉的书将帮助你与真实的自己和你内在的"我"联系起来。迪帕克提供了简单易行的关于祈祷冥想的建议，以帮助你获得更多的平静。

## 书单

Brach, T. (2004). *Radical acceptance: Embracing your life with the heart of a Buddha*. New York, NY: Bantam Books.

Brantley, J. (2003). *Calming your anxious mind: How mindfulness and compassion can free you from anxiety, fear, and panic*. Oakland, CA: New Harbinger Publications.

Chopra, D., & Simon, D. (2004). *The seven spiritual laws of yoga: A practical guide to healing body, mind, and spirit*. New York, NY: Wiley.

Dyer, W. (2012). *Wishes fulfilled: Mastering the art of manifesting*. New York, NY: Hay House.

Eifert, G. H., & Forsyth, J. P. (2005). *Acceptance and commitment therapy for anxiety disorders: A practitioner's guide to using mindfulness, acceptance, and values-based behavior change strategies*. Oakland, CA: New Harbinger Publications.

Eifert, G. H., McKay, M., & Forsyth, J. P. (2005). *ACT on life, not on anger: The new acceptance and commitment therapy guide to problem anger*. Oakland, CA: New Harbinger Publications.

Hayes, S. C., & Smith, S. (2005). *Get out of your mind and into your life: The new acceptance and commitment therapy*. Oakland, CA: New Harbinger Publications.

McKay, M., Forsyth, J. P., & Eifert, G. H. (2010). *Your life on purpose: How to find what matters and create the life you want*. Oakland, CA: New Harbinger Publications.

McKay, M., & Sutker, C. (2007). *Leave your mind behind: The everyday practice of finding stillness amid rushing thoughts*. Oakland, CA: New Harbinger Publications.

Nhat Hanh, T. (2001). *Anger: Wisdom for cooling the flames*. New York, NY: Riverhead Books, Penguin Putnam.

Salzberg, S. (1995). *Loving-kindness: The revolutionary art of happiness*. Boston, MA: Shambhala Publications.

# 参 考 文 献

Allen, D. (2002). *Getting things done: The art of stress-free productivity.* New York, NY: Penguin Books.

American Psychiatric Association. (2013). *Diagnostic and statistical manual of mental disorders* (5th ed.). Washington, DC: Author.

Antony, M. M., & McCabe, R. E. (2004). *Ten simple solutions to panic.* Oakland, CA: New Harbinger Publications.

Arch, J., Eifert, G. H., Davies, C., Vilardaga, J. C., Rose, R. D., & Craske, M. G. (2012). Randomized clinical trial of cognitive behavioral therapy (CBT) versus acceptance and commitment therapy (ACT) for mixed anxiety disorders. *Journal of Consulting and Clinical Psychology, 80,* 750–765.

Assagioli, R. (1973). *The act of will.* New York, NY: Penguin Books.

Bandelow, B., Boerner, R., Kasper, S., Linden, M., Wittchen, H. U., & Möller, H. J. (2013). The diagnosis and treatment of generalized anxiety disorder. *Deutsches Ärzteblatt, 1110,* 300–310.

Barlow, D. H. (2004). *Anxiety and its disorders: The nature and treatment of anxiety and panic* (2nd ed.). New York, NY: Guilford Press.

Borkovec, T. D., Alcaine, O., & Behar, E. (2004). Avoidance theory of worry and generalized anxiety disorder. In R. G. Heimberg, C. L. Turk, & D. S. Mennin (Eds.), *Generalized anxiety disorder: Advances in research and practice* (pp. 77–108). New York, NY: Guilford Press.

Brach, T. (2004). *Radical acceptance: Embracing your life with the heart of a Buddha.* New York, NY: Bantam Books.

Brantley, J. (2003). *Calming your anxious mind: How mindfulness and compassion can free you from anxiety, fear, and panic.* Oakland, CA: New Harbinger Publications.

Chopra, D. (2003). *The spontaneous fulfillment of desire.* New York, NY: Harmony Books.

Craske, M. G. (2003). *Origins of phobias and anxiety disorders: Why more women than men?* Oxford, UK: Elsevier.

Dahl, J. C., & Lundgren, T. L. (2006). *Living beyond your pain: Using acceptance and commitment therapy to ease chronic pain.* Oakland, CA: New Harbinger Publications.

Doran, G. T. (1981). There's a S.M.A.R.T. way to write management's goals and objectives. *Management Review, 70,* 35–36.

Dr. Seuss. (1990). *Oh, the places you'll go!* New York, NY: Random House. (Original work published 1960.)

Dyer, W. (2012). *Wishes fulfilled: Mastering the art of manifesting.* New York, NY: Hay House.

Eifert, G. H., & Heffner, M. (2003). The effects of acceptance versus control contexts on avoidance of panic-related symptoms. *Journal of Behavior Therapy and Experimental Psychiatry, 34,* 293–312.

Eifert, G. H., McKay, M., & Forsyth, J. P. (2005). *ACT on life, not on anger: The new acceptance and commitment therapy guide to problem anger.* Oakland, CA: New Harbinger Publications.

Friedman, M. J., Keane, T. M., & Resick, P. A. (2014). *Handbook of PTSD: Science and practice.* New York, NY: Guilford Press.

Harris, R. (2008). *The happiness trap: How to stop struggling and start living.* Boston, MA: Trumpeter.

Hayes, S. C. (2004). Acceptance and commitment therapy, relational frame theory, and the third wave of behavioral and cognitive therapies. *Behavior Therapy, 35,* 639–665.

Hayes, S. C., Follette, V. M., & Linehan, M. M. (Eds.). (2004). *Mindfulness and acceptance: Expanding the cognitive-behavioral tradition.* New York, NY: Guilford Press.

Hayes, S. C., Luoma, J. B., Bond, F. W., Masuda, A., & Lillis, J. (2006). Acceptance and commitment therapy: Model, processes, and outcomes. *Behaviour Research and Therapy, 44,* 1–25.

Hayes, S. C., & Smith, S. (2005). *Get out of your mind and into your life: The new acceptance and commitment therapy.* Oakland, CA: New Harbinger Publications.

Hayes, S. C., Strosahl, K. D., & Wilson, K. G. (2012). *Acceptance and Commitment Therapy: The process and practice of mindful change* (2nd ed.). New York, NY: Guilford.

Hayes, S. C., Wilson, K. G., Gifford, E. V., Follette, V. M., & Strosahl, K. (1996). Experiential avoidance and behavioral disorders: A functional dimensional approach to diagnosis and treatment. *Journal of Consulting and Clinical Psychology, 64,* 1152–1168.

Hill, P. L., & Turiano, N. A. (2014). Purpose in life as a predictor of mortality across adulthood. *Psychological Science, 25,* 1482–1486.

Kabat-Zinn, J. (1994). *Wherever you go, there you are: Mindfulness meditation in everyday life.* New York, NY: Hyperion.

Kessler, R. C., Berglund, P., Demler, O., Jin, R., Merikangas, K. R., & Walters, E. E. (2005). Lifetime prevalence and age-of-onset distributions of DSM-IV disorders in the National Comorbidity Survey Replication. *Archives of General Psychiatry, 62,* 593–602.

Leonardo, E. D., & Hen, R. (2006). Genetics of affective and anxiety disorders. *Annual Review of Psychology, 57,* 117–137.

Lesser, E. (2008). *The seeker's guide: Making your life a spiritual adventure.* New York, NY: Ballantine Books.

Maraboli, S. (2014). *Life, the truth, and being free.* Port Washington, NY: A Better Today Publishing.

McKay, M., & Sutker, C. (2007). *Leave your mind behind: The everyday practice of finding stillness amid rushing thoughts.* Oakland, CA: New Harbinger Publications.

Nhat Hanh, T. (2001). *Anger: Wisdom for cooling the flames.* New York, NY: Riverhead Books, Penguin Putnam.

Ritzert, T., Forsyth, J. P., Berghoff, C. R., Boswell, J., & Eifert, G. H. (2015). *Evaluating the effectiveness of ACT for anxiety disorders in a self-help context: Outcomes from a randomized wait-list controlled trial.* Manuscript submitted for publication.

Russo, A. R., Forsyth, J. P., Sheppard, S. C., & Promutico, R. (2009, November). *Evaluating the effectiveness of two self-help workbooks in the alleviation of anxious suffering: What processes are unique to ACT and CBT?* Paper presented at the 43rd annual meeting of the Association for Behavioral and Cognitive Therapies, New York, NY.

Salters-Pedneault, K., Tull, M. T., & Roemer, L. (2004). The role of avoidance of emotional material in the anxiety disorders. *Applied and Preventive Psychology, 11,* 95–114.

Sheppard, S. C., & Forsyth, J. P. (2009, November). Multiple mediators and the search for mechanisms of action: A clinical trial of ACT in the treatment of anxiety disorders. In S. C. Sheppard & J. P. Forsyth (Chairs), *Beyond the efficacy ceiling: Targeting universal processes across diverse problems in ACT clinical effectiveness trials.* Symposium presented at the 43rd annual meeting of the Association for Behavioral and Cognitive Therapies, New York, NY.

von Oech, R. (1998). *A whack on the side of the head: How you can be more creative.* New York, NY: Warner Business Books.

Wegner, D. M. (1994). Ironic processes of mental control. *Psychological Review, 101,* 34–52.

World Health Organization (2015). *Life expectancy data by country.*

Yadavaia, J. E., Hayes, S. C., & Vilardaga, R. (2014). Using acceptance and commitment therapy to increase self-compassion: A randomized controlled trial. *Journal of Contextual Behavioral Science, 3,* 248–257.

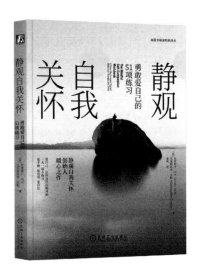

## 静观自我关怀专业手册

作者：（美）克里斯托弗·杰默（Christopher Germer）克里斯汀·内夫（Kristin Neff）著
ISBN：978-7-111-69771-8

**静观自我关怀（八周课）权威著作**

## 静观自我关怀：勇敢爱自己的51项练习

作者：（美）克里斯汀·内夫（Kristin Neff）克里斯托弗·杰默（Christopher Germer）著
ISBN：978-7-111-66104-7

**静观自我关怀系统入门练习，循序渐进，从此深深地爱上自己**